白话聊
Excel 函数
应用100例

Excel Home◎编著

北京大学出版社
PEKING UNIVERSITY PRESS

内 容 提 要

函数是Excel之魂，没有函数，Excel只是一个普通的记录数据的表格。本书通过100个案例讲解70个函数在工作中的使用，每一个函数都是层层递进、逐层讲解的，同时列举了当下常见的一些函数组合，讲述它们的"来龙去脉"，让"浅者不觉深，深者不觉浅"，适用于每一个想学习Excel函数并想在工作中提升工作效率的读者。

本书编写主要使用Excel 2013版本，同时兼顾Excel 2007、Excel 2010、Excel 2016版本，读者可在各种版本下学习。

图书在版编目(CIP)数据

白话聊Excel函数应用100例 / Excel Home编著. —北京：北京大学出版社，2020.2
ISBN 978-7-301-30965-0

Ⅰ.①白… Ⅱ.①E… Ⅲ.①表处理软件 Ⅳ.①TP391.13

中国版本图书馆CIP数据核字（2019）第276880号

书　　　名	白话聊Excel函数应用100例	
	BAIHUA LIAO EXCEL HANSHU YINGYONG 100 LI	
著作责任者	Excel Home　编著	
责 任 编 辑	吴晓月　王蒙蒙	
标 准 书 号	ISBN 978-7-301-30965-0	
出 版 发 行	北京大学出版社	
地　　　址	北京市海淀区成府路205 号　100871	
网　　　址	http://www. pup. cn　　新浪微博:@ 北京大学出版社	
电 子 信 箱	pup7@ pup. cn	
电　　　话	邮购部 010-62752015　发行部 010-62750672　编辑部 010-62570390	
印 刷 者	北京溢漾印刷有限公司	
经 销 者	新华书店	
	787毫米×1092毫米　16开本　21.5印张　491千字	
	2020年2月第1版　2020年2月第1次印刷	
印　　　数	1-6000册	
定　　　价	69.00元	

考查一个人 Excel 的水平，其实重点就是考查 Excel 函数与公式的运用能力。

为什么这么说呢？

因为函数与公式是 Excel 数据计算与分析的核心功能。与包括数据透视表在内的其他 Excel 功能相比，几百个函数的任意组合，可以面向各种数据形式，在指定的任意单元格（区域）里面返回任意指标的计算。这个特点，决定了函数与公式既可以计算非常简单的指标，比如区域求和；也可以计算非常复杂的指标，比如按条件多表查询汇总；还适用于制作任意布局的报表模板——一劳永逸地解决周期性的报表制作问题。

我在给企业员工上 Excel 课的时候，哪怕只有半天的课程，通常也会被要求讲一些常用的 Excel 函数应用，大家对于 Excel 函数的重要性认识还是很深刻的。

既然如此，为什么很多人（其实我想说的是大多数人）的 Excel 函数水平总是难以提高呢？是因为 Excel 函数很难学吗？

是的，很难。

Excel Home 技术论坛有近 1 000 万个帖子，图 1 展示了不同版块的帖子数量。实际上，基础应用版块和其他各版块里面也有大量关于函数应用的帖子，所以关于函数应用的帖子的占比肯定超过了 36% 从这组数据里，我们可以看出，大部分上网寻求解决方案的人问的都是哪些问题。如果函数不难，就不会有这么多问题了。

图 1　Excel Home 技术论坛各版块帖子数量

　　另外，我在多年的授课过程中，发现一个比较有趣的现象。当我教授一些短、平、快的操作技巧时，学员们通常热情高涨，眉开眼笑，因为他们很快就能弄明白、学会了。而当我开始函数与公式方面的讲解时，尽管我已经使出浑身解数，但随着案例的深入，学员们的面色仍免不了越来越凝重，还会经常要求我就某个知识点再讲一次，甚至最后干脆把答案拍照保存了事。

　　这么难学，又必须学，怎么办呢？其实，只要有正确的方法，完全可以降低学习难度。

　　回想当初我自己学习 Excel 函数时，进度也是异常缓慢。我现在还清楚地记得，1998 年的春节前夕，我需要在一张报表中完成一组按条件统计的计算，SUM 函数的功能在当时明显不够用。我翻了一遍手头唯一的一本 Excel 教材，这是一本外国作者写的"傻瓜书"，里面只讲了最简单的几个函数。那时候市面上讲 Excel 的图书很少，上网也非常不方便；就算能上网，也只能用雅虎搜索数量非常有限的网页，百度、谷歌还没问世。那时，身边也没有可以请教的同事。当时虽然不知道怎么完成这个计算，但我坚信用 Excel 肯定可以。于是我就细细地翻看 Excel 的帮助文件，终于发现了两个比 SUM 更高级的求和函数 ——SUMIF 函数和 DSUM 函数。我把这两个函数的帮助文件打印出来，反复揣摩，并在计算机上对照示例做数据实验。讲到这里，不得不"吐槽"一下 Excel 帮助文件，里面写的内容真的让人难以理解，特别是对于 Excel "小白"来说，只是把示例文件实现出来都会费很大的劲。

　　在接下来的两天里，我一有时间就在脑海中琢磨。还记得那天天气非常冷，地面还有积雪，我因为想得过于投入，走在路上时还差点滑倒了。听着脚踩在积雪上发出的"咯吱咯吱"的声音，我突然一下子就想明白了。回到办公室，赶紧在计算机上试了一下，果然解决了我的问题，当时心里别提有多高兴了。我有了这次经历，之后再自学其他新函数就顺利多了，对 Excel 帮助文件的理解能力也提高了很多。现在回想起来，如此简单的函数，我都花费了那么长时间，主要原因是学习资料匮乏，也缺乏可以交流的人。

　　那么，如今 Excel 的学习资料随手可取，网上随时可搜，为什么学习起来还这么难呢？我觉得主要是以下两个方面的原因。

1. 学习资料过于泛滥、易得，造成我们的思考力下降。我们对外界的"帮助"过于依赖，计算机里虽然下载了一堆学习资料，却不安排时间进行学习，或者学习的时候总想找捷径，避重就轻，除非到了火烧眉毛的时刻，否则能拖就拖。

2. 资料虽多但质量参差不齐，自学能力较弱的人缺乏高手引导。比如很多人习惯事事用百度，但是没有意识到百度得来的一些碎片化信息中很多都是错的，或者即使是正确的也可能比较片面，对于系统化地建立数据思维是非常有害的。更糟糕的是搜来一个可用的答案，用的时候完全不走心，用过就会忘，下次遇到同样的问题时还要继续搜，永远学不会。真正的高手在学习任何技术的时候，都不会只停留在功能表面，而是独立思考，精确提问，探究背后的逻辑和思路。有了系统化的思维框架，以后的学习就能事半功倍。

Excel Home 技术论坛创办至今，有无数的"小白"通过泡论坛、爬帖子，从提问者最终成长为助人为乐的高手。本书的作者小翟老师就是一位"土生土长"的"EH"人，他通过自身的努力，不但成为论坛上的高手，还多次当选微软全球最有价值专家，并且在 Excel Home 云课堂上开设了自己的 Excel 函数课程。小翟老师被学员们评价为 Excel 界最会讲相声的人，因为他不仅在授课过程中常常妙语连珠，他本人长得也非常像著名相声演员冯巩，不信的话您看看他的照片（封面勒口处）。

小翟老师课程的最大特点是以教授 Excel 函数的运用思路为核心：无论多复杂的任务，他都会教读者剖析背后隐藏的逻辑，然后用最简单的方法搞定；无论多复杂的公式，他都有办法掰开了、揉碎了让读者明白。

比如，课程中有这样一个例子。图 2 是一张销量记录表，销售人员的奖金是与销量挂钩的，为了避免某位员工由于销量过多而导致超出奖金系数上限，或者销量惨淡没有奖金，规定销量超过 120 的以 120 计算，销量低于 80 的以 80 计算。

序号	姓名	销量	销量修正
1	罗贯中	145	
2	刘备	123	
3	法正	65	
4	吴国太	86	
5	陆逊	69	
6	吕布	134	
7	张昭	119	
8	袁绍	92	
9	孙策	114	
10	孙权	57	

图 2　销量记录表

这种情况下，稍微有点儿函数基础的朋友可能第一反应就是用逻辑判断函数 IF，而且得用两个才行。但是，小翟老师经过一番剖析，告诉你：不用 IF 函数，用 MIN 函数和 MAX 函数就行了。这个问题表面上是一个条件判断问题，但实际上是一个极值问题，极值问题用 MIN 函数和 MAX 函数更简单！所以，I5 单元格的公式可以写为：

```
=MAX(MIN(H5,120),80)
```

这比用 IF 函数要简单得多：

```
=IF(H5>=120,120,IF(H5<=80,80,H5))
```

课程中还有很多类似的例子，这些案例的解题思路是非常有价值的，理解了之后，可以为己所用，一通百通，用少量的函数解决更多的问题。

小翟老师的课程在 4 年时间里更新了多次，本书在最新的课程内容基础上又反复打磨了两年多。本书的内容是视频课程中的精华部分（我和小翟老师在策划本书之初就定下了图书要 100% 继承视频课程精华的目标）。视频课程是以视频的形式展现，有些东西更容易表达，有些话也可以讲得更通俗。图书是以图文的形式展现，篇幅有限，但拿在手里能反复观摩、感悟，利于学习。图书和视频教程如果能结合使用，学习效果会事半功倍。

本书经过一遍又一遍地修改和完善终于能呈现给读者了。交稿前一统计，还好，修改了不到 1 万次（尴尬笑脸 .jpg）。

好了，优秀的学习资料有了，领路高手也就位了，接下来就看您的了！

Excel Home 创始人、站长　周庆麟

为什么写这本书？

我最早接触表格是在上中学时，那时还是 DOS 命令下的 CCED。后来在学校学习 Excel，用的是 Excel 97 版本。当时学习 Excel 时，我对一个操作印象很深刻：在一个单元格中输入数字 1，然后向下拖动鼠标，就能生成连续的数字序列。这个简单、神奇的操作当时完全震撼了我。后来买了计算机，安装了 Excel 2000，对这个版本的唯一印象就是那个"曲别针"。

真正大范围地使用 Excel 是从上班开始的，因工作需要，每天都需要手动输入一些信息，熟练后很快发现许多内容是重复的，于是就摸索着写出了第一个"智能"公式：根据数字编号 1~7，使用 IF 函数生成不同的中文类别名称。一个 IF 嵌套的公式解决了工作中的很多问题，使我兴奋了很久。

工作半年后，我突然意识到，以后可能就要靠 Excel "吃饭"了。于是，马上买了一本 Excel Home 出版的《Excel 应用大全》，然后开始了长达一年的精读、摸索、反复练习。之后阅读了十几本其他的关于 Excel 技术方面的书，并在 Excel Home 官方论坛上疯狂回帖、解答问题，与 Excel 各路高手在竞赛板块交流。

我在使用 Excel 工作的过程中逐渐发现，使用最广泛的工具就是函数。工作中的所有表格因为使用了函数变得越来越智能化，我由此总结出了一整套函数在工作应用中的经验，开发了《白话 Excel 函数 100 例》课程，通过视频直播的方式讲解了若干期，向大家介绍在工作中如何正确学习和使用函数，建立数据计算思维，颇受好评。

本书特色

本书内容最初萌芽于 2016 年年底并在授课过程中进行了多次完善，调整了书的整体结构，使每章内容的学习时长基本控制在 30 分钟以内。每天拿出 30 分钟的时间学习本书，40 天后你就会成为 Excel 函数高手！

本书最大限度地还原了视频课程中的语言和教学风格，使用简单易懂的语言聊一聊函数的"来龙去脉"，通过 100 个实战案例，讲解了 70 个常用 Excel 函数的使用方法。

本书讲了哪些内容

下面先简单介绍本书的整体安排，如表 1 所示。

表 1　本书内容总览

篇章	标题
第 1 篇	基础函数及统计
第 2 篇	文本函数
第 3 篇	日期和时间函数
第 4 篇	数字处理函数
第 5 篇	IF 函数
第 6 篇	条件统计函数
第 7 篇	SUMPRODUCT 函数
第 8 篇	INDEX 加 MATCH 函数
第 9 篇	MATCH 模糊匹配及 LOOKUP 函数
第 10 篇	VLOOKUP 函数
第 11 篇	OFFSET 与 INDIRECT 函数
第 12 篇	VLOOKUP 与模块化结构
第 13 篇	常用函数组合及数组公式实战应用
第 14 篇	自定义函数
第 15 篇	基础知识
附录	附录

本书将函数的功能分为 3 类：数据整理、统计分析和查找匹配。

第 1 篇、第 5~7 篇　　　　讲解"统计分析"，内容包括基础的求和、计数、平均值、最大最小值、逻辑判断、条件统计、多条件统计等。

第 2~4 篇　　　　从文本、日期及数字函数 3 个方面来讲解"数据整理"，专业名称称为"数据清洗"。

第 8~12 篇　　　　讲解"查找匹配"，其中包括最出名的 VLOOKUP 函数。在第 12 篇中，我们将课程进行了升华：使用函数的目标是什么 —— "偷懒"。通过这篇内容讲述工作中的模板化制作，实现 5 分钟完成月报统计。

第 13 篇　　　　带大家走入数组公式的世界。数组并没有什么神秘之处，平常我们写的普通公式就像自己一个人在练习正步走，而数组公式是整齐划一的"仪仗队"。

第 14 篇　　　　教授大家一些独门秘籍，使用自定义函数来完成一些常规函数很难甚至无法完成的事情。自定义函数是我写的 VBA 代码，大家不用担心不懂 VBA，只要学会如何让它"为我所用"，就能提升工作效率。

整本书中，前 5 篇会学习 50 多个函数，不要担心内容太多吸收不了，每个函数都会从基础的用法讲起，层层递进。让大家学完之后，既认识了函数，又学习了"思路"，并且"思路"会贯穿本书的始终。

第 6~14 篇虽然只讲解了十几个函数，但是当前流行的各种算法都会在这里见到。我在讲解的同时会列举它们的优缺点，并且将各种算法的计算效率进行对比，其效率高低即可一目了然。

除了书您还能得到什么？

1. 180 分钟与书配套视频讲解课程。
2. 本书"实战练习"全部答案。
3. 本书示例文件。

以上资源可根据下页提示获取。

《白话聊 Excel 函数应用 100 例》配套学习资源获取说明

读者注意

　　本书目录和正文中有如下视频标志的章节均有配套视频资料，请读者根据以下提示获取。

第一步 ● 微信扫描下面的二维码，
　　　　　关注 Excel Home 官方微信公众号

第二步 ● 进入公众号以后，
　　　　　输入文字"白话函数"，单击"发
　　　　　送"按钮

第三步 ● 根据公众号返回的提示进行操作，即
　　　　　可获得本书配套的知识点视频讲解、
　　　　　练习题视频讲解、示例文件以及本书
　　　　　同步在线课程的优惠码。

CONTENTS

目录

CHAPTER

1

第 1 篇

基础函数及统计

什么是函数？什么是公式？各路"大神"众说纷纭，下面给出一个简单的定义。

函数是具有特殊计算功能的特殊字母的组合，如 SUM 函数、VLOOKUP 函数、SUMIFS 函数等。公式是指以等号"="为引导进行数据运算处理的等式，最终得到一个或多个值。简单来说，函数就是几个字母的组合，公式就是通过计算得到值的过程。

本篇主要介绍一些基础统计函数的应用，以及在写公式过程中会用到的一些必要工具。

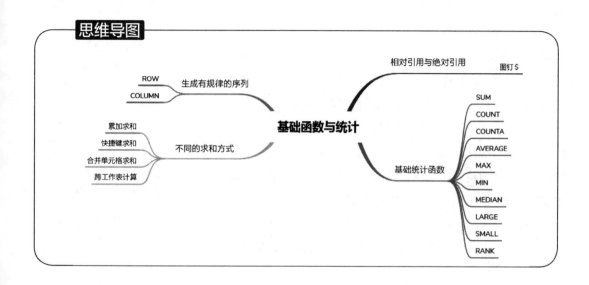

第 1 章　相对引用与绝对引用

相对引用与绝对引用是 Excel 公式中既非常基础又非常重要的内容。我们将从这里开始，带领大家学习如何编写公式，总体思路是先有思路，后有动作，然后调整细节。

1.1　相对引用与绝对引用的 4 种状态展示

我们打开 Excel 表格，在单元格中使用公式来解决问题。

下面以图 1-1 所示的 A7:E10 单元格区域的数据为例，讲解如何引用单元格。

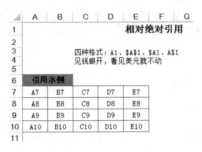

图 1-1　基础单元格示例

在 H7 单元格中输入"="，然后单击 A7 单元格，形成公式"=A7"。再将 H7 单元格向右向下复制，形成"相对引用"，如图 1-2 所示。横向复制后，A 变为了 B、C、D；纵向复制后，7 变为了 8、9、10。这就是相对引用，引用的单元格会随着单元格的变化而变化。

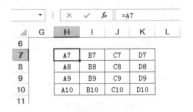

图 1-2　相对引用

如果公式无论是横向复制还是纵向复制，始终都要引用 A7 单元格，该怎么办呢？

在 N7 单元格中输入"="，然后单击 A7 单元格，形成公式"=A7"。然后按【F4】键，就会看到公式变成"=$A$7"，字母 A 和数字 7 前都增加了美元符号"$"，我们把它称为"图钉"，如图 1-3 所示。这时将 N7 单元格向右向下复制，它的公式始终是"=$A$7"。"$"就像图钉一样把列号和行号牢牢地固定在那里。

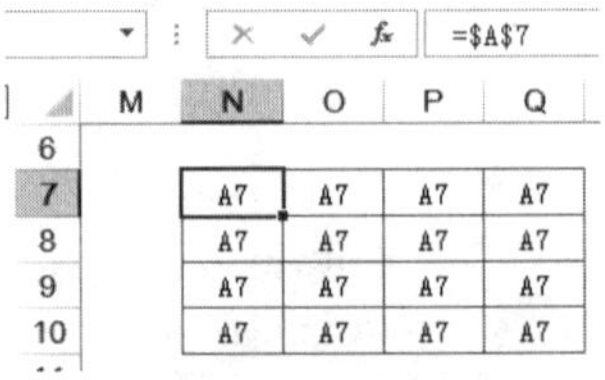

图 1-3　绝对引用

上述情况就是绝对引用。这种引用方式常常用于某个单元格值被多个单元格使用的情况。例如，在 A7 单元格中输入数字 6.9（假定 6.9 为此时美元兑换人民币的汇率），然后在其他位置引用

A7 单元格进行换算，就可以将人民币换算成美元。

对于初学者来说，混合引用似乎是一个难点，很多书都会"专业"地进行阐述：行绝对、列相对，是在数字的前面加上美元符号；行相对、列绝对，是在字母的前面加上美元符号。

如果函数的每一部分都需要死记硬背，那学习起来就太难了。Excel 的学习如果依靠死记硬背，那么学习最终只能成为一个负担，我们要根据需求选择相应的方法。下面具体介绍混合应用如何操作。

先引用需要的单元格，在单元格中输入公式"=A7"。例如，需要引用的数据始终在表格的第7 行，说明始终要将行号固定住，无论怎样复制，行号都不会变，那我们就在公式数字 7 前面按上图钉"$"，变成"=A$7"，如图 1-4（a）所示。再向下复制，公式始终为"=A$7"。但是，如果此时向右复制，由于列号 A 前面没有图钉，就会变成"=B$7""=C$7""=D$7"。

同理，当想要始终引用第一列数据时，可以在列号 A 前面按上图钉，使行号不受限制，公式为"=$A7"，向下向右复制后，结果如图 1-4（b）所示。

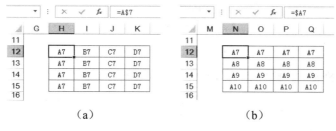

图 1-4　混合引用

（1）切换引用方式时，可以手动输入图钉"$"，或者多次按【F4】键，就可以在几种引用方式之间切换。

（2）一些笔记本电脑单独按【F4】键没有效果，需要结合功能键【Fn】，按【Fn+F4】组合键才有效。如果感觉结合功能键【Fn】操作比较麻烦，可以修改笔记本电脑的 BIOS，就可以不用结合【Fn】键来使用了。由于篇幅所限，具体操作不在此阐述，详见网上相关教程。

1.2 案例：九九乘法表

根据 1.1 节所学知识，我们来做一个经典案例，制作"九九乘法表"，最终效果如图 1-5 所示。

	A	B	C	D	E	F	G	H	I	J
19		1	2	3	4	5	6	7	8	9
20	1	1*1=1	2*1=2	3*1=3	4*1=4	5*1=5	6*1=6	7*1=7	8*1=8	9*1=9
21	2	1*2=2	2*2=4	3*2=6	4*2=8	5*2=10	6*2=12	7*2=14	8*2=16	9*2=18
22	3	1*3=3	2*3=6	3*3=9	4*3=12	5*3=15	6*3=18	7*3=21	8*3=24	9*3=27
23	4	1*4=4	2*4=8	3*4=12	4*4=16	5*4=20	6*4=24	7*4=28	8*4=32	9*4=36
24	5	1*5=5	2*5=10	3*5=15	4*5=20	5*5=25	6*5=30	7*5=35	8*5=40	9*5=45
25	6	1*6=6	2*6=12	3*6=18	4*6=24	5*6=30	6*6=36	7*6=42	8*6=48	9*6=54
26	7	1*7=7	2*7=14	3*7=21	4*7=28	5*7=35	6*7=42	7*7=49	8*7=56	9*7=63
27	8	1*8=8	2*8=16	3*8=24	4*8=32	5*8=40	6*8=48	7*8=56	8*8=64	9*8=72
28	9	1*9=9	2*9=18	3*9=27	4*9=36	5*9=45	6*9=54	7*9=63	8*9=72	9*9=81

图 1-5　九九乘法表

首先观察表格的特点与规律：第19行和A列都是数字1~9，在B20:B28单元格区域全都是数字1连接“*”，然后连接A列的数字1~9。下面构造等号前面的部分，在B20单元格中写下公式：

```
=B19&"*"&A20
```

其中，“&”是一个连接符，这里把它称为“胶水”。例如，在单元格中输入公式“="a"&"b"&1”，那么结果就是ab1，“&”能把不同的部分粘在一起。

将B20单元格中的公式向下复制到B28单元格，如图1-6所示。结果得到的并不是我们设想中的1*1，1*2，…，1*9，而是一个越来越长的序列。

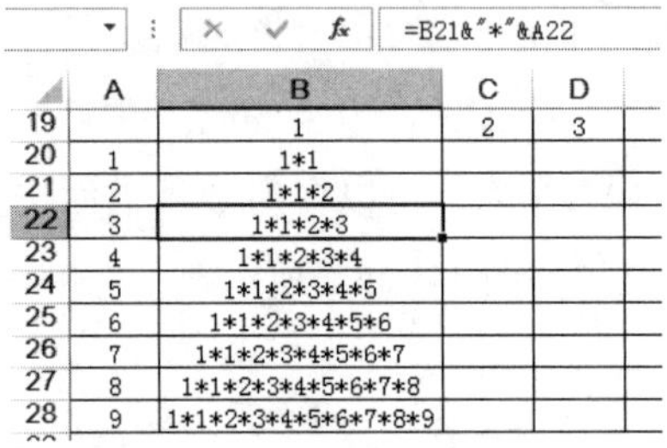

	A	B	C	D
19		1	2	3
20	1	1*1		
21	2	1*1*2		
22	3	1*1*2*3		
23	4	1*1*2*3*4		
24	5	1*1*2*3*4*5		
25	6	1*1*2*3*4*5*6		
26	7	1*1*2*3*4*5*6*7		
27	8	1*1*2*3*4*5*6*7*8		
28	9	1*1*2*3*4*5*6*7*8*9		

图1-6　九九乘法表填充B列

下面来看一下问题出在哪里。选择B22单元格，这时看到的公式为：

```
=B21&"*"&A22
```

B21并不是所需要的参数，我们需要始终引用第19行的数据，那该怎么做呢？修改B20单元格中的公式，在行号19前面按上图钉“$”，即将B20单元格的公式修改为：

```
=B$19&"*"&A20
```

修改公式后，再次向下复制单元格，结果如图1-7所示。

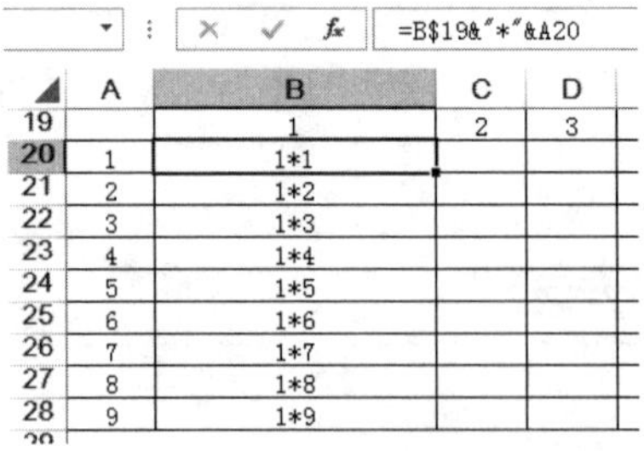

	A	B	C	D
19		1	2	3
20	1	1*1		
21	2	1*2		
22	3	1*3		
23	4	1*4		
24	5	1*5		
25	6	1*6		
26	7	1*7		
27	8	1*8		
28	9	1*9		

图1-7　九九乘法表修改B列

再将B列的公式向右复制，如图1-8所示，执行命令后每一列的效果变长了。

来看一下问题出在哪里。任选一个单元格，如E23，此单元格的公式为：

```
=E$19&"*"&D23
```

fx =E$19&"*"&D23

	A	B	C	D	E	F	G	H	I	J
19		1	2	3	4	5	6	7	8	9
20	1	1*1	2*1*1	3*2*1*1	4*3*2*1*1	5*4*3*2*1*1	6*5*4*3*2*1*1	7*6*5*4*3*2*1*1	8*7*6*5*4*3*2*1*1	9*8*7*6*5*4*3*2*1*1
21	2	1*2	2*1*2	3*2*1*2	4*3*2*1*2	5*4*3*2*1*2	6*5*4*3*2*1*2	7*6*5*4*3*2*1*2	8*7*6*5*4*3*2*1*2	9*8*7*6*5*4*3*2*1*2
22	3	1*3	2*1*3	3*2*1*3	4*3*2*1*3	5*4*3*2*1*3	6*5*4*3*2*1*3	7*6*5*4*3*2*1*3	8*7*6*5*4*3*2*1*3	9*8*7*6*5*4*3*2*1*3
23	4	1*4	2*1*4	3*2*1*4	4*3*2*1*4	5*4*3*2*1*4	6*5*4*3*2*1*4	7*6*5*4*3*2*1*4	8*7*6*5*4*3*2*1*4	9*8*7*6*5*4*3*2*1*4
24	5	1*5	2*1*5	3*2*1*5	4*3*2*1*5	5*4*3*2*1*5	6*5*4*3*2*1*5	7*6*5*4*3*2*1*5	8*7*6*5*4*3*2*1*5	9*8*7*6*5*4*3*2*1*5
25	6	1*6	2*1*6	3*2*1*6	4*3*2*1*6	5*4*3*2*1*6	6*5*4*3*2*1*6	7*6*5*4*3*2*1*6	8*7*6*5*4*3*2*1*6	9*8*7*6*5*4*3*2*1*6
26	7	1*7	2*1*7	3*2*1*7	4*3*2*1*7	5*4*3*2*1*7	6*5*4*3*2*1*7	7*6*5*4*3*2*1*7	8*7*6*5*4*3*2*1*7	9*8*7*6*5*4*3*2*1*7
27	8	1*8	2*1*8	3*2*1*8	4*3*2*1*8	5*4*3*2*1*8	6*5*4*3*2*1*8	7*6*5*4*3*2*1*8	8*7*6*5*4*3*2*1*8	9*8*7*6*5*4*3*2*1*8
28	9	1*9	2*1*9	3*2*1*9	4*3*2*1*9	5*4*3*2*1*9	6*5*4*3*2*1*9	7*6*5*4*3*2*1*9	8*7*6*5*4*3*2*1*9	9*8*7*6*5*4*3*2*1*9

图 1-8 九九乘法表横向填充

由此可以发现，E$19 是没有问题的，但其中的 D23 不是需要的参数，我们需要的始终是 A 列的数字。我们返回到 B20 单元格中的公式，在列号 A 前面按上图钉"$"，即将 B20 单元格公式修改为：

=B$19&"*"&$A20

修改后，再次将公式横向、纵向复制，得到的效果如图 1-9 所示，每个单元格都被引用到了准确的位置。

fx =B$19&"*"&$A20

	A	B	C	D	E	F	G	H	I	J
19		1	2	3	4	5	6	7	8	9
20	1	1*1	2*1	3*1	4*1	5*1	6*1	7*1	8*1	9*1
21	2	1*2	2*2	3*2	4*2	5*2	6*2	7*2	8*2	9*2
22	3	1*3	2*3	3*3	4*3	5*3	6*3	7*3	8*3	9*3
23	4	1*4	2*4	3*4	4*4	5*4	6*4	7*4	8*4	9*4
24	5	1*5	2*5	3*5	4*5	5*5	6*5	7*5	8*5	9*5
25	6	1*6	2*6	3*6	4*6	5*6	6*6	7*6	8*6	9*6
26	7	1*7	2*7	3*7	4*7	5*7	6*7	7*7	8*7	9*7
27	8	1*8	2*8	3*8	4*8	5*8	6*8	7*8	8*8	9*8
28	9	1*9	2*9	3*9	4*9	5*9	6*9	7*9	8*9	9*9

图 1-9 九九乘法表完善

最后，将整体公式完善，补充等号及乘法计算的结果，得到最终公式：

=B$19&"*"&$A20&"="&B$19*A20

输入上述公式，即可得到前面图 1-5 展示的最终效果。

经过本章的学习，你会发现复杂的混合引用也不过如此。根据自己的需求，找出哪个点是不能动的，然后把"图钉"按在那里，就可以自如应用了。

> **注意** 在写公式时，所有的文本字符要用英文状态的双引号引起来，而数字、单元格或区域的引用是不需要双引号的。

第 **2** 章 基础统计函数

相对引用与绝对引用是函数使用的基础，制作表格时如果要"偷懒"，可以用我们第 1 章讲到的图钉"＄"。

下面认识几个常用的基础统计函数，如图 2-1 所示。

	B	C	D
1		认识基础统计函数	
2			
3	**函数名称**	**中文解释**	
4	SUM	加法	
5	COUNT	计数（只统计数字）	
6	COUNTA	计数（统计全部，COUNT ALL）	
7	AVERAGE	平均值	
8	MAX	最大值	
9	MIN	最小值	
10			
11	LARGE	第 n 大	
12	SMALL	第 n 小	
13	RANK	排名	
14			

图 2-1　基础统计函数

有一些英文基础的读者会猜出以上函数的意义。这里重点提一下 COUNT 函数与 COUNTA 函数，它们都有"计数"的功能，其中 COUNT 函数只是统计数字的个数，而 COUNTA 函数可以理解为 COUNT ALL，即统计全部（实际上是统计所选单元格区域中所有"非空"单元格的个数）。下面以图 2-2 中模拟的某个公司销售员的销售业绩为例，来具体介绍各个函数的实际使用方式。

	F	G	H
4	**序号**	**姓名**	**销量**
5	1	罗贯中	145
6	2	刘备	123
7	3	法正	65
8	4	吴国太	86
9	5	陆逊	69
10	6	吕布	134
11	7	张昭	119
12	8	袁绍	92
13	9	孙策	114
14	10	孙权	57

图 2-2　基础统计数据源

2.1 求和、计数、平均值函数

在工作中最常用的统计方式就是求和、计数、求平均值，下面分别介绍可以完成这些工作的函数。

1. 求和函数

如果需要求总销量,该怎么做呢?不同时期有不同处理数据的方法。

在古代,账房先生算总账,肯定是拿出算盘"噼啪"一通,然后得到结果 1004。

在现代,我们使用计算器同样可以得到结果 1004。

Excel 的初学者通常都能观察到 Excel 的状态栏中有自动求和功能,选中 H5:H14 单元格区域,就能得到想到的结果,如图 2-3 所示。状态栏上不仅有求和,还有平均值和计数。

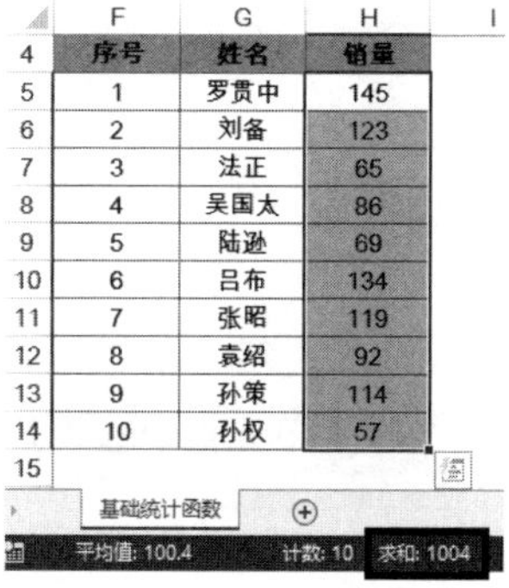

精通 Excel 函数的人看到需求时,只需在单元格输入一个公式即可完成,下面我们来看一下具体操作。

选中 H15 单元格,首先输入"=SUM(",然后选中 H5:H14 单元格区域,如图 2-4 所示。

这样就选定了需要求和的单元格区域,最后输入反括号")",按【Enter】键,即可得到销量的总和 1004,如图 2-5 所示。

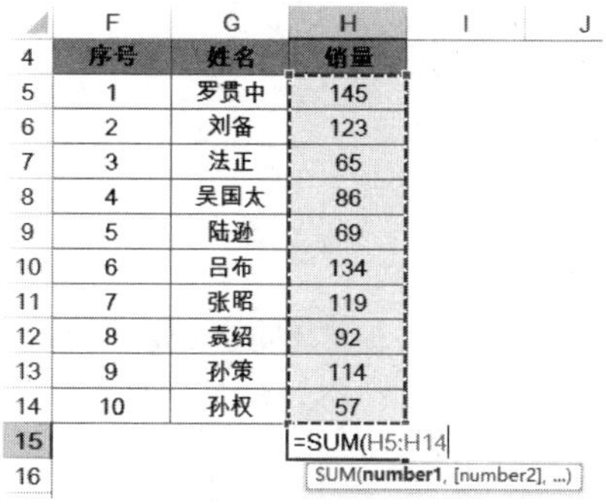

图 2-3 利用自动求和功能

图 2-4 SUM 求和 1   图 2-5 SUM 求和 2

我们用公式计算数据,最终目的是"偷懒"。当计算范围发生变化时,我们只要修改数据源中的几个数值,结果就会随之更新。下面进一步分析这个公式:

```
=SUM(H5:H14)
```

其中,SUM 函数是执行"求和"命令,求的是 H5:H14 单元格区域的数值总和。SUM 函数的基础用法就这么简单。

2. 计数函数

接下来做一个计数,为了看出 COUNT 与 COUNTA 函数的差异,我们选择 H4:H14 单元格区域作为统计标准,在语法上与 SUM 函数完全一致,如图 2-6 所示。

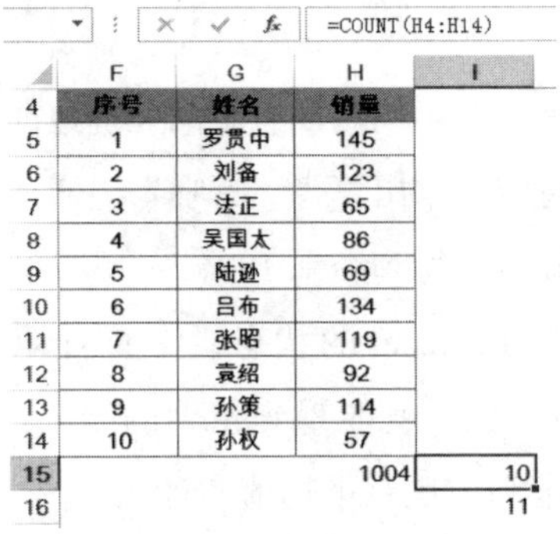

图 2-6　计数函数 1

在 I15 单元格中输入公式：

```
=COUNT(H4:H14)
```

在 I16 单元格中输入公式：

```
=COUNTA(H4:H14)
```

H4:H14 单元格区域，共 11 个单元格，而 COUNT 函数得到的结果是 10，因为其中 H4 单元格是文字，并不是数字，所以不在 COUNT 的统计范围内。

I16 单元格中的 COUNTA 函数得到的结果是 11。

那么，结果是 11，是否因为 H4:H14 单元格区域一共有 11 个单元格？

不是的，COUNTA 计算的是"非空"单元格的个数，下面做一个实验来具体说明。

在公式不变的情况下，我们将数据源中的几个数据清除。例如，清除 H6、H9、H11 单元格的数据，如图 2-7 所示。可以看到清除后只剩下 7 个数字和 8 个"非空"单元格。并且可以看到 SUM 函数的求和也会随之更新。

图 2-7　计数函数 2

3. 平均值函数

学习了求和与计数函数的使用，求平均值就很简单了，可以直接用 H15 单元格的 SUM 除以 I15 单元格的 COUNT。

其实，Excel 中有更合适的工具，在 Excel 中可以用 AVERAGE 函数来求平均值，在 H16 单元格中输入公式"=AVERAGE(H5:H14)"，如图 2-8 所示，得到平均值 100.4。

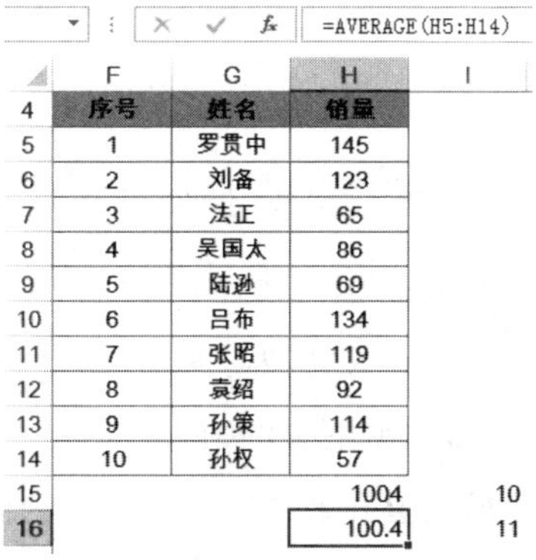

=AVERAGE(H5:H14)

	F	G	H	I
4	序号	姓名	销量	
5	1	罗贯中	145	
6	2	刘备	123	
7	3	法正	65	
8	4	吴国太	86	
9	5	陆逊	69	
10	6	吕布	134	
11	7	张昭	119	
12	8	袁绍	92	
13	9	孙策	114	
14	10	孙权	57	
15			1004	10
16			100.4	11

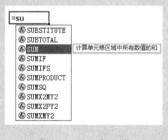

图 2-8　求平均值

至此，我们已经学习了 4 个函数，SUM、COUNT、COUNTA、AVERAGE。使用公式计算的目的是什么呢？偷懒。当数据源发生变化时，所有函数公式的计算结果都会自动更新。

提示　Excel 内置的函数，不需要把函数名记得一个字不差，从 Excel 2007 版开始，只需输入函数的前几个字母，就会有下拉列表显示以此开头的全部函数，并且有该函数的简要解释，如图 2-9 所示。此时可以使用键盘的上下箭头来选择，按下【Tab】键，整个函数就可以自动补全。

图 2-9　函数提示框

2.2 MAX 和 MIN 函数及设置上下限

在基础统计时，常常需要看一下最大值和最小值，那么用 Excel 能不能搞定呢？生活中很多电器标注大小时，都可以看到 MAX、MIN 的字样，那么 MAX 和 MIN 是不是也可以用在 Excel 统计中呢？下面来试一下，如图 2-10 所示。

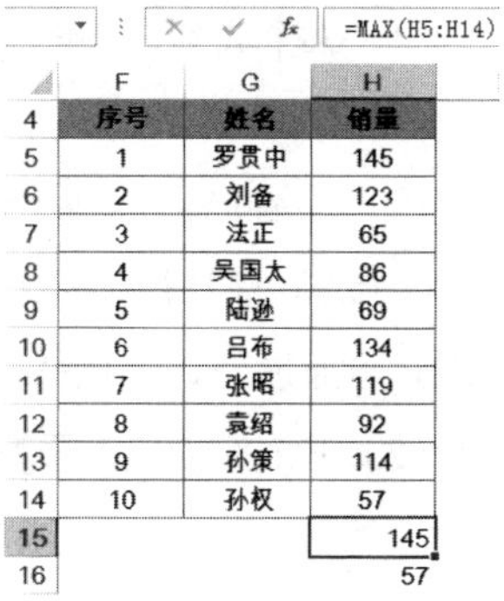

=MAX(H5:H14)

	F	G	H
4	序号	姓名	销量
5	1	罗贯中	145
6	2	刘备	123
7	3	法正	65
8	4	吴国太	86
9	5	陆逊	69
10	6	吕布	134
11	7	张昭	119
12	8	袁绍	92
13	9	孙策	114
14	10	孙权	57
15			145
16			57

图 2-10　最值

在 H15 单元格中输入公式：

```
=MAX(H5:H14)
```

在 H16 单元格中输入公式：

```
=MIN(H5:H14)
```

输入公式后，就能计算出最大值 145 和最小值 57。

通过以上操作，可以发现，MAX 和 MIN 函数与 SUM 函数的语法是一样的，输入一个函数名，然后选中所要计算的单元格区域，就能得到想要的结果。

但是，这样操作后得到的只是最大值和最小值，功能较为简单，接下来我们看一下用 MAX 和 MIN 还能完成什么操作。

公司发奖金的系数通常是与销量挂钩的，为避免某位员工由于销量过多而奖金系数无上限或销量惨淡完全没有奖金，公司会设置一个上下限规则：所有销量超过 120 的，以 120 来计算；所有销量低于 80 的，以 80 来计算。下面进行具体分析。

以罗贯中的 145 为例，他超过了 120，应该记为 120，进一步观察，实际上只涉及了两个数字，145 和上限 120，这里应选择两个数字中的"最小值"。再以法正的 65 为例，他的销量低于 80，应该记为 80，同样也涉及两个数字，65 和下限 80，这里应选择两个数字中的"最大值"。

有了上述思路，那么怎样把 MAX 和 MIN 进行有效地结合呢？

首先在 I5 单元格中输入公式"=MIN(H5,120)"，这样就解决了所有销量超过上限 120 的问题；然后修改 I5 单元格中的公式为"=MAX(MIN(H5,120),80)"，这样销量低于下限 80 的问题也解决了。

那么这个公式是否正确呢？将 I5 单元格的公式向下复制到 I14 单元格，如图 2-11 所示，结果完全正确。

4	F 序号	G 姓名	H 销量	I
5	1	罗贯中	145	120
6	2	刘备	123	120
7	3	法正	65	80
8	4	吴国太	86	86
9	5	陆逊	69	80
10	6	吕布	134	120
11	7	张昭	119	119
12	8	袁绍	92	92
13	9	孙策	114	114
14	10	孙权	57	80

图 2-11 设置上下限

这时有人会说："这个思路是明白了，但在工作中用到公式时还是无法准确使用，记不清哪个放括号外面，哪个放括号里面？哪个后面跟上限数值，哪个后面跟下限数值？"下面我们一一解答。

（1）哪个放括号外面，哪个放括号里面？

都可以。实践是检验真理的唯一标准，我们把公式改为"=MIN(MAX(H5,80),120)"，可以看到，结果仍然正确，这是为什么？其实这个公式的思考过程与之前是相反的，先通过公式 MAX(H5,80) 计算得到两个数字中的最大值，这样对于所有低于 80 的数字结果均为 80，即设定好下限，再通过公式 MIN(MAX(H5,80),120) 设定上限。

（2）哪个后面跟上限数值，哪个后面跟下限数值？

这里有 3 种记忆方法。

①上法：理解上文讲的分析思路，当需要时，将思路提炼出来，分析一遍，公式自然就写出来了。

②中法：设定上下限，如果只记得用 MAX 和 MIN 的组合，不知道上下限放在哪里，那就在单元格中直接写，例如，输入公式"=MAX(MIN(H5,80),120)"，向下复制，如图 2-12 所示。复制后会发现，结果不对，怎么办呢？不用急，公式整个结构是正确的，这里把上下限 80 和 120 换个位置，公式变成"=MAX(MIN(H5,120),80)"，得到的就是最终结果。

③下法：死记硬背：MAX 跟着下限，MIN 跟着上限，背下来就能解决问题，但是千万不要记混了。

接下来介绍另外一个函数 —— 中位数 MEDIAN。在 A1:F1 单元格区域随机输入 1、9、8、4、6、3 这 6 个数字，如图 2-13 所示。

在 A3 单元格中输入公式：

```
=MEDIAN(A1:E1)
```

在 A4 单元格中输入公式：

```
=MEDIAN(A1:F1)
```

得到的结果是 6 和 5。中位数是将一串数字按照大小顺序排列，取得中间的那个数字的值。

如果数字的个数是奇数，就取得最中间的那一个。例如，A3 单元格的公式，A1:E1 从小到大排列是 1、4、6、8、9，中间的数字是 6。

如果数字的个数是偶数，就取得中间两个数字并计算平均值。例如，A4 单元格的公式，A1:F1 从小到大排列是 1、3、4、6、8、9，中间的数字是 4 和 6，平均值为 5。

前面介绍了 MAX 函数和 MIN 函数，这里为什么要介绍 MEDIAN 函数呢？

回到前面的销量表，同样是设置上下限，在 I5 单元格输入公式"=MEDIAN(H5,80,120)"，然后向下复制，如图 2-14 所示。

得到的结果完全正确。计算逻辑相当于将每个人的销量与 80、120 进行比较，然后取得这 3 个数的中位数，这样就完成上下限的设置了。

图 2-12 错误上下限

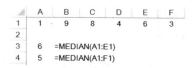

	A	B	C	D	E	F
1	1	9	8	4	6	3
2						
3	6	=MEDIAN(A1:E1)				
4	5	=MEDIAN(A1:F1)				

图 2-13 中位数

图 2-14 中位数取上下限

2.3 案例：提取销量前三大和前三小的值

前面介绍了最大值和最小值，但在工作中，有时不仅要求“最”值，还要求排行前几的值等。涉及大和小，对应的英语单词有 LARGE 和 SMALL，在 Excel 中恰好也有这样的两个函数，可以用来求第几大和第几小的值。

这里先介绍一个函数 ——ROW，在任意单元格中输入公式“=ROW(1:1)”，它返回结果为数字 1，如图 2-15 所示。其中，1:1 代表整个工作表的第 1 行，而 ROW 函数用来返回相应单元格、区域的行号。也就是说，公式 ROW(1:1) 能得到第 1 行的行号 1。

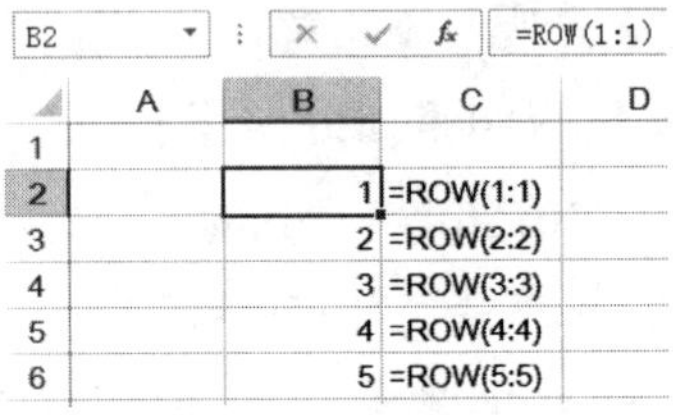

	A	B	C	D
1				
2		1	=ROW(1:1)	
3		2	=ROW(2:2)	
4		3	=ROW(3:3)	
5		4	=ROW(4:4)	
6		5	=ROW(5:5)	

图 2-15　ROW 函数

然后将公式向下复制，1:1 依次变成 2:2、3:3、4:4、5:5，这样 ROW 函数返回的结果依次为 1、2、3、4、5，Row 函数将在第 4 章中详细讲解。

现在需要统计排行前三的销量，要怎样处理呢？

在 I5 单元格输入“=large(H5:H14,”，如图 2-16 所示，这时观察一个细节，在语法提示上，出现了 LARGE(array, k)，其中 array 是所要选择的数据区域或数组，后面的 k 可以理解为要求第几大的数字。

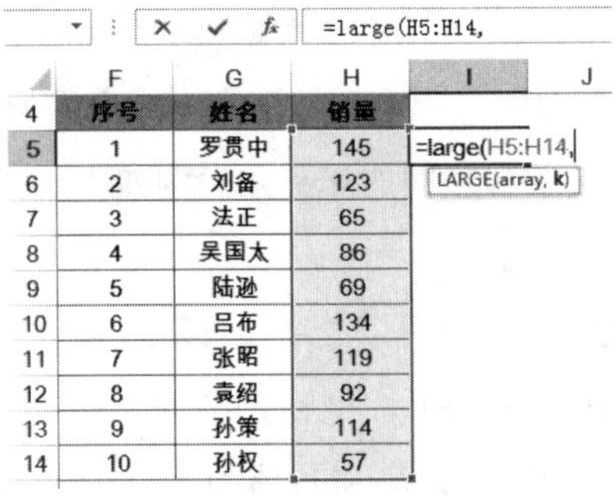

	F	G	H	I	J
4	序号	姓名	销量		
5	1	罗贯中	145	=large(H5:H14,	
6	2	刘备	123		
7	3	法正	65		
8	4	吴国太	86		
9	5	陆逊	69		
10	6	吕布	134		
11	7	张昭	119		
12	8	袁绍	92		
13	9	孙策	114		
14	10	孙权	57		

图 2-16　LARGE 函数 1

在最初学习函数的语法时，不要求马上完整地理解它们的含义，随着接触的函数增多，慢慢就会理解了。

下面继续来完善公式：

```
=LARGE(H5:H14,ROW(1:1))
```

其中，ROW(1:1) 返回的结果就是数字 1，这样就得到了 H5:H14 区域的最大值。这里需要得到前三大的数字，于是将 I5 单元格的公式向下复制到 I7 单元格，ROW 函数依次返回结果 1、2、3，即可得到销量前三的值，如图 2-17 所示。

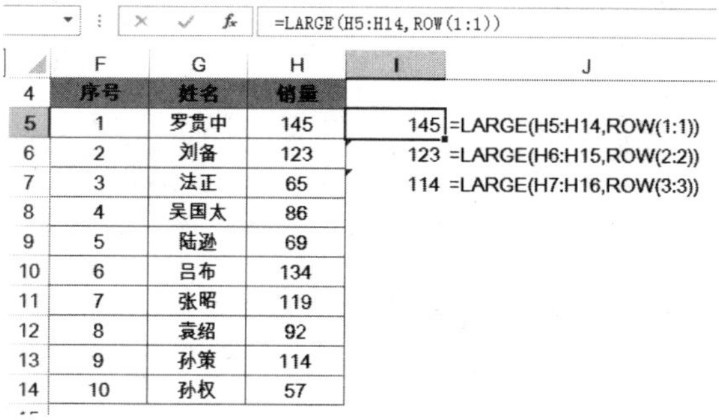

图 2-17 LARGE 函数 2

仔细观察图 2-17，数字 145 是最大的，这里没错，但第二大的值应该是 H10 单元格的 134，第三大的值才是 H6 单元格的 123，为什么会出现这种情况呢？下面进一步观察。

I6 单元格的公式：

```
=LARGE(H6:H15,ROW(2:2))
```

I7 单元格的公式：

```
=LARGE(H7:H16,ROW(3:3))
```

我们发现第一个参数选择的区域，已经不是最初的 H5:H14，而变成了 H6:H15、H7:H16。这是因为公式在复制时，所选择的区域也随着公式位置的变化发生了变化。那要怎么处理呢？

我们在第 1 章讲过"图钉"，如果想让第一个参数所引用的区域不变，就要用图钉把这个区域按住，将 I5 单元格公式中的 H5:H14 单元格区域选中，然后按【F4】键添加上图钉"$"，最终公式修正为：

```
=LARGE($H$5:$H$14,ROW(1:1))
```

再将 I5 单元格的公式向下复制到 I7 单元格，结果如图 2-18 所示，这样就通过一个公式，得到了销量前三的数值。

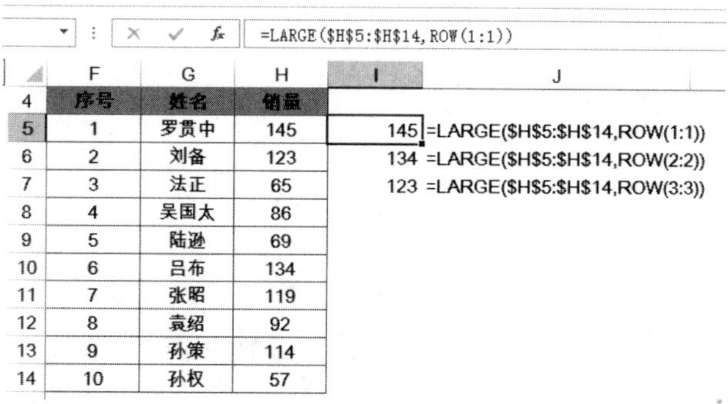

图 2-18 LARGE 函数 3

同理，也可以得到最小的三笔销量，与 LARGE 函数对应的是 SMALL 函数。如图 2-19 所示，在 I12 单元格中输入公式：

```
=SMALL($H$5:$H$14,ROW(1:1))
```

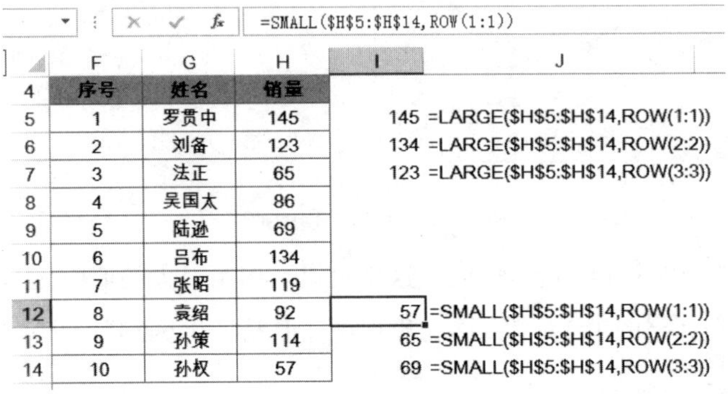
=SMALL($H$5:$H$14,ROW(1:1))

	F	G	H	I	J
4	序号	姓名	销量		
5	1	罗贯中	145	145	=LARGE($H$5:$H$14,ROW(1:1))
6	2	刘备	123	134	=LARGE($H$5:$H$14,ROW(2:2))
7	3	法正	65	123	=LARGE($H$5:$H$14,ROW(3:3))
8	4	吴国太	86		
9	5	陆逊	69		
10	6	吕布	134		
11	7	张昭	119		
12	8	袁绍	92	57	=SMALL($H$5:$H$14,ROW(1:1))
13	9	孙策	114	65	=SMALL($H$5:$H$14,ROW(2:2))
14	10	孙权	57	69	=SMALL($H$5:$H$14,ROW(3:3))

图 2-19　SMALL 函数

将 I12 单元格的公式向下复制到 I14 单元格，就得到了最小的三笔销量。再次提示，只要对公式进行复制，一定要想到“图钉”的问题。

2.4 案例：对销量进行升序和降序排名

对每个人的业绩做一个排名，有专门的函数 RANK，RANK 源自于英文单词 Ranking。

在 I5 单元格输入“=rank(”，这时看到此函数的语法提示上出现了 RANK(number, ref, [order]) 的字样，如图 2-20 所示。

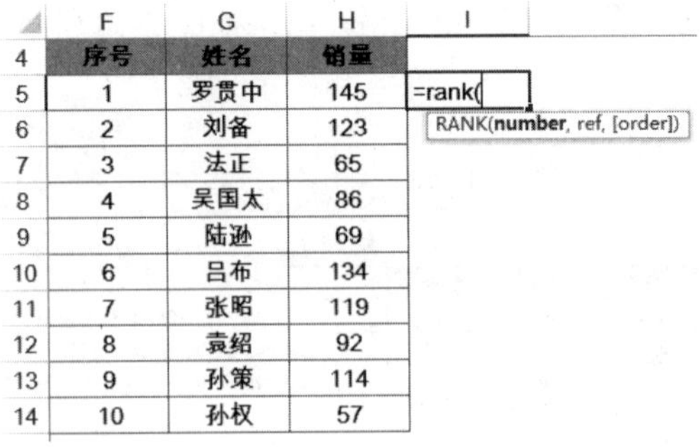

	F	G	H	I
4	序号	姓名	销量	
5	1	罗贯中	145	=rank(
6	2	刘备	123	RANK(number, ref, [order])
7	3	法正	65	
8	4	吴国太	86	
9	5	陆逊	69	
10	6	吕布	134	
11	7	张昭	119	
12	8	袁绍	92	
13	9	孙策	114	
14	10	孙权	57	

图 2-20　RANK 函数 1

其中第一个参数为 number（数字），于是 RANK 函数的第一个参数是要进行排名的数字，这里选择 H5 单元格。第二个参数 ref（reference 的缩写，引用），代表在表格中所引用的区域，这里选择 H5:H14 单元格区域。

输入反括号")"，按下【Enter】键结束，最终 H5 单元格的公式为：

```
=RANK(H5,H5:H14)
```

返回结果为 1，说明罗贯中的销量 145 是排名第一的。然后将 I5 单元格的公式向下复制到 I14 单元格，如图 2-21 所示。

图 2-21　RANK 函数 2

图 2-21 中出现很多排名第一的。仔细观察，I9 单元格陆逊对应的第 5 名，公式为"=RANK(H9, H9:H18)"，第二个参数选择的区域变成了 H9:H18，已经不是最初的 H5:H14 单元格区域了。问题找到了，这里要用"图钉"。这个不起眼的美元符号 $，有着不可忽视的作用。

选中 I5 单元格公式中的参数 H5:H14，按【F4】键，公式变为"=RANK(H5,$H$5:$H$14)"，然后将公式向下复制到 I14 单元格，如图 2-22 所示，结果完全正确。

图 2-22　RANK 函数 3

如果需要对各个员工的错误数进行排名该怎么操作呢？错误数自然是越少越好，所以排名不是用 RANK 函数得到的"降序"，而是用"升序"排列。总人数为 10，我最开始使用的方法是用数字 11 减去当前每个人的排名，公式为"=11- RANK(H5,$H$5:$H$14)"，然后得到了升序。这个方法我用了很长时间。当时的 Excel 2003 版本并没有函数语法提示，而且周围的同事使用 Excel 的水平也只停留在初级阶段。

直到有一天，计算机中的 Excel 升级到 2007 版本，当我再次对员工的错误数进行排名时，输入 RANK 公式后，发现 RANK 后面多了一个第三参数［order］！这个参数就是用来指明数学排序的方式的。

继续在 I5 单元格中输入公式：

```
=RANK(H5,$H$5:$H$14,
```

提示框中显示"0- 降序；1- 升序"，如图 2-23 所示。

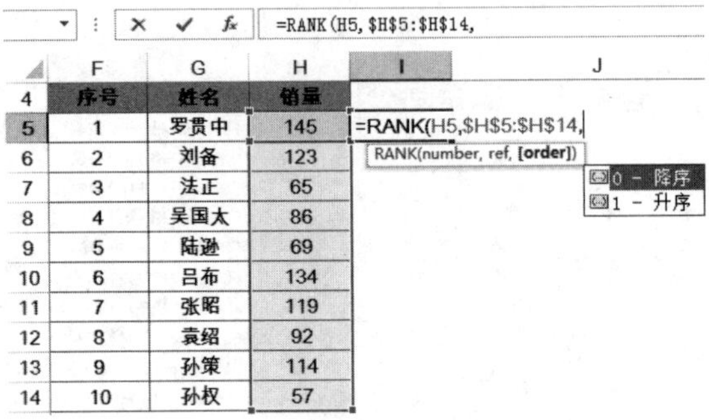

图 2-23　RANK 函数升序 1

完善 I5 单元格的公式，将第三参数写上数字 1：

```
=RANK(H5,$H$5:$H$14,1)
```

然后将公式向下复制到 I14 单元格，如图 2-24 所示，即可完成升序的排名。

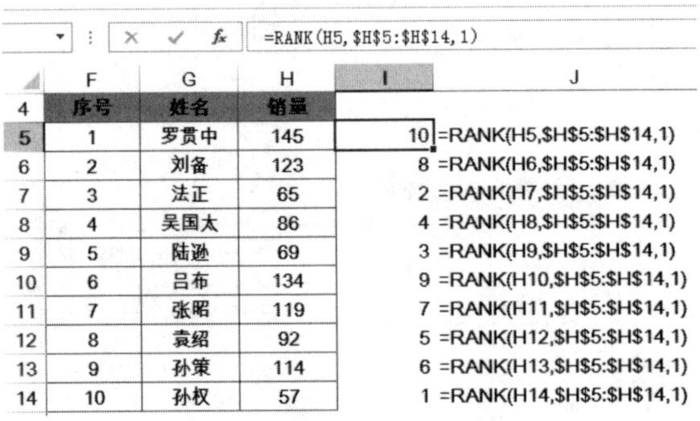

图 2-24　RANK 函数升序 2

有时候，完善公式只需认真观察细节，就能找到问题所在，要多做尝试，不要害怕出错。

> **提示**　如果输入"=RANK(H5,$H$5:$H$14,"公式后，看不到后面升序、降序的提示，就需要检查一下公式是否有问题。注意，公式中的逗号应该使用英文半角","，而不是中文"，"。

第 **3** 章 不同的求和方式

SUM 函数求和不是只有前面介绍的一种使用方式，它在不同工作场景中的用法各不相同。

3.1 案例：累加求和

对于同样的销售业绩，如果需要对销售人员的销量逐一进行累加求和，该怎样处理？也就是说，每一个人的销量单元格内容都是自己的销量和上方所有人员销量的总和。如图 3-1 所示，我们来手动模拟一部分。

	F	G	H	I
4	序号	姓名	销量	
5	1	罗贯中	145	145 =SUM(H5)
6	2	刘备	123	268 =SUM(H5:H6)
7	3	法正	65	333 =SUM(H5:H7)
8	4	吴国太	86	419 =SUM(H5:H8)
9	5	陆逊	69	488 =SUM(H5:H9)
10	6	吕布	134	
11	7	张昭	119	
12	8	袁绍	92	
13	9	孙策	114	
14	10	孙权	57	

图 3-1 累加求和 1

在 I7 单元格中输入公式 "=SUM(H5:H7)"，计算的是罗贯中、刘备、法正三人销量的总和。

在 I9 单元格中输入公式 "=SUM(H5:H9)"，计算的是罗贯中、刘备、法正、吴国太、陆逊五人销量的总和，以此类推。

再次发挥我们的观察能力，每一个人的求和，都是从 H5 单元格开始，然后扩展到自己所在的行。在选择单元格区域时，如果能够把 H5 按住，将"尾巴"放开，就可以得到模拟结果了。如图 3-2 所示，将 I5 单元格中的公式修改为以下内容，并将公式向下复制到 I14 单元格：

```
=SUM($H$5:H5)
```

这种操作类似木工在工作时使用盒尺，将盒尺的 0 点挂在木头的一端，然后慢慢拉开，测量木头的长度。这种思路也可以用在年累计销量、年累计金额等计算上。

| ▼ | : | × | ✓ | f_x | =SUM($H$5:H5) |

▲	F	G	H	I	J
4	序号	姓名	销量		
5	1	罗贯中	145	145	=SUM($H$5:H5)
6	2	刘备	123	268	=SUM($H$5:H6)
7	3	法正	65	333	=SUM($H$5:H7)
8	4	吴国太	86	419	=SUM($H$5:H8)
9	5	陆逊	69	488	=SUM($H$5:H9)
10	6	吕布	134	622	=SUM($H$5:H10)
11	7	张昭	119	741	=SUM($H$5:H11)
12	8	袁绍	92	833	=SUM($H$5:H12)
13	9	孙策	114	947	=SUM($H$5:H13)
14	10	孙权	57	1004	=SUM($H$5:H14)

图 3-2　累加求和 2

 提示　不要因为习惯了 H5:H14 或 $H$5:$H$14 的冒号前后都是相对引用或绝对引用，而对 $H$5:H5 这种不对称的公式感到陌生。这里提示大家，要理解公式，不要死记硬背，仔细考虑使用这种"头按住，尾巴甩开"方式的原因。

3.2　案例：快捷键求和

Excel 中有一些知识很简单，但是如果没有人告诉你，可能你一辈子都不知道。这就是 Excel 的独特魅力。

图 3-3 所示为模拟的"三国"公司各员工的月收入，下面需要在 H 列求得每个员工的应发工资合计，在第 34 行求得各科目的合计。

▲	A	B	C	D	E	F	G	H
18	姓名	工号	部门	身份证号	工资	奖金	加班费	应发工资
19	罗贯中	A9110001	群雄	653128198606284725	3000	200	100	
20	刘备	A9410001	蜀国	120105198707117933	2000	500	200	
21	法正	A9410002	蜀国	120103198405056714	2200	300	300	
22	吴国太	A9720001	吴国	120106198202225038	2600	400	50	
23	陆逊	A9710002	吴国	12011319940107121X	2800	600	30	
24	吕布	A9710003	群雄	653128198901174369	2900	700	60	
25	张昭	A9910001	吴国	653128197203242446	2000	900	90	
26	袁绍	A9910002	群雄	120115198109147377	2800	220	160	
27	孙策	A9910003	吴国	653128198608252583	2600	360	30	
28	孙权	B0010001	吴国	653128197606289601	2400	480	70	
29	庞德	B0010002	群雄	12010419910125953X	2200	600	110	
30	荀彧	B0210001	魏国	120114199401032890	2000	720	150	
31	司马懿	B0210002	魏国	653128198005192948	1800	840	190	
32	张辽	B0210003	魏国	12022119780124329I	1600	960	230	
33	董卓	B0310001	群雄	120103199106246790	1400	1080	270	
34			合计					

图 3-3　快速求和数据

1. 单元格快速求和

通过前面的学习，很快就会想到使用 SUM 函数，直接在 H19 单元格中输入公式"=SUM(E19:

G19)"，然后向下复制到 H33 单元格。在 E34 单元格中输入公式 "=SUM(E19:E33)"，然后向右复制到 H34 单元格。这样操作完全没错，速度也不慢。下面看一下是否有更快、更简洁的方法。

在求和时只需使用【Alt+=】组合键，就可以自动调出 SUM 的求和公式。下面具体来操作一下。

选中 H19 单元格，然后按【Alt+=】组合键，如图 3-4 所示，可以看到求和公式及相应的数据区域被自动选定了，此时只需按【Enter】键结束公式，并将公式向下复制到 H33 单元格即可。

18	姓名	工号	部门	身份证号	工资	奖金	加班费	应发工资	
19	罗贯中	A9110001	群雄	653128198606284725	3000	200		=SUM(E19:G19)	
20	刘备	A9410001	蜀国	120105198707117933	2000	500	200	SUM(number1, [number2], ...)	
21	法正	A9410002	蜀国	120103198405056714	2200	300	300		
22	吴国太	A9720001	吴国	120106198202225038	2600	400	50		
23	陆逊	A9710002	吴国	12011319940107121X	2800	600	30		
24	吕布	A9710003	群雄	653128198901174369	2900	700	60		
25	张昭	A9910001	吴国	653128197203242446	2000	900	90		
26	袁绍	A9910002	群雄	120115198109147377	2800	220	160		
27	孙策	A9910003	吴国	653128198608252583	2600	360	30		
28	孙权	B0010001	吴国	653128197606289601	2400	480	70		
29	庞德	B0010002	群雄	12010419910125953X	2200	600	110		
30	荀彧	B0210001	魏国	120114199401032890	2000	720	150		
31	司马懿	B0210002	魏国	653128198005192948	1800	840	190		
32	张辽	B0210003	魏国	120221197801243291	1600	960	230		
33	董卓	B0310001	群雄	120103199106246790	1400	1080	270		
34			合计						

图 3-4　快速求和快捷键

同样，选中 E34 单元格，按【Alt+=】组合键，就会自动生成公式 "=SUM(E19:E33)"，然后将公式向右复制到 H34 单元格，这样统计就完成了。

2. 连续区域快速求和

学习完单元格快速求和，还是感觉操作太慢怎么办？下面来学习一下其他操作方法。

整体选中 E19:H34 单元格区域，即在已有数据区域向下和向右分别扩展出一行和一列，如图 3-5 所示。

18	姓名	工号	部门	身份证号	工资	奖金	加班费	应发工资
19	罗贯中	A9110001	群雄	653128198606284725	3000	200	100	
20	刘备	A9410001	蜀国	120105198707117933	2000	500	200	
21	法正	A9410002	蜀国	120103198405056714	2200	300	300	
22	吴国太	A9720001	吴国	120106198202225038	2600	400	50	
23	陆逊	A9710002	吴国	12011319940107121X	2800	600	30	
24	吕布	A9710003	群雄	653128198901174369	2900	700	60	
25	张昭	A9910001	吴国	653128197203242446	2000	900	90	
26	袁绍	A9910002	群雄	120115198109147377	2800	220	160	
27	孙策	A9910003	吴国	653128198608252583	2600	360	30	
28	孙权	B0010001	吴国	653128197606289601	2400	480	70	
29	庞德	B0010002	群雄	12010419910125953X	2200	600	110	
30	荀彧	B0210001	魏国	120114199401032890	2000	720	150	
31	司马懿	B0210002	魏国	653128198005192948	1800	840	190	
32	张辽	B0210003	魏国	120221197801243291	1600	960	230	
33	董卓	B0310001	群雄	120103199106246790	1400	1080	270	
34			合计					

图 3-5　快速求和整体选中区域

此时，按【Alt+=】组合键，可以看到，所有求和的区域，瞬间被填充了 SUM 函数，如图 3-6 所示。

	A	B	C	D	E	F	G	H
								=SUM(E24:G24)
18	姓名	工号	部门	身份证号	工资	奖金	加班费	应发工资
19	罗贯中	A9110001	群雄	653128198606284725	3000	200	100	3300
20	刘备	A9410001	蜀国	120105198707117933	2000	500	200	2700
21	法正	A9410002	蜀国	120103198405056714	2200	300	300	2800
22	吴国太	A9720001	吴国	120106198202225038	2600	400	50	3050
23	陆逊	A9710002	吴国	12011319940107121X	2800	600	30	3430
24	吕布	A9710003	群雄	653128198901174369	2900	700	60	3660
25	张昭	A9910001	吴国	653128197203242446	2000	900	90	2990
26	袁绍	A9910002	群雄	120115198109147377	2800	220	160	3180
27	孙策	A9910003	吴国	653128198608252583	2600	360	30	2990
28	孙权	B0010001	吴国	653128197606289601	2400	480	70	2950
29	庞德	B0010002	群雄	12010419910125953X	2200	600	110	2910
30	荀彧	B0210001	魏国	120114199401032890	2000	720	150	2870
31	司马懿	B0210002	魏国	653128198005192948	1800	840	190	2830
32	张辽	B0210003	魏国	120221197801243291	1600	960	230	2790
33	董卓	B0310001	群雄	120103199106246790	1400	1080	270	2750
34	合计				34300	8860	2040	45200

图 3-6　快速求和整体区域计算

3. 不连续区域快速求和

前面是连续区域的快速求和，如果选择不连续的区域，该怎么做？打开素材文件"SUM 使用之不连续区域"工作表，如图 3-7 所示，这是模拟多部门数据统计的情况，现在需要在每个部门下面增加一个小计。由于各部门人数不一致，不能用一个 SUM 公式来操作。此时该怎么办呢？

	A	B	C	D	E	F
1	姓名	工号	部门	工资	奖金	加班费
2	罗贯中	A9110001	群雄	3000	200	100
3	吕布	A9710003	群雄	2900	700	60
4	袁绍	A9910002	群雄	2800	220	160
5	庞德	B0010002	群雄	2200	600	110
6	董卓	B0310001	群雄	1400	1080	270
7	小计					
8	刘备	A9410001	蜀国	2000	500	200
9	法正	A9410002	蜀国	2200	300	300
10	小计					
11	荀彧	B0210001	魏国	2000	720	150
12	司马懿	B0210002	魏国	1800	840	190
13	张辽	B0210003	魏国	1600	960	230
14	小计					
15	吴国太	A9720001	吴国	2600	400	50
16	陆逊	A9710002	吴国	2800	600	30
17	张昭	A9910001	吴国	2000	900	90
18	孙策	A9910003	吴国	2600	360	30
19	孙权	B0010001	吴国	2400	480	70
20	小计					

图 3-7　不连续区域工作表

很简单，可以使用前面学习的快捷键【Alt+=】。先选中 D2:F6 单元格区域，按【Alt+=】组合键，然后选中 D8:F9 单元格区域，再次按【Alt+=】组合键，以此类推，一个个区域很快就完成了。

这里只有 4 个部门，如果有 40 个部门需要统计，该怎么办？下面来讲一下处理方式。如图 3-8 所示，先选中 D1:F20 单元格区域，然后按【F5】键，调出【定位】对话框，单击【定位条件】按钮，在弹出的【定位条件】对话框中选中【空值 (K)】单选按钮，单击【确定】按钮。

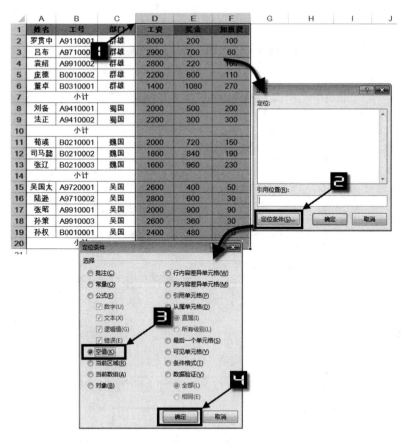

图 3-8 定位空值

这时就将所有空值都选中了，如图 3-9 所示。

	A	B	C	D	E	F
1	姓名	工号	部门	工资	奖金	加班费
2	罗贯中	A9110001	群雄	3000	200	100
3	吕布	A9710003	群雄	2900	700	60
4	袁绍	A9910002	群雄	2800	220	160
5	庞德	B0010002	群雄	2200	600	110
6	董卓	B0310001	群雄	1400	1080	270
7			小计			
8	刘备	A9410001	蜀国	2000	500	200
9	法正	A9410002	蜀国	2200	300	300
10			小计			
11	荀彧	B0210001	魏国	2000	720	150
12	司马懿	B0210002	魏国	1800	840	190
13	张辽	B0210003	魏国	1600	960	230
14			小计			
15	吴国太	A9720001	吴国	2600	400	50
16	陆逊	A9710002	吴国	2800	600	30
17	张昭	A9910001	吴国	2000	900	90
18	孙策	A9910003	吴国	2600	360	30
19	孙权	B0010001	吴国	2400	480	70
20			小计			

图 3-9 选中空值

接下来再按下【Alt+=】组合键，出现图 3-10 所示的变化。

D7	▼	:	× ✓	fx	=SUM(D15:D19)	

	A	B	C	D	E	F
1	姓名	工号	部门	工资	奖金	加薪费
2	罗贯中	A9110001	群雄	3000	200	100
3	吕布	A9710003	群雄	2900	700	60
4	袁绍	A9910002	群雄	2800	220	160
5	庞德	B0010002	群雄	2200	600	110
6	董卓	B0310001	群雄	1400	1080	270
7	小计			12300	2800	700
8	刘备	A9410001	蜀国	2000	500	200
9	法正	A9410002	蜀国	2200	300	300
10	小计			4200	800	500
11	荀彧	B0210001	魏国	2000	720	150
12	司马懿	B0210002	魏国	1800	840	190
13	张辽	B0210003	魏国	1600	960	230
14	小计			5400	2520	570
15	吴国太	A9720001	吴国	2600	400	50
16	陆逊	A9710002	吴国	2800	600	30
17	张昭	A9910001	吴国	2000	900	90
18	孙策	A9910003	吴国	2600	360	30
19	孙权	B0010001	吴国	2400	480	70
20	小计			12400	2740	270

图 3-10　不连续区域快速求和

所有选中的空值位置都瞬间被填充了公式，而且它们的区域自动选择好了。

完成了各部门的统计之后，还需要完成所有部门的合计，有没有快捷的操作方法呢？直接选择 D21:F21 单元格区域，按下【Alt+=】组合键，出现图 3-11 所示的变化。

D21	▼	:	× ✓	fx	=SUM(D20,D14,D10,D7)	

	A	B	C	D	E	F
1	姓名	工号	部门	工资	奖金	加薪费
2	罗贯中	A9110001	群雄	3000	200	100
3	吕布	A9710003	群雄	2900	700	60
4	袁绍	A9910002	群雄	2800	220	160
5	庞德	B0010002	群雄	2200	600	110
6	董卓	B0310001	群雄	1400	1080	270
7	小计			12300	2800	700
8	刘备	A9410001	蜀国	2000	500	200
9	法正	A9410002	蜀国	2200	300	300
10	小计			4200	800	500
11	荀彧	B0210001	魏国	2000	720	150
12	司马懿	B0210002	魏国	1800	840	190
13	张辽	B0210003	魏国	1600	960	230
14	小计			5400	2520	570
15	吴国太	A9720001	吴国	2600	400	50
16	陆逊	A9710002	吴国	2800	600	30
17	张昭	A9910001	吴国	2000	900	90
18	孙策	A9910003	吴国	2600	360	30
19	孙权	B0010001	吴国	2400	480	70
20	小计			12400	2740	270
21				34300	8860	2040

图 3-11　快速求和总计

D21 单元格中自动生成了公式 "=SUM(D20,D14,D10,D7)"，其中的 D20、D14、D10、D7 都是刚刚生成 SUM 函数公式小计的位置。由此可以知道，使用【Alt+=】组合键，可以快速定位到之前的求和位置，并生成总计的公式。

> **提示**　如果最后的合计未测试成功，有可能是因为使用的是 WPS，而不是 Office 软件。在 WPS 中按【F5】键是无法调出【定位】对话框的，需要按【Ctrl+G】组合键，而 Office 使用支持【F5】和【Ctrl+G】这两种方法调出【定位】对话框。

3.3 案例：使用查找和替换设置单元格格式及修改公式

本节接着 3.2 节的表格再进行一些操作。例如，现在要统计每个部门的人数，而不是金额，要怎么处理？

选中 F1:F20 单元格区域，然后按【Ctrl+H】组合键，调出【查找和替换】对话框，在【查找内容】文本框中输入 "SUM"，在【替换为】文本框中输入 "COUNT"，单击【全部替换】按钮，完成对公式的修改，如图 3-12 所示。

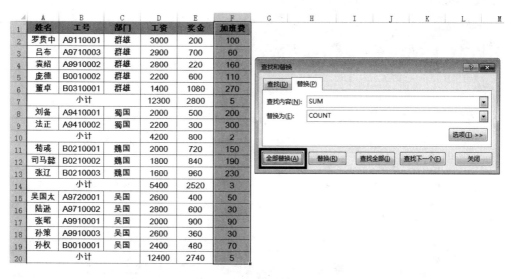

图 3-12　使用替换修改公式

操作完成后，可以看到 F7、F10、F14、F20 单元格都变成了计数的公式。如图 3-13 所示，F7 单元格变成了 =COUNT(F2:F6)。

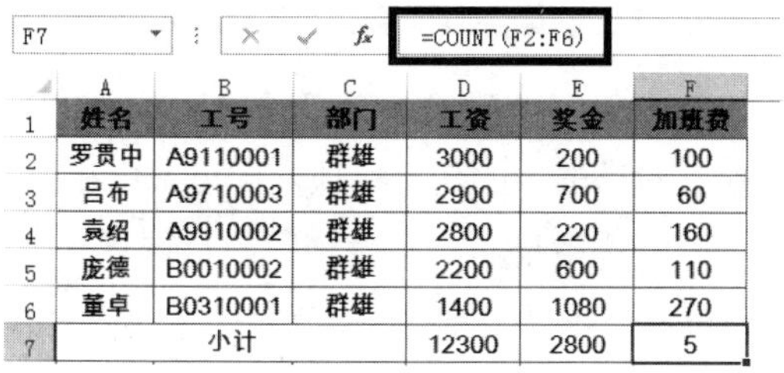

图 3-13　替换后的公式

> **提示** 我们平常做替换时，都是习惯替换单元格中的文字，殊不知函数公式也可以被替换，只要替换后的结果符合相应的函数语法即可。

下面再来试试查找操作，选择 A1:F20 单元格区域，按【Ctrl+F】组合键，调出【查找和替换】对话框。在【查找内容】文本框中输入"SUM"，然后单击【查找全部】按钮，如图 3-14 所示。

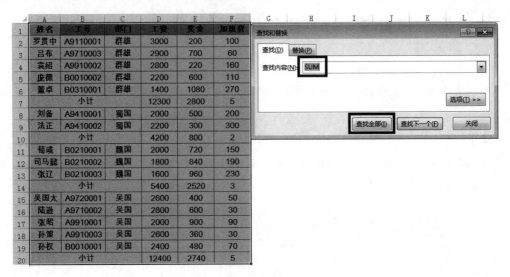

图 3-14　查找全部

查找结果如图 3-15 所示，可以看到，包含 SUM 函数的单元格全部被找到了。

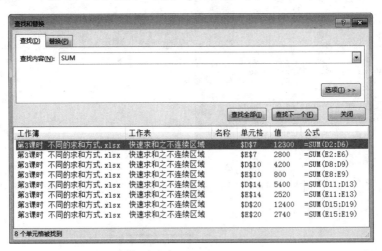

图 3-15　查找结果

单击图 3-16【查找和替换】对话框中的任意选项，即可选中相应的单元格。还可以选中第一个选项，在按住【Shift】键的同时选中最后一个选项，则可以将含有 SUM 函数的单元格全部选中，或者按【Ctrl+A】组合键也可以将其全部选中。然后可以对这些单元格统一设置格式，如加粗、填充颜色等，如图 3-16 所示。

图 3-16 批量设置格式

3.4 案例：合并单元格求和

本节来探索 SUM 的另一种"玩法"。图 3-17 所示为一份各部门员工的工资清单，现在需要在 E 列求出各个部门的工资总和。

	A	B	C	D	E	F
1	部门	姓名	工号	工资	部门工资	部门人数
2		罗贯中	A9110001	3000		
3		吕布	A9710003	2900		
4	群雄	袁绍	A9910002	2800		
5		庞德	B0010002	2200		
6		董卓	B0310001	1400		
7	蜀国	刘备	A9410001	2000		
8		法正	A9410002	2200		
9		荀彧	B0210001	2000		
10	魏国	司马懿	B0210002	1800		
11		张辽	B0210003	1600		
12		吴国太	A9720001	2600		
13		陆逊	A9710002	2800		
14	吴国	张昭	A9910001	2000		
15		孙策	A9910003	2600		
16		孙权	B0010001	2400		

图 3-17 合并单元格求和数据源

图 3-17 中的格式应该是大家工作中常见的，合并单元格对于数据统计来说是一大忌，有时甚至产生毁灭性的打击。可是，合并后的表格格式整齐、方便易看，领导很喜欢，这种情况怎么办呢？那就顺着领导的意思来处理吧！我们先把公式和步骤写出来，然后进行详细解释。

（1）选中 E2:E16 单元格区域。

注意，选中某个单元格区域，是指从起始单元格到结束单元格进行选中操作。例如，先单击 E2 单元格，然后向下拖曳鼠标到 E16 单元格，即可选中 E2:E16 单元格区域。千万不能先单击 E16 单元格，再向上滑动到 E2 单元格。当选中一个单元格区域时，起始单元格是活动单元格，接下来的公式是针对活动单元格编写的，所以起始单元格很关键，一定不能搞错。

（2）输入以下公式，其中需要注意两个区域选择的起点 D2 和 E3。另外，输入公式后，一定不要按【Enter】键结束公式：

```
=SUM(D2:$D$16)-SUM(E3:$E$16)
```

（3）按【Ctrl+Enter】组合键结束公式，这时 E2:E16 单元格区域的各个合并单元格都被填充了相应的公式，并得到正确的结果，如图 3-18 所示。

> **注意** 如果只是按【Enter】键，而不是按【Ctrl+Enter】组合键，则公式只会填充在 E2:E6 合并单元格内，E7:E16 单元格区域全部为空，会导致结果不正确。

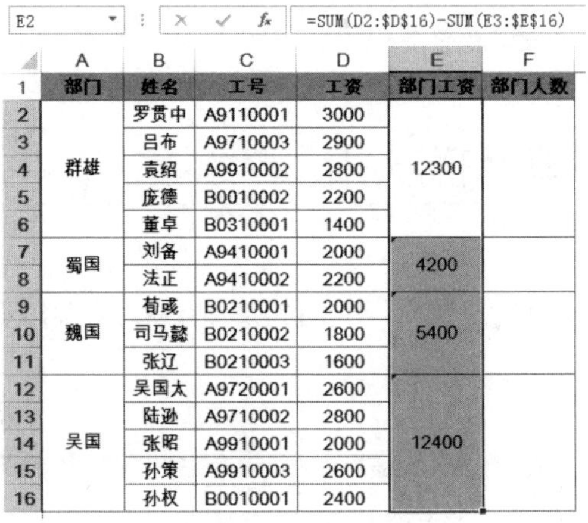

图 3-18 合并单元格求和结果

合并单元格的值或公式其实只存在于合并单元格中的第一个单元格中，如 E2:E6 合并单元格的公式在 E2 单元格。E 列各个合并单元格的公式如下。

E2 单元格的公式：

```
=SUM(D2:$D$16)-SUM(E3:$E$16)
```

E7 单元格的公式：

```
=SUM(D7:$D$16)-SUM(E8:$E$16)
```

E9 单元格的公式：

```
=SUM(D9:$D$16)-SUM(E10:$E$16)
```

E12 单元格的公式：

```
=SUM(D12:$D$16)-SUM(E13:$E$16)
```

仔细观察可以发现，每一个公式全都是"头放开、尾巴被按住"，并且都等于左侧与自己等高位置到下面所有单元格的和，减去自己所在位置下面所有单元格的和，两者的差值就是各部门的工资总和。

我们来具体分析一下。以 E9 单元格为例，将 E9:E11 合并单元格取消合并，然后看到公式只留在 E9 单元格。此处的公式为"=SUM(D9:$D$16)-SUM(E10:$E$16)"，也就是 D9:D16 单元格区域的和减去 E10:E16 单元格区域的和，如图 3-19 所示的阴影部分区域。D9:D16 单元格区域是魏国和吴国两个部门的工资总和，而 E10:E16 单元格区域恰好不包括魏国存在于第一个单元格的工资总计，而此范围内却包含了吴国员工工资总和，于是两国的工资总计减去吴国的工资总计，就等于魏国的工资总和。

同理，E7 单元格的公式，就是用蜀国、魏国、吴国的工资总和，减去魏国、吴国的工资总和，得到的差值就是蜀国的工资总和。

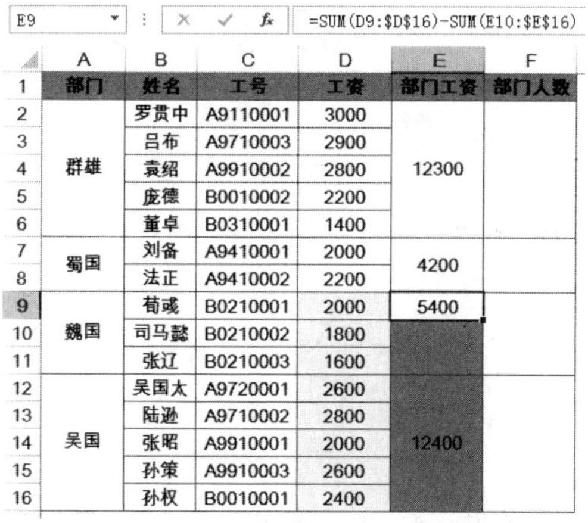

图 3-19 合并单元格求和分步解析

接下来用前面所学知识来计算部门人数，同样先看一下操作步骤。

（1）选中 F2:F16 单元格区域，也就是选中 F 列需要计算部门人数的全部合并单元格区域。

（2）输入以下公式，同样注意不要按【Enter】键结束公式：

```
=COUNT(D2:$D$16)-SUM(F3:$F$16)
```

（3）按【Ctrl+Enter】组合键结束公式。

与之前计算部门工资的思路完全一致，使用 COUNT 函数统计 D 列的数字数量，即 D 列的人数，减去 F 列当前单元格下方人数的和，二者的差即为各部门的人数。

3.5 案例：跨工作表计算

SUM 函数学到这里，基本上就能解决工作中遇到的大部分求和问题了。接下来教大家一个使用 SUM 函数的小技巧。图 3-20 所示为"三国"公司 12 个月的销售情况。其中，汇总表的数据是空白的，每一个月单独一个工作表，与汇总表的格式、位置完全一致。

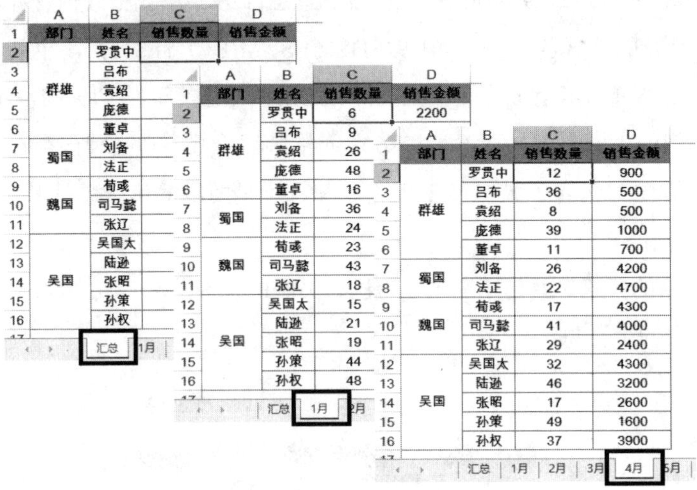

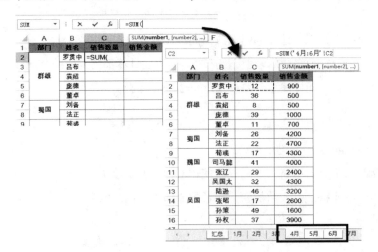

图 3-20　跨工作表计算数据源

现在需要计算每个员工第二季度，也就是 4~6 月的销售数量和销售金额，要怎么处理呢？下面看一下操作步骤。

（1）在汇总表的 C2 单元格中输入"=SUM("。

（2）单击"4 月"工作表标签。

（3）按住【Shift】键的同时单击"6 月"工作表标签。

（4）单击 C2 单元格，此时的公式为"=SUM('4 月 :6 月 '!C2"，如图 3-21 所示。

图 3-21　跨工作表计算编辑公式

（5）最后按【Enter】键结束，形成最终的公式：

```
=SUM('4月:6月'!C2)
```

（6）通过以上操作，便能计算出 4~6 月的销售数量合计。然后将 C2 单元格的公式向右、向下复制，完成汇总表的第二季度的计算。

上述公式的原理是什么呢？首先，我们假设每个月的工作表是一张木板，然后将 12 张"木板"整齐地摞在一起，在某一点将它们打穿，就可以得到 12 张有洞的木板了，并且洞的位置相同。"SUM('4月:6月'!C2)"是对 4 月、5 月、6 月 3 个工作表的 C2 单元格进行求和运算。不仅 SUM 函数可以这样用，前面讲到的 COUNT、COUNTA、AVERAGE、MAX、MIN、LARGE、SMALL 等函数都可以这样用。

接下来看一下工作表名称，这里提前放置了"开始"和"结束"两个空工作表，如图 3-22 所示，这是要做什么呢？

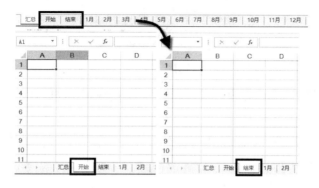

图 3-22　开始和结束工作表

我们切换到"汇总"工作表，选中 C2 单元格，输入公式：

```
=SUM(开始:结束!C2)
```

然后将公式向右、向下复制，如图 3-23 所示。可以看到，得到的结果全部为 0，输入的公式好像并没有起到作用。

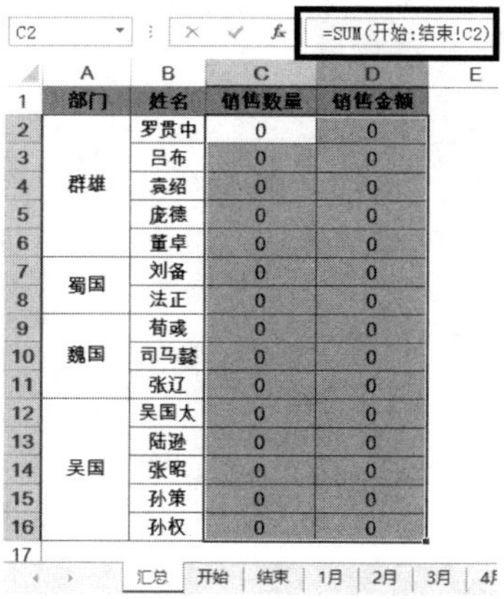

图 3-23　跨工作表求和结果为 0

将“开始”和“结束”两个工作表换一下位置。例如，将“开始”放在“4 月”之前，将“结束”放在“6 月”之后，如图 3-24 所示，切换到“汇总”工作表可以看到，所有的数据全部更新，变成 4~6 月的计算结果。

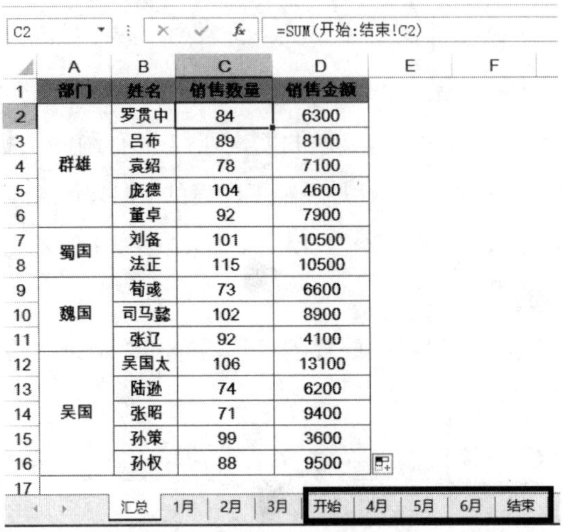

C2 =SUM(开始:结束!C2)

	A	B	C	D
1	部门	姓名	销售数量	销售金额
2	群雄	罗贯中	84	6300
3		吕布	89	8100
4		袁绍	78	7100
5		庞德	104	4600
6		董卓	92	7900
7	蜀国	刘备	101	10500
8		法正	115	10500
9	魏国	荀彧	73	6600
10		司马懿	102	8900
11		张辽	92	4100
12	吴国	吴国太	106	13100
13		陆逊	74	6200
14		张昭	71	9400
15		孙策	99	3600
16		孙权	88	9500

汇总 1月 2月 3月 开始 4月 5月 6月 结束

图 3-24 使用开始和结束计算二季度

“开始”和“结束”两个工作表可以放在任意月份中间，就可以计算出不同月份段之间的总和。

这个方法适合于各个表格的位置和形式全部一致的数据，如公司各部门每月的财务报表，或者按日统计销售员的销量等。

生成有规律的序列数

介绍两个可以生成连续序列数的函数——ROW 和 COLUMN。使用它们可以减少一些重复编写公式的过程，如在 2.3 节介绍的公式 "=LARGE(H5:H14,ROW(1:1))"。

ROW 函数表示返回行号，COLUMN 函数表示返回列号。这两个函数得到的结果都是数字，接下来看这两个函数的使用效果。

 当前单元格行列号

在 C7 单元格中输入 "=ROW()"，然后向右向下复制到 C7:E9 单元格区域。如图 4-1 所示，它们返回的结果分别是 7、8、9，而且左侧的行号同样是 7、8、9，这是为什么呢？

	C	D	E	F
7	7	7	7	
8	8	8	8	
9	9	9	9	

图 4-1　当前单元格的行号

当省略 ROW 函数中的参数时，该函数返回当前单元格的行号。

与此相同，COLUMN 函数返回的是相应的列号，如图 4-2 所示，I7:K9 单元格区域的公式为 "=COULUMN()"，分别返回结果 9、10、11。

	I	J	K
7	9	10	11
8	9	10	11
9	9	10	11

图 4-2　当前单元格的列号

以 I7 单元格为例，I 列是整个表格的第 9 列，所以它的结果就是当前单元格的列号 9。

4.2 指定单元格的行列号

ROW 和 COLUMN 函数不仅可以返回当前单元格的行列号，还能返回指定单元格的行列号，如图 4-3 所示。

以 C 列为例，分别输入公式 "=ROW(A1)" "=ROW(H5)" "=ROW(AB100)"，返回结果为 A1、H5、AB100 这三个单元格的行号，也就是 1、5、100。

再来看一下 E 列，分别输入公式 "=ROW(1:1)" "=ROW(5:5)" "=ROW(100:100)"，其中 1:1、5:5、100:100 这种"数字冒号数字"的格式代表单元格的整行区域，也就是第 1 行、第 5 行、第 100 行，所以它们的行号依次为 1、5、100。

	C	D	E	F
				=ROW(A1)
15	1	=ROW(A1)	1	=ROW(1:1)
16	5	=ROW(H5)	5	=ROW(5:5)
17	100	=ROW(AB100)	100	=ROW(100:100)

图 4-3　指定单元格的行号

> **提示**　这里推荐使用 ROW(1:1) 格式，而不是 ROW(A1)，因为在横向复制公式时，1:1 始终代表第一行，不会变也不会出错。
>
> 如果使用 ROW(A1) 公式，在向右复制时，引用的单元格 A1 将会变为 B1，C1，D1，…，它们的行号仍然是 1，没有任何问题，一旦需要向左复制，就会得到错误值 "#REF!"，因为 A1 左侧已经没有单元格了。
>
> 这两种使用方式没有绝对的优劣，可依个人习惯而定。

与 ROW 相似，COLUMN 可以得到指定单元格的列号，如图 4-4 所示。

	I	J	K	L
				=COLUMN(A1)
15	1	=COLUMN(A1)	1	=COLUMN(A:A)
16	8	=COLUMN(H5)	8	=COLUMN(H:H)
17	28	=COLUMN(AB100)	28	=COLUMN(AB:AB)

图 4-4　指定单元格的列号

I 列的公式分别为 "=COLUMN(A1)" "=COLUMN(H5)" "=COLUMN(AB100)"，其中单元格 A1、H5 分别位于第 1 列和第 8 列。这里分析一下公式 COLUMN(AB100)，因为表格列号的标识是字母，从 A 到 Z，有 26 列，所以就出现了 AA，AB，BB，BC，…这样的列标，在这里，AB100 单元格就是整个表格中的第 28(26+2) 列。

再来看 K 列的公式，其中 A:A、H:H、AB:AB 分别表示表格的 A 列、H 列、AB 列，所以返回的结果依次为 1、8、28。

4.3 返回单元格区域的行列号数组

本节内容不要求马上掌握，大家有一个初步认识即可。以后要学的数组公式中，有很多与 ROW、COLUMN 函数有关。因为它们不仅能够返回单一单元格的行列号，还能返回整个区域的行列号。图 4-5 所示为使用 ROW 函数得到区域数组值的演示。

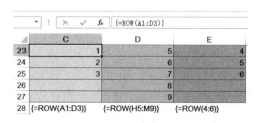

图 4-5　区域的行号数组

以 C23:C25 单元格区域为例，要求得 A1:D3 单元格区域的行号，首先要选中 C23:C25 单元格区域，然后输入公式"=ROW(A1:D3)"，这里需要按【Ctrl+Shift+Enter】组合键结束公式，这是告诉 Excel："小 E，请注意，我现在要按照数组的方式计算了。"然后 Excel 就会在公式前后自动添加一对大括号"{ }"，C23:C25 单元格区域会依次显示 1、2、3。注意，这对大括号并不是手动输入的。

公式的结果为 1、2、3，是因为 A1:D3 单元格区域，一共是 3 行 4 列，这 3 行就是 1、2、3，如图 4-6 所示。

图 4-6　A1:D3 单元格区域

图 4-5 中的 D、E 列的公式结果也是这样计算的。

那么，用 COLUMN 函数是否也会有同样的效果呢？如图 4-7 所示，先横向选择 I23:L23 单元格区域，输入公式"=COLUMN(A1:D3)"，然后按【Ctrl+Shift+Enter】组合键结束公式，也可以得到横向的数组结果。

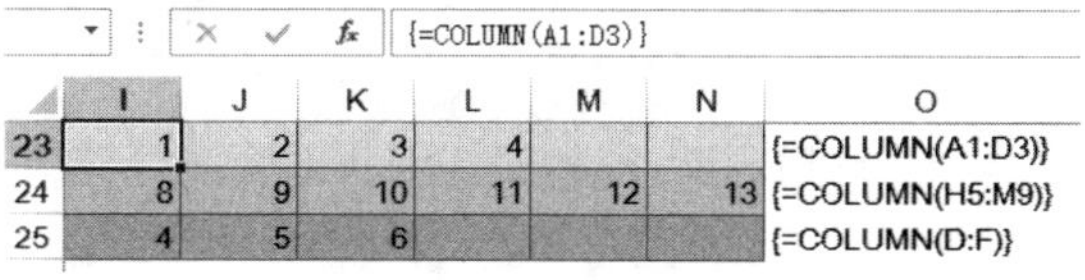

图 4-7　区域的列号数组

这里着重介绍第 25 行的公式"=COLUMN(D:F)"，永远要记得 COLUMN 返回的是列号，所以它只认识字母，这一点要与 ROW 的公式"=ROW(4:6)"进行区分。

4.4 ROW 函数和 COLUMN 函数的不当使用方式

这里着重讲一下 ROW 函数和 COLUMN 函数的不当使用方式。

=ROW(A:G)，=ROW(A:A)

=COLUMN(1∶5)，=COLUMN(1∶1)

注意，初学者永远不要把 ROW 函数单独和字母放在一起，不要把 COLUMN 函数单独和数字放在一起！

有人会问："为什么不可以这样做，用公式 ROW(A:A) 和 COLUMN(1:1) 也都能得到了 1。"

以 ROW(A:A) 为例，据前面所学，A:A 表示整个 A 列。整个 A 列有 1 048 576 行，超过了 104 万行。那么 ROW(A:A) 得到的是从 1~1 048 576 的数字，而不是数字 1。

同样地，COLUMN(1:1) 公式中，1:1 代表整个第一行，包含了 16 384 列，也就是得到了 1~16 384 的数字。公式中引用太多无用的数据，会严重降低计算效率，这种后果并不是你想要的。

Excel 函数使用时有一个公认的潜规则：得到相同的结果谁的公式字符少，谁的水平高。这种情况催生了很多不规范但简短的公式写法。例如，使用 COLUMN 生成 1~100 的数字，有以下几种方式。

① 规规矩矩的写法：=COLUMN(A1:CV1)，一共 15 个字符。

② 标准简化的写法：=COLUMN(A:CV)，一共 13 个字符。

③ 超简写法：=COLUMN(1:1)，一共 12 个字符。

第三个公式生成的数据范围是 1~16 384，并不只是 1~100。我们需要生成的是 1~100 的数字，而这个公式能生成 1~16 384，那么区区 1~100 更不在话下了。再者，如果写成 "=COLUMN(A1:CV1)"，你一眼就看懂了，而写成 "=COLUMN(1:1)"，旁人至少要琢磨一下，很多高手的虚荣心也能得到满足。

> **提示** 我们初学的时候，尤其是在工作中，应尽量使用最准确、高效的方式，而不要盲目炫技、耍帅。

1 如练习图 1-1 所示，根据 A 列到 B 列的数据源完成相应的基础数据统计：

（1）在 C 列得到每个销量的排名数字；

（2）在 G 列编写各基础统计函数。

> **提示** 注意求最小三笔销量时的模拟答案顺序。

	姓名	销量	排名	模拟答案			答题区	模拟答案
	A	B	C	D	E	F	G	H
1	姓名	销量	排名	模拟答案			答题区	模拟答案
2	罗贯中	145		2		总销量		1417
3	刘备	123		4		人均销量		94.47
4	法正	65		11		总人数		15
5	吴国太	86		9		最大销量		148
6	陆逊	69		10		最小销量		51
7	吕布	134		3				
8	张昭	119		5		最大三笔销量		148
9	袁绍	92		8				145
10	孙策	114		6				134
11	孙权	57		13				
12	庞德	148		1		最小三笔销量		57
13	荀彧	99		7				56
14	司马懿	59		12				51
15	张辽	56		14				
16	董卓	51		15				

练习图 1-1　基础数据统计

2 如练习图 1-2 所示，A2:M6 单元格区域是分公司的分月计划，请根据此数字得到各分公司年度累计计划，在 B10 单元格写入公式并填充到 B10:M13 区域。

> **提示** 注意相对、绝对引用。

	A	B	C	D	E	F	G	H	I	J	K	L	M
1	分月计划												
2	分公司	1月	2月	3月	4月	5月	6月	7月	8月	9月	10月	11月	12月
3	天津	90	52	44	94	76	88	34	95	47	21	60	19
4	北京	74	68	46	77	44	91	23	38	89	31	93	76
5	上海	35	79	61	39	36	91	95	83	71	46	31	33
6	重庆	52	64	75	53	42	43	27	42	49	29	79	45
7													
8	累计计划												
9	分公司	1月	2月	3月	4月	5月	6月	7月	8月	9月	10月	11月	12月
10	天津												
11	北京												
12	上海												
13	重庆												

练习图 1-2　计算年度累计计划

3 如练习图 1-3 所示，某公司销售奖金系数与完成率相关，完成既定任务的比例为多少，则奖金系数为多少，但是不超过上下限。

（1）设置完成比例上限不超过 200%。

（2）设置完成比例下限不超过 50%。

	B	C	D	E	F	G	H
5	员工	计划量	实际完成量	完成率	奖金系数	完成率	奖金系数
6	刘备	100	204			204.00%	200.00%
7	曹操	80	94			117.50%	117.50%
8	孙权	70	59			84.29%	84.29%
9	陶谦	80	6			7.50%	50.00%
10	张角	60	35			58.33%	58.33%
11	董卓	80	153			191.25%	191.25%

练习图 1-3　奖金系数计算

4 通过函数公式生成等差数列。

（1）如练习图 1-4 所示，在 C3:C7 单元格区域，生成纵向等差数列 1，4，7，10，13。

练习图 1-4　纵向等差数列

（2）如练习图 1-5 所示，在 D10:H10 单元格区域，生成横向等差数列 1，8，15，22，29。

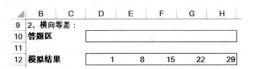

练习图 1-5　横向等差数列

5 生成行列组合数字：如练习图 1-6 所示，观察 H16:L20 单元格区域的数字规律，使用 ROW、COLUMN 函数生成此数据。

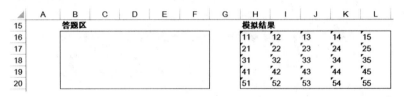

练习图 1-6　生成行列组合数字

CHAPTER

2

第 2 篇

文本函数

本篇会接触 20 多个函数，虽然数量多，但只要掌握学习思路，学习再多的函数也不是难事。

在一些 Office 学习交流群或 Excel Home 的官方论坛上，经常会看到有人提出这样的问题：我有 XXX 的需求，用 IF 函数怎么写？

这样的提问方式已经和函数学习的主旨背道而驰，那正确的提问方式是什么呢？

遇到问题，首先分析自己的问题是什么，观察、提炼规律，其次用自己的逻辑语言把问题描述清楚，然后从自己的"武器库"中拿出最合适的"武器"，将思路翻译成 Excel 的函数语言，最后调整函数公式的细节。

本篇正式进入文本函数的领域，在这里我们不仅会看到各种长公式，还会看到它们从"婴儿"成长为"巨人"的过程。

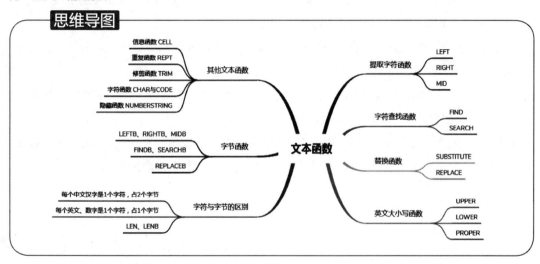

第 **5** 章 提取字符函数

本章涉及 3 个函数，语法内容如下。

从左侧提取：

```
LEFT(text, [num_chars])
```

从右侧提取：

```
RIGHT(text,[num_chars])
```

从中间提取：

```
MID(text, start_num, num_chars)
```

LEFT、RIGHT 、MID 函数

LEFT、RIGHT、MID 三个函数从英文含义上讲依次为左、右、中，也就是分别从左边、右边、中间提取字符。那么，提取几个字符呢？语法中的 num_chars 为提取的字符长度，下面使用一个简单的示例来演示。

C10 单元格为文本字符串"ExcelHome"，在 D10 单元格提取 C10 单元格的左侧 5 个字符，于是便有公式"=LEFT(C10,5)"，表示的是 C10 单元格左侧的 5 个字符。

同理，E10 单元格的公式"=RIGHT(C10,4)"，表示的是 C10 单元格右侧的 4 个字符。

对于 F10 单元格，从 MID 的语法中，看到它的第二参数是 start_num，翻译为开始的数字。也就是说，我们要从中间提取，就要确定一个起始点。就像站队时，老师说："第 3~8 位的 6 位同学出来。"于是便有公式"=MID(C10,3,6)"，如图 5-1 所示。

提取字符的对象，不仅可以是纯文字字符，还可以是数字，如图 5-1 下半部分所示，C12 单元格为数字"1234567890"，同样可以使用函数将左、右、中的数字提取出来。

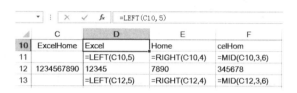

图 5-1　提取字符示例

下面熟悉一下这三个函数，这里先不考虑如何"偷懒"，就单纯地使用 LEFT、RIGHT、MID 函数在阴影部分区域提取出相应的数字，结果如图 5-2 所示。

	C	D	E	F	G	H	I
16		数字1	数字2	数字3	模拟结果		
17	12*3456*789				12	3456	789
18	1*2*24691				1	2	24691
19	294*50*1751				294	50	1751

图 5-2　提取字符练习

下面任选几个单元格。

在 D17 单元格中输入公式：

```
=LEFT(C17,2)
```

从 C17 单元格中提取左侧 2 个字符长度，结果为 12。

在 F18 单元格中输入公式：

```
=RIGHT(C18,5)
```

从 C18 单元格中提取右侧 5 个字符长度，结果为 24691。

在 E19 单元格中输入公式：

```
=MID(C19,5,2)
```

从 C19 单元格的第 5 位字符开始，提取 2 个字符长度，结果为 50。

使用 LEFT、RIGHT、MID 函数提取的数字都是文本型数字，然而文本型数字通常没有办法直接用作数字计算。例如，在上面的练习中，LEFT、RIGHT、MID 三个函数将不同部分的数字都提取了出来，如果用这些数字进行计算，写下公式"=SUM(D17:D19)"，得到的结果为 0。

要想把文本型数字转化为数值型数字，只需做一次四则混合运算，如"*1""+0""/1""-0"等。目前比较流行的方法为"减负"，即"--"，把两个减号连写，如"=--LEFT(C17,2)"。

在论坛中，有些帖子讨论过这些用法的差异，有的说用"--"运算效率最高，但经过实际操作发现，上述几个运算符的效率几乎相同，它们最大的区别在于是否"帅气"，同一个按键连按两下即可完成，如果用"*1"的方式，首先要结合【Shift】键并按数字 8，然后再找到数字 1，相比而言，后者要复杂一些。

5.2 案例：提取身份证中的生日、性别

5.1 节介绍了 LEFT、RIGHT、MID 三个函数，本节将介绍如何应用它们。

身份证号码中包含了籍贯、生日、性别等信息，如果想通过身份证号码得到一个人的生日信息，该如何操作呢？

身份证号中的第 7~10 位表示出生年份，第 11~12 位表示出生月份，第 13~14 位表示出生日期。身份证号的第 17 位表示性别，奇数代表男性，偶数代表女性。了解了以上信息，就可以使用 MID 函数将某人出生的年、月、日、性别等信息提取出来。例如，提取出生年信息的公式为"=MID(D23,7,4)"，如图 5-3 所示。

	C	D	E	F
			fx	=MID(D23,7,4)
23	身份证号	110120190007281236		
24		年	1900	=MID(D23,7,4)
25		月	07	=MID(D23,11,2)
26		日	28	=MID(D23,13,2)
27		性别	男	=IF(MOD(MID(D23,17,1),2)=1,"男","女")

图 5-3　提取身份证信息

再如，提取性别信息，我们只要提取身份证号的第 17 位即可得到标识性别的数字，函数公式为"=MID(D23,17,1)"。至于怎样将数字变为男、女，在第 17 章中讲 IF 函数时具体讲解，此处不再赘述。

公式"=MID(D23,17,1)"提取性别，用的是从左向右数，第 17 位的方式。如果从右向左数，原第 17 位数字就成为倒数第 2 位。那么问题来了，从右向左数时，倒数第 n 位的数字要怎样提取？没有特定的函数是提取倒数的，下面看一下提取字符的第二种方法。

首先厘清思路。如果从右边来看，可以理解为先把右边两位数字提取出来，再在两位数字中提取左边的那 1 位，最终提取的数字是否为需要的倒数第 2 位数字呢？下面来验证一下。

在 E23 单元格中输入公式"=RIGHT(D23,2)"，得到右侧两个字符 3 和 6，如图 5-4 所示。

	C	D	E
			fx = RIGHT(D23,2)
23	身份证号	110120190007281236	36

图 5-4　提取右侧两个字符

继续在 E23 单元格中修改公式，将公式改为"=LEFT(RIGHT(D23,2),1)"，得到倒数第 2 位字符 3，如图 5-5 所示。

	C	D	E
			fx = LEFT(RIGHT(D23,2),1)
23	身份证号	110120190007281236	3

图 5-5　提取倒数第 2 位字符

由上述操作可以得出，如果想要提取倒数第 *n* 位字符，那就要把右侧 *n* 位字符全部提取出来，然后再提取这几位字符中最左边的字符即可。

有人会说，提取性别数字的过程，明明可以只用一个 MID 函数搞定，为什么要搞得这么复杂呢？

这里讲第二种方法是给大家提供一种新的 Excel 函数使用思路，多分析新的思路可以解决函数中的很多问题。

5.3 案例：印有数位线的数码字填写

在日常工作与生活中，有没有遇到其他的需要"倒数"的情况呢？下面我们就用"倒数"的方法来解决一个实际问题。

如图 5-6 所示，在财务工作中将数字金额填入各个单元格中。

	A	B	C	D	E	F	G	H	I	J	K	L	M
1	金额	十	亿	千	百	十	万	千	百	十	元	角	分
2	0.12										¥	1	2
3	1.23									¥	1	2	3
4	123.45								¥	1	2	3	4	5
5	12345.67						¥	1	2	3	4	5	6	7
6	123456.78					¥	1	2	3	4	5	6	7	8
7	12345678.9			¥	1	2	3	4	5	6	7	8	9	0
8	123456789.9	¥	1	2	3	4	5	6	7	8	9	9	0

图 5-6 填写数码字示例

我们要如何处理这个问题呢？首先还是厘清思路。

观察图 5-6，每一个数字对应一个单元格，那么就从左到右依次把数字放到每一个单元格中。

怎样解决小数点的问题呢？小数点在中间，如何确定小数点的位置？不是每一个数字都到"分"位，A7 和 A8 缺少一个"0 分"，这种情况怎么处理？

我们换个角度考虑，每个数字最多到"分"位，即小数点后两位。将每个数字扩大 100 倍，便能得到没有小数点的整数。如图 5-7 所示，在 N2 单元格中输入公式"=A2*100"，将每个数字扩大 100 倍，并将 N2 单元格中的公式向下复制到 N8 单元格。

| N2 | | | × ✓ fx | =A2*100 |

	A	B	C	D	E	F	G	H	I	J	K	L	M	N
1	金额	十	亿	千	百	十	万	千	百	十	元	角	分	
2	0.12										¥	1	2	12
3	1.23									¥	1	2	3	123
4	123.45								¥	1	2	3	4	5	12345
5	12345.67						¥	1	2	3	4	5	6	7	1234567
6	123456.78					¥	1	2	3	4	5	6	7	8	12345678
7	12345678.9			¥	1	2	3	4	5	6	7	8	9	0	1234567890
8	123456789.9	¥	1	2	3	4	5	6	7	8	9	9	0	12345678990

图 5-7 扩大 100 倍

操作后，N 列的数字与前面填写的部分就能一一对应了。小数点的问题解决后，再解决将数字放到每个单元格中的问题。

以第 6 行数据为例，N6 单元格为数字 12345678，M6 单元格放 12345678 的倒数第 1 位，L6 放倒数第 2 位，…，F6 放倒数第 8 位。

通过第 4 章的学习可以了解到，COLUMN 的函数公式从左向右复制始终是逐渐变大的，那么怎样使它逐渐减小呢？用一个固定的数字去减 COLUMN，是不是就能逐渐减小？下面通过操作来进行验证。

对于 M 列，提取的是各个数字的倒数第 1 位。在 M 列输入"COLUMN()"公式，得到的结果是什么？M 列位于第 13 列，所以得到的结果是 13。那么几减去 13 等于我们需要的数字 1 呢？答案是 14。由此得出公式"=14-COLUMN()"。如图 5-8 所示，在 M9 单元格中输入此公式，将其向左复制到 B9 单元格。

图 5-8　降序数列

降序的数列问题解决了，下面就是倒数问题了，这就要用到 LEFT 函数和 RIGHT 函数的组合。

在 B2 单元格中输入公式"=LEFT(RIGHT($N2,14-COLUMN()),1)"，特别注意引用 N 列数据时"图钉"的位置。然后向右、向下复制，于是 B2:M8 单元格区域的结果如图 5-9 所示。

	B2		× ✓ fx	=LEFT(RIGHT($N2,14-COLUMN()),1)								

▲	A	B	C	D	E	F	G	H	I	J	K	L	M	N
1	金额	十	亿	千	百	十	万	千	百	十	元	角	分	
2	0.12	1	1	1	1	1	1	1	1	1	1	1	2	12
3	1.23	1	1	1	1	1	1	1	1	1	1	2	3	123
4	123.45	1	1	1	1	1	1	1	1	2	3	4	5	12345
5	12345.67	1	1	1	1	1	1	2	3	4	5	6	7	1234567
6	123456.78	1	1	1	1	1	2	3	4	5	6	7	8	12345678
7	12345678.9	1	1	1	2	3	4	5	6	7	8	9	0	1234567890
8	123456789.9	1	1	2	3	4	5	6	7	8	9	9	0	12345678990
9		12	11	10	9	8	7	6	5	4	3	2	1	=14-COLUMN()

图 5-9　填写数位字公式 1

操作后得到了很多 1，我们选择任意一个结果为 1 的单元格分析一下原因。例如，D4 单元格公式为"=LEFT(RIGHT($N4,14-COLUMN()),1)"，下面分步检查公式。

（1）N4 的数字为 12345，这个没问题，小数点完美地被处理了。

（2）14-COLUMN()，当前是 D 列，所以这里就是 14-4=10，也没问题。

（3）RIGHT(12345,10)，结果是 12345，只有 5 位数，并没有要提取的 10 位。

（4）LEFT("12345",1)，结果是 1，12345 最左面的字符就是 1，也没有问题。

分析之后发现，问题就在于 RIGHT 函数部分，要提取 10 位，但是整个字符串只有 5 位，所以只好把这 5 位全部提取了。这就需要用空格进行补位。

现在调整公式细节，将其改为"=LEFT(RIGHT(" "&$N2,14-COLUMN()),1)"，结果完全正确，如图 5-10 所示。

	A	B	C	D	E	F	G	H	I	J	K	L	M	N
	金额	十	亿	千	百	十	万	千	百	十	元	角	分	
2	0.12											1	2	12
3	1.23										1	2	3	123
4	123.45								1	2	3	4	5	12345
5	12345.67						1	2	3	4	5	6	7	1234567
6	123456.78					1	2	3	4	5	6	7	8	12345678
7	12345678.9			1	2	3	4	5	6	7	8	9	0	1234567890
8	123456789.9	1	2	3	4	5	6	7	8	9	9	0		12345678990

（公式栏：B2 =LEFT(RIGHT(" "&$N2,14-COLUMN()),1)）

图 5-10 填写数位字公式 2

我们再以 D4 单元格的公式进行分析，" "&$N4 得到的结果是 12345，在 12345 的前面有一个空格，之后 RIGHT 函数提取该字符串右侧的 10 位，结果仍然是 12345，最后 LEFT 函数提取该字符串的左侧 1 位，即结果为" "，是一个看不见的空格。

最后将表格完善一下，删除 N 列的辅助列，并在空格后面添加人民币标识"￥"，最终公式为：

```
=LEFT(RIGHT("￥"&$A2*100,14-COLUMN()),1)
```

这样就可以得到图 5-6 展示的效果了。

 替换和查找函数

本章将从替换和查找两个方面讲解字符串的进一步处理方法。

6.1 SUBSTITUTE 与 REPLACE 函数

SUBSTITUTE 函数为替换字符，REPLACE 函数为替换位置。这两个函数的语法内容如下。

替换字符：

```
SUBSTITUTE(text, old_text, new_text, [instance_num])
```

替换位置：

```
REPLACE(old_text, start_num, num_chars, new_text)
```

稍微观察下可知，函数的语法已简明扼要地写出来了每个参数的含义。

1. 基础使用

下面看一下替换字符 SUBSTITUTE 函数的基础用法。

D9 单元格的公式为 "=SUBSTITUTE(C9,"-","@")"，从基础语法中看到，第 2 个参数 old_text 表示旧文本，第 3 个参数 new_text 表示新文本。也就是说，把字符串中的旧文本全部换成新文本，于是就有了 D9 单元格中的效果，把所有的 "-" 全部换成了 "@"，如图 6-1 所示。

	C	D	E
		fx	=SUBSTITUTE(C9,"-","@")
9	A-SW-0001-2	A@SW@0001@2	=SUBSTITUTE(C9,"-","@")
10	BD-South-0010	BDSouth0010	=SUBSTITUTE(C10,"-","")

图 6-1　SUBSTITUTE 函数

有时只想单纯地把其中某一种字符删除，而不是替换成其他字符，怎么办？把对应的字符换成文本空 ""（连着两个英文半角的双引号）就可以了，于是有 D10 单元格的公式 "=SUBSTITUTE(C10,"-","")"。

这个函数还有第 4 个参数 instance_num，下面通过一个实例来看看它的意义。C13 单元格的内容为 "ABACADAEAF"，D13 单元格的公式为 "=SUBSTITUTE(C13,"A","-",3)"，如图 6-2 所示。第 4 个参数为数字 3，它的结果为 "ABAC-DAEAF"。这个公式是把字母 "A" 替换为字符 "-"，但是此时并不是所有的字母 A 都替换了，只有第 3 个 A 被替换了。第 4 个参数 instance_num 的作用就是控制替换第 n 个。

进一步观察，C14 单元格的内容为"ABaCADAEAF"，使用相同的公式"=SUBSTITUTE(C14, "A","-",3)"进行操作，结果为"ABaCAD-EAF"。我们发现同样是替换第 3 个 A，替换的只有大写字母，小写字母 a 却未被替换。所以，SUBSTITUTE 函数是区分大小写的，替换内容必须与公式完全一致才能替换，效果如图 6-2 所示。

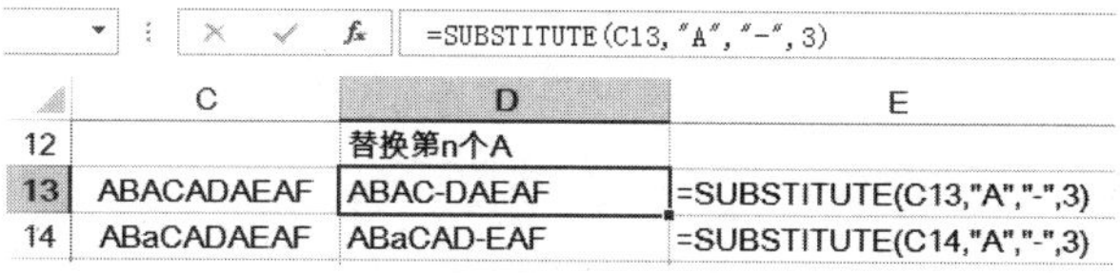

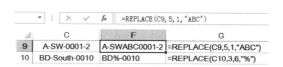

图 6-2　SUBSTITUTE 第 4 参数

接下来介绍替换位置的 REPLACE 函数，REPLACE 可以翻译为"取代"，所以它所取代的就是某个位置，下面是 REPLACE 函数的基础用法。

F9 单元格的公式为"=REPLACE(C9,5,1,"ABC")"，对比基础的语法，第二个参数为 start_num，即开始的位置；第三个参数为 num_chars，指字符的长度；第四个参数为 new_text，即被替换成新的文本。那么这个公式整体上怎样理解呢？将 C9 单元格的字符串，从第 5 位字符开始取 1 位字符长度，也就是把原字符串中的第二个短横线替换为"ABC"。

F10 单元格的公式为"=REPLACE(C10,3,6,"%")"，是指把 C10 单元格的字符串，从第 3 位开始取 6 个字符，也就是"-South"这一串字符替换为"%"，完成效果如图 6-3 所示。

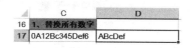

图 6-3　REPLACE 函数基础用法

从这里可以看出，在替换时 REPLACE 只认识"位置"，把原来占该位置的内容全部删掉，然后把新字符串插入此处，替换前后的字符数并不要求长度完全一致。

2. 案例：删除字符串中的数字或字母

C17 单元格为字符串"0A12Bc345Def6"，可以看出，D17 单元格的结果为"ABcDef"，所有数字都没了，只保留了字母，如图 6-4 所示，这是怎么做到的？

图 6-4　替换所有数字

先把 D17 单元格的公式贴出来：

```
=SUBSTITUTE(SUBSTITUTE(SUBSTITUTE(SUBSTITUTE(SUBSTITUTE(SUBSTITUTE(SUBSTI
TUTE(SUBSTITUTE(SUBSTITUTE(SUBSTITUTE(C17,1,""),2,""),3,""),4,""),5,""),6,""),
7,""),8,""),9,""),0,"")
```

看到了什么？公式十层嵌套，公式太长看不懂！

从公式的结构看，公式内容几乎都是一样的。就是先把1替换为空，然后把2替换为空，3，4，…，9，0，可以说没有任何技术难度，除了写的时候会让人有些烦躁。接下来继续看一个更让人烦躁的公式。

如图6-5所示，D21单元格的结果为"0123456"，所有字母都没有了，只剩下了数字。结合上面的思路我们要怎么写公式呢？

	C	D
20	2. 替换所有字母	
21	0A12Bc345Def6	0123456

图 6-5　替换所有字母

逐一把英文字母替换，难道要写26层嵌套？不对！SUBSTITUTE函数是区分大小写的，算上小写，那一共要写52层嵌套……

思路完全正确，下面先把公式写出来：

```
=SUBSTITUTE(SUBSTITUTE(SUBSTITUTE(SUBSTITUTE(SUBSTITUTE(SUBSTITUTE(SUBST
ITUTE(SUBSTITUTE(SUBSTITUTE(SUBSTITUTE(SUBSTITUTE(SUBSTITUTE(SUB
STITUTE(SUBSTITUTE(SUBSTITUTE(SUBSTITUTE(SUBSTITUTE(SUBSTITUTE(S
UBSTITUTE(SUBSTITUTE(SUBSTITUTE(SUBSTITUTE(SUBSTITUTE(SUBSTITUTE(UPPER(C21),
"A",""),"B",""),"C",""),"D",""),"E",""),"F",""),"G",""),"H",""),"I",""),"J",
""),"K",""),"L",""),"M",""),"N",""),"O",""),"P",""),"Q",""),"R",""),"S",""),
"T",""),"U",""),"V",""),"W",""),"X",""),"Y",""),"Z","")
```

公式虽然很长，但是仅用27层就够了。仔细看看其中的一个关键点——UPPER(C21)，它表示什么意思？

我们通过Excel的帮助信息可以看到，UPPER是将文本转换为大写字母。于是，UPPER(C21)就把字符串从"0A12Bc345Def6"变为了"0A12BC345DEF6"，所有的小写字母都"长大了"，然后只替换大写的A~Z即可。

> 提示　额外普及两个函数。
>
> LOWER：将文本转换为小写字母，与UPPER完全相反。LOWER(C21)的结果为"0a12bc345def6"。
>
> PROPER：文本字符串的首字母及文字中任何非字母字符之后的任何其他字母转换成大写，将其余字母转换为小写。这一段内容是Excel帮助中的原文，读起来有点绕，简单地说，PROPER就是把每个单词首字母大写，其他字母都小写。例如，"=PROPER("this is a TITLE")"的结果为：This Is A Title。

如果工作中要求替换字母或数字，可以将以上两个公式保存在计算机中，用的时候直接复制，更换其中所引用的单元格即可，不用从头开始写一遍，正所谓"前人栽树，后人乘凉"。

有的读者会嫌公式太长，技术含量低，不够帅气。但工作中应先以解决问题为基准，再考虑帅气。在论坛中，有很多高手写过这种提取字符的公式，几乎全都是晦涩难懂，充分体现了解决这种问题的难度。所以，更好的处理办法就是使用 VBA。

后面会讲解一个自定义函数，专门对付这种混乱的字符提取问题。

> **提示** Excel 在 2003 版本中只能接受 7 层嵌套，所以想写 7 层以上的嵌套公式还需要借助定义名称，十分麻烦。在 2007 及以上版本可以接受 64 层嵌套，所以不是太过"奇葩"的编写，都不会超出可接受的嵌套层数。

3. 案例：电话号码升位

在我国的座机历史中，多地都经历过电话号码升位。例如，将 7 位座机号的第 2 位后面增加一个数字"8"，升位为 8 位座机号，这要怎么做呢？

如图 6-6 所示，D25 单元格的公式为"=REPLACE (C25,3,0,8)"，其中，第三个参数是 0，表示从第 3 个字符开始，取 0 个字符长度，将其替换为数字 8。这 0 个字符长度表示什么都没有，于是就成了在第 3 位插入一个数字"8"的效果。

图 6-6 电话号码升位

6.2 FIND 与 SEARCH 函数

FIND 的含义是找到，SEARCH 的含义是寻找，这两个函数的语法如下。

找到：

```
FIND(find_text, within_text, [start_num])
```

寻找：

```
SEARCH(find_text, within_text, [start_num])
```

这两个英文单词的意思差不多，而且函数的语法也基本一致。这里面翻译成"找到"和"寻找"，其细节之处还是有区别的，这会在后面章节进行讲解。

1. 常规用法

如图 6-7 所示，这是 FIND 函数和 SEARCH 函数相同的基础用法。

	C	D	E	F	G
9	天津市河北区	1	=FIND("天津",C9)	4	=FIND("河北",C9)
10	北京市东城区	3	=SEARCH("市",C10)	#VALUE!	=SEARCH("玄武",C10)

图 6-7　基础用法

以 FIND 函数为例，FIND(find_text, within_text, [start_num])，第 1 个参数 find_text 表示查找的文本。在哪里找呢？第 2 个参数 within_text 告诉我们在这里找。

D9 单元格的公式为"=FIND("天津",C9)"，就是查找"天津"这两个字在 C9 单元格中的位置，于是找到了在第 1 位的天津，所以得到结果 1。

F9 单元格的公式为"=FIND("河北",C9)"，在 C9 单元格中"河北"两个字位于第 4 位。

下面看看 SEARCH 函数的公式。

D10 单元格的公式为"=SEARCH("市",C10)"，在 C10 单元格中"市"字位于第 3 位。

F10 单元格的公式为"=SEARCH("玄武",C10)"，结果是错误值"#VALUE!"。这是因为 C10 单元格的字符串是"北京市东城区"，这里并没有"玄武"二字，所以返回错误结果。

在这一部分常规查找中，FIND 和 SEARCH 是完全相同的。

2. 案例：以横线分段提取字符

在实际工作中，会遇到各种各样的特殊情况，那么怎样才能扩展一些思路呢？如图 6-8 所示，模拟的是有些公司编码的规则，每一部分代表一个层级，各层级之间使用横线连接，然后得到唯一的编码值。现在要提取第一个"-"和第二个"-"之间的部分，得到 G14:G15 单元格区域的结果。要怎么做呢？

	C	D	E	F	G
13	查找"-"的位置	第一个"-"	第二个"-"	提取两"-"之间	模拟结果
14	A-SW-0001-A				SW
15	BD-South-0010				South

图 6-8　提高用法

接下来是思路拆解，既然要获取两横线之间的部分，那么先来找一找两个横线都在哪里？

对于 A-SW-0001-A，首先在 D14 单元格编写公式"=FIND("-",C14)"，得到结果 2，说明第一个"-"在字符串的第 2 位。那怎样查到第二个"-"的位置呢？

回归到基础语法可以发现，FIND 有第三个参数"[start_num]"，意思是开始的数字，那它是不是表示从第几位开始找呢？假设是这样，我们在 E14 单元格输入公式"=FIND("-",C14,D14+1)"，看到结果为 5。说明第二个"-"是在原字符串的第 5 位。D14 单元格的结果是第一个"-"的位置，然后公式中的"D14+1"，也就是告诉 FIND 函数不用从头开始找了，在第一个"-"后面找就可以了，这样就能成功地跳过了第一个"-"，找到第二个"-"。

我们把 D14:E14 单元格区域的公式向下复制到 D15:E15 单元格区域，如图 6-9 所示，就确定了 C15 单元格字符串中"-"的位置。

图 6-9　横线位置

那么用什么提取字符呢？用 MID 函数。这个函数我们在 5.1 节学过。MID 从第一个横线的位置起始，然后长度为两个横线位置的差值，那么 F14 单元格的公式为"=MID(C14,D14,E14-D14)"，如图 6-10 所示。

图 6-10　提取字符 1

F14 单元格得到的结果是"-SW"，前面多了一个"-"。这是因为从第一个"-"开始提取，所以就一起提取了。想去掉它很简单，把 MID 的第 2 个参数 +1，即将公式改成"=MID(C14,D14+1,E14-D14)"，如图 6-11 所示。

图 6-11　提取字符 2

输入公式后，结果为"SW-"，后面又多了一个"-"进一步修正公式为"=MID(C14,D14+1,E14-D14-1)"，如图 6-12 所示。

图 6-12　提取字符 3

这样结果就完全正确了。我们是借用了两个辅助单元格 D14 和 E14 才完成 F14 单元格的公式，那么可不可以不用辅助单元格 D14 和 E14，直接用一个公式搞定呢？

从 F14 单元格的结果入手，先把里面的"E14"全部改为 E14 单元格的公式，于是 F14 的公式整合为：

```
=MID(C14,D14+1,FIND("-",C14,D14+1)-D14-1)
```

接下来进一步整合 D14 单元格的公式：

```
=MID(C14,FIND("-",C14)+1,FIND("-",C14,FIND("-",C14)+1)-FIND("-",C14)-1)
```

如图 6-13 所示，这里只剩下引用了原始数据的 C14 单元格。删除辅助列，只保留最终的整合公式列，结果完全正确。

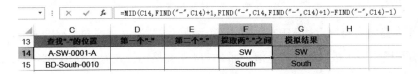

图 6-13　提取字符整合公式

一开始就写这种长长的公式，一定会有很多不理解地方。但结合前面讲的分步操作，将公式整合到一起，就容易多了。很多公式都是这样一步步打磨出来的。

3. 结合替换函数

刚才通过一步步的演示，提取出来第一个"-"和第二个"-"之间的内容。其中确定第二个"-"位置时，借助了先找出的第一个"-"的位置的方法。那有没有方法直接找到第二个"-"呢？

如图 6-14 所示，以"*"为分隔符，使用公式将 C 列的数字分别提取到 D、E、F 列中。

	C	D	E	F
18		数字1	数字2	数字3
19	12*3456*789			
20	1*2*24691			
21	294*50*1751			

图 6-14　结合替换函数

我们在 5.1 节讲 LEFT、RIGHT、MID 函数时，已经熟悉了这三个函数的用法：先数每一段的起始点、长度，然后分别提取。那有没有办法使用函数直接计算每一个"*"的位置呢？

方法仍然是先确定思路。C 列的数据特点是"数字*数字*数字"的结构，那只需确定每一个"*"的位置。怎么确定呢？

第一个"*"很简单，公式为"=FIND("*",C19)"，然后得到数字 3，说明 C19 单元格中的"*"是位于第 3 位的。

怎么确定第二个"*"的位置呢？此时就要回忆一下什么函数能帮我们找到第二"*"。SUBSTITUTE 函数！我们利用 SUBSTITUTE 函数的特点，把 C19 单元格中的第二个"*"换成任意一个不常见字符，如"@"。于是公式写为：

```
=SUBSTITUTE(C19,"*","@",2)
```

得到的结果为 12*3456@789。

这时看到第二个"*"已经被"@"代替，现在来查找"@"的位置，也就是原来第二个"*"的位置。那就使用 FIND 在 SUBSTITUTE 中查找吧。

```
=FIND("@",SUBSTITUTE(C19,"*","@",2))
```

如图 6-15 所示，我们已经通过上面的公式确定了两个"*"的位置，现在开始分段提取数据。

	C	D	E	F	G	H
		数字1	数字2	数字3	第一个"*"	第二个"*"
18						
19	12*3456*789				3	8
20	1*2*24691				2	4
21	294*50*1751				4	7

fx =FIND("@",SUBSTITUTE(C19,"*","@",2))

图 6-15 确定"*"位置

D19 单元格提取数字 1 的公式：

```
=LEFT(C19,G19-1)
```

E19 单元格提取数字 2 的公式：

```
=MID(C19,G19+1,H19-G19-1)
```

F19 单元格提取数字 3 的公式：

```
=MID(C19,H19+1,99)
```

首先，看数字 1 和数字 2，这两个很简单。这里最需要注意的一点是"+1"与"-1"，因为找到的是"*"的位置，而我们在提取数字时，这个星号是不需要的，所以要对提取的起始点、提取的长度稍加修正。再次提示，不要死记硬背，可以参考刚刚讲过的提取横线之间的字符的公式调整。先把公式写出来，再对细节慢慢修改。

然后，看数字 3，这里没使用 RIGHT，大家可以动手练练用 RIGHT 函数提取，用总字符长度减去第二个"*"的位置，就能确定长度，这里着重讲使用 MID 函数。

利用 MID 函数的公式写法是目前比较流行的，主要原因是公式较短。首先通过 MID 确定提取的起点 H19+1。那么要提取多长呢？上面的公式中写了一个 99，因为从第二个"*"之后是一整段数字，不管有多长我全要了，所以只要写一个"足够大"的数字就可以。数字足够大能保证提取字符的最大通用性。

这里并不是只能写 99，也可以写其他数字。比如这里可以写 9，变成"=MID(C19,H19+1,9)"，因为最后一段数字，长度没有超过 9 位。而我写 99 更具有通用性，比如字符串"12*345*6789012345"，最后一段有 10 位的长度，"MID(C19,H19+1,9)"的结果就会为"678901234"，少提取一个数字 5。

那为什么不写 100 呢？Excel 高手们有一种潜规则，就是比谁的字符短，谁的水平就更高。99 是 2 个字符长度，100 则是 3 个字符长度。

那为什么不写 15、28、72 等等这些呢？因为它们与 99 都是 2 个字符，为了保持可以提取字符的最大通用性，在公式字符数相同的时候，一般会选择最大的数值。

前面我们写的公式，都是借助了 G、H 的辅助单元格，我们可以动手把这些辅助的内容嵌入公式中，形成一个长长的嵌套公式。

D19 单元格公式：

```
=LEFT(C19,FIND("*",C19)-1)
```

E19 单元格公式：

```
=MID(C19,FIND("*",C19)+1,FIND("@",SUBSTITUTE(C19,"*","@",2))-
FIND("*",C19)-1)
```

F19 单元格公式：

```
=MID(C19,FIND("@",SUBSTITUTE(C19,"*","@",2))+1,99)
```

将 D19:F19 单元格区域的公式向下复制到 D21:F21 单元格区域，图 6-16 所示就是最终公式合成的结果。

图 6-16　公式合成

E19 单元格中复杂的长公式，你是不是也写出来了呢？

4. 案例：提取指定的第 n 段字符串

可能会有人问，这些在工作中能用到吗？

我们所讲的某些工具、思路的使用要看两个方面：一方面需要你有"土壤"，即公司中有类似的情况需要你处理；另一方面就是当遇到可以用的场景时，你的"武器库"中是否保存了相应的"武器"？

我们来看一个案例，以一家公司的产品编码为例，第一段是产品大类，第二段是大类下的小类，第三段是具体产品名称编码，第四段是产品第几代，第五段是其他信息。每一段之间用"-"连接，这样就生成了一个含有充足信息的唯一值。

图 6-17 所示为模拟的编码规则，第四段、五段信息不是每个产品都必须有的。现在的需求是提取具体产品名称段的编码，也就是第二个"-"之后的信息。

图 6-17　提取指定位置字符串

还是先想思路：先找到第二个"-"的位置，然后从它后面提取全部字符。再详细一点，怎么找"-"的位置？用 FIND+SUBSTITUTE 的思路，我在此一步步演示给大家，如图 6-18 所示。

第一步，替换第二个"-"为特殊字符"@"，E25 单元格公式为：

```
=SUBSTITUTE(C25,"-","@",2)
```

第二步，查找特殊字符"@"的位置，F25 单元格公式为：

```
=FIND("@",E25)
```

第三步，提取字符串，G25 单元格公式为：

```
=MID(C25,F25+1,99)
```

	C	D	E	F	G
		=SUBSTITUTE(C25,"-","@",2)			
24		提取正数第2个"-"之后的内容			
25	MFA-03-X-11		MFA-03@X-11	7	X-11
26	DSG-3C4-02		DSG-3C4@02	8	02
27	DSG-03-3C2-D24-50		DSG-03@3C2-D24-50	7	3C2-D24-50

图 6-18　提取指定字符串步骤

下面我们将公式合成，把 E25、F25 单元格的公式合入 G25 单元格中，合成公式为：

```
=MID(C25,FIND("@",SUBSTITUTE(C25,"-","@",2))+1,99)
```

5. 二者差异

前面讲了很多思路，相信大家对 FIND、SEARCH 的用法有了一些了解，现在要说说 FIND 和 SEARCH 之间的差异。简单来说，FIND 区分大小写，不支持通配符，SEARCH 不区分大小写，支持通配符。

> **提示**
> 常见的通配符有两个：*和?。
> *：代表任意 n 个字符（$n \geqslant 0$）
> ?：代表任意 1 个字符（问号必须是英文状态下的半角问号 "?"，不能是中文状态下的全角问号 "？"）
> 除常见的这两个外，还有一个通配符 ~（键盘上数字 1 左边的按键）。它的作用是使通配符失去通配性，变成普通字符。

下面通过一些实例加深理解，如图 6-19 所示，以字符串 "Excelhome" 为例，两个函数写下相似的公式，但是得到不同的结果。

	C	D	E	F	G
			=FIND("e",C35)		
34		FIND结果	FIND公式	SEARCH结果	SEARCH公式
35	Excelhome	4	=FIND("e",C35)	1	=SEARCH("e",C35)
36	Excelhome	#VALUE!	=FIND("e*h",C36)	1	=SEARCH("e*h",C36)
37	Excelhome	#VALUE!	=FIND("e?h",C37)	4	=SEARCH("e?h",C37)

图 6-19　二者差异

D35 单元格的公式：

```
=FIND("e",C35)
```

因为 FIND 要区分大小写，所以执行命令时会忽略大写字母 E，得出小写的 e 在第 4 位。

F35 单元格公式：

```
=SEARCH("e",C35)
```

SEARCH 不区分大小写，所以不管是大写还是小写，有 E 就行，于是结果为 1。

D36 单元格公式：

```
=FIND("e*h",C36)
```

FIND 要查找的就是 e*h 这三个字符，而在 "Excelhome" 中并没有，所以得到错误值。

D37 单元格公式：

```
=FIND("e?h",C37)
```

FIND 同样找的是 e?h 这三个字符，根本就没有，所以还是错误值。

F36 单元格公式：

```
=SEARCH("e*h",C36)
```

SEARCH 查找的是以字母 e 开头，以 h 结尾，中间 n 个字符的内容，那么在 "Excelhome" 中，可以发现 "Excelh" 这一段就完全符合要求，它位于整个字符串的第 1 位，于是结果为 1。

F37 单元格公式：

```
=SEARCH("e?h",C37)
```

SEARCH 仍然查找的是以字母 e 开头，以 h 结尾，中间只相隔 1 个字符的内容，观察后发现 "elh" 符合要求，它位于第 4 位，所以结果为 4。

FIND 就像一个刚直不阿的 "判官"，丁是丁，卯是卯。

SEARCH 就像一个 "和事佬"，差不多就行了。

你记住了吗？

第7章 与字符串长度有关的函数应用

本章将介绍关于字符串长度的处理。

7.1 LEN 与 LENB 函数的语法

长度函数包括两个：一个是计算字符数的 LEN 函数，另一个是计算字节数的 LENB 函数。这两个函数的语法如下。

计算字符数：

```
LEN(text)
```

计算字节数：

```
LENB(text)
```

这个 B 是英文 Byte 的缩写，表示字节。下面采用通俗易懂的方法解释字节。

每一个字，都占用 1 个字符的长度，这个字可以是中文、数字或英文。

中文和中文标点，每个字符都占用 2 个字节的长度；而数字、英文及英文的标点，每个字符占用 1 个字节的长度。

简单记忆就是：每个中文字占 2 个字节，每个数字和英文占 1 个字节。

7.2 计算字符串的长度

下面通过一个简单的示例来直观地认识字符串长度。

D12 单元格的公式"=LEN(C12)"，结果为 11。因为"ExcelHome"一共 9 个字母，是 9 个字符长度，"论坛"共 2 个汉字，是 2 个字符长度，加在一起恰好 11。

E12 单元格的公式"=LENB(C12)"，结果为 13。"ExcelHome"一共 9 个字母，是 9 个字节，"论坛"共 2 个汉字，是 4 个字节长度，加在一起为 13 个字节。计算结果如图 7-1 所示。

图 7-1　长度函数常规用法

 7.3 案例：使用长度相减方法提取中英文字符

算出字符与字节的差异，有什么用呢？它可以用来分段提取中英文字符，如图 7-2 所示，根据 C 列的字符串，将中文与英文、数字分开。

字符串	提取英文	提取中文	模拟结果	
Excelhome论坛			Excelhome	论坛
12306高铁管家			12306	高铁管家

图 7-2　提取中英文字符示例

我们首先分别计算字符与字节数，如图 7-3 所示。

H16 单元格的公式"=LEN(C16)"，结果为 11。

I16 单元格的公式"=LENB(C16)"，结果为 13。

字符串	提取英文	提取中文	模拟结果		字符数	字节数
Excelhome论坛			Excelhome	论坛	11	13
12306高铁管家			12306	高铁管家	9	13

图 7-3　计算字符字节数

计算这两个公式的差值，13-11 等于 2，恰好是 C16 单元格中的中文字符数。同样，第 17 行的 13-9 等于 4，也恰好是 C17 单元格中的中文字符数。

这只是巧合吗？我们换一个生活中的场景模拟一下。例如，班里有 a 个胖子，b 个瘦子，每一个胖子需要坐两个座位，每一个瘦子只需坐一个座位。你们班需要 13 个座位，总共 11 个人。那么分别有多少个胖子和多少个瘦子呢？

胖子的人数是不是用 13 减 11 就可以？有多少人本来就需要多少个座位，然而多出来的座位数就是每一个胖子多占的那一个，所以多占的座位就是胖子的总人数。

那么瘦子的人数呢？有了总人数 11，减去胖子的人数 2 就等于瘦子的人数 9。

根据以上情况，开始进一步写公式：

中文字符的长度：

```
=LENB(C16)-LEN(C16)
```

英文、数字字符的长度：

```
=LEN(C16)-(LENB(C16)-LEN(C16))
```

下面结合提取函数将公式完善到表格中，如图 7-4 所示。

D16 单元格的公式：

```
=LEFT(C16,LEN(C16)-(LENB(C16)-LEN(C16)))
```

E16 单元格的公式：

```
=RIGHT(C16,LENB(C16)-LEN(C16))
```

		fx	=LEFT(C16,LEN(C16)-(LENB(C16)-LEN(C16)))	

	C	D	E	F	G
15	字符串	提取英文	提取中文	模拟结果	
16	Excelhome论坛	Excelhome	论坛	Excelhome	论坛
17	12306高铁管家	12306	高铁管家	12306	高铁管家

图 7-4　提取中英文字符 1

至此，分段提取完美解决了。

其他人提取英文时，公式可能为 "=LEFT(C16,2*LEN(C16)-LENB(C16))"，与我们上面写得不太一样。其实两个公式的计算结果可以说完全一致，计算过程就是小学学过的加减法。LEN(C16)-(LENB(C16)-LEN(C16)) 相当于 $x-(y-x)=x-y+x=2x-y$。

7.4 案例：使用通配符思路提取中英文字符

除了使用 LEN 与 LENB 的差值提取中英文字符外，还有没有其他的方法？

当然有，不过要记住一点，没有万能的方法，每一种方法都是根据数据特点选用的。如图 7-5 所示，这个案例与 7.3 节案例的区别在于中文字在前，英文、数字在后。可以使用之前的 LEN 与 LENB 的差值来处理，这里我们换一种思路。

	C	D	E	F	G
20		提取中文	提取英文	模拟结果	
21	最棒论坛Excelhome			最棒论坛	Excelhome
22	练习LENB			练习	LENB

图 7-5　提取中英文字符 2

认真观察，要提取的两段内容的分隔点在哪里？是不是第一个英文字母出现的位置？找到第一个英文字母，这个英文字母的位置之前就都是中文，后面则是英文。

如何知道第一个英文字母是什么？难道要把 26 个字母全都查找确认一遍？

能不能用一个字符把所有内容中的分隔点（字母或数字）都代表了呢？

这是个好思路！那什么字符可以代表全部内容呢？答案是通配符。

公式可用"=SEARCH("?",C21)"！

到这里公式就对了一半，SEARCH 是查找字符的函数，中文和英文对于它来说，是没有差别的。既然查找英文，那也就是查找单字节的字符，就要用 SEARCHB！如图 7-6 所示，在 H21 单元格输入以下公式并向下复制到 H22 单元格：

```
=SEARCHB("?",C21)
```

图 7-6　查找单字节位置

我们看到结果为 9，这是因为 SEARCHB 是按照字节数查找，查找的目标值是"?"，即任意一个单字节字符。前面的中文"最棒论坛"，每一个字都是双字节，所以没办法与"?"匹配，从字母"E"开始才能匹配上。

另外注意，SEARCHB 是按照字节数计算的，每一个中文字都有 2 个字节，前面 4 个汉字，总共 8 个字节，所以找到字母 E 时已经是第 9 个字节了。

同理，H22 单元格的结果为 5，是因为前面两个汉字占 4 个字节，字母 L 就是第 5 个字节。

找到分割点，开始提取吧，D21 单元格的公式：

```
=LEFTB(C21,SEARCHB("?",C21)-1)
```

前面的 9 是按照字节计算得到的，然后使用 LEFTB 函数提取 C21 单元格的左侧 9-1 个字节长度。如果直接用 LEFT 来提取，结果就是"最棒论坛 Exce"。

E21 单元格的公式：

```
=MIDB(C21,SEARCHB("?",C21),99)
```

使用 MIDB 函数来提取第 9 个字节后的全部内容。

在 D21 单元格提取中文还可以使用公式"=LEFT(C21,(SEARCHB("?",C21)-1)/2)"。其中 9-1 得到中文字部分的长度，是按照字节计算出的 8 个字节，乘以 2 恰好是中文字的字符数。选择哪个公式，不仅与你的思路在哪里有关，而且与你的"武器库"是否丰富有关。

公式写错时，可以先看思路有没有问题，确定没问题就看公式的细节。

提示　在某些英文版的 Office，LEN 和 LENB 的结果是一样的，需要使用其他方法来提取字符。

案例：提取月份中的数字

字符与字节的差异，还有更多的用途。我们工作中经常遇到的一种情况就可以用得上，那就是提取月份的数字。如图 7-7 所示，将 C 列中的数字提取出来。

	C	D
26	1月	1
27	7月	7
28	10月	10
29	12月	12

图 7-7　提取月份

观察表格可以发现，这里面所有的数据都多了一个"月"字，把月删除就可以了。那么怎么删？可以使用公式"=SUBSTITUTE(C26," 月 ","")"。

公式比较简短，也很直观，那还有没有更简短的公式？必须有。首先还是观察数据特点，提取月份无非就是提取前面的数字。我们可以用公式"=LEFT(C26,1)"。这个公式适用于提取 1~9 月份，它们的数字都是只有一位，如果需要提取 10、11、12 月怎么办呢？可以再加一个 IF 函数判断字符串长度。整体思路没问题，就是有点烦琐。下面看看简单的做法。

```
=LEFTB(C26,2)
```

它的含义是什么呢？对于 10、11、12 月，提取左边 2 个字节的长度，自然就是全部数字。对于 1~9 月，提取左边 2 个字节，首先会把第一个数字提取出来，然后在提取第 2 个字节时，由于只能提取"月"字的一半，所以只能提取一个显示不出来的空格。图 7-8 所示为提取出来的效果。

	C	D		fx	=LEFTB(C27,2)
26	1月	1
27	7月	7
28	10月	10
29	12月	12

图 7-8　提取月份公式

我们前面讲过，提取出来的文本型数字，不方便直接用于数学计算，所以将文本型数字转化为数值型数字，"减负"就可以了：

```
=--LEFT(C26,2)
```

至此，完成了提取月份中数字的操作。

 案例：删除字符串中最后一个"-"

将前文所学函数有机地结合起来，就可以处理很多复杂的数据工作。如图 7-9 所示，继续模拟公司编码模式，现在需要将编码中的最后一个"-"删除，从 C 列变成 D 列的样子。

	C	D
33		删除最后一个"-"
34	A-SW-0001-A	A-SW-0001A
35	BD-South-0010	BD-South0010

图 7-9　删除最后一个"-"

我们先分析一下。通过前面所学知识可以了解，删除某个字符要用 SUBSTITUTE 函数。删除其中第 *n* 个指定字符怎么操作？SUBSTITUTE 的第 4 个参数使用数字 *n*。

下面以 C34 单元格的"A-SW-0001-A"为例，数据中一共有 3 个"-"，而最后一个正好是第 3 个"-"。也就是说，不管数据中有几个横线，总数是多少，最后一个横线就在第几个。

现在的问题就是字符串里有几个横线，怎么数？

我们可以先计算原始的字符串长度，然后把横线删除，再计算一遍字符串长度，二者差值就是横线的总数。思路全部分析完了，开始写公式，如图 7-10 所示。

E34 单元格的公式为"=LEN(C34)"，计算整体长度。

F34 单元格的公式为"=SUBSTITUTE(C34,"-","")"，删除横线。

G34 单元格的公式为"=LEN(F34)"，计算删除了横线的长度。

H34 单元格的公式为"=E34-G34"，计算出横线的个数。

I34 单元格的公式为"=SUBSTITUTE(C34,"-","",H34)"。

	C	D	E	F	G	H	I
				=LEN(C34)			
33		删除最后一个"-"					
34	A-SW-0001-A	A-SW-0001A	11	ASW0001A	8	3	A-SW-0001A
35	BD-South-0010	BD-South0010	13	BDSouth0010	11	2	BD-South0010

图 7-10　删除最后一个"-"计算过程

最后把整个思路组装成一个整体的公式，将每一个参数代入，最终 D34 单元格的公式：

```
=SUBSTITUTE(C34,"-","",LEN(C34)-LEN(SUBSTITUTE(C34,"-","")))
```

案例：提取倒数第 2 个"-"之后的内容

下面继续学习一个有些难度的操作，如图 7-11 所示，现在需要提取倒数第 2 个"-"之后的内容。

同样，先确定思路，再一步步来做。

倒数第 2 个是正数第几个实际就是数数一共有几个"-"，然后减去 1。就像站队时，一列有 10 个人，求倒数第 2 个同学是位于正数第几位？10-1=9。至于怎么算出一共几个横线，就是用我们刚刚讲过的方法：LEN-LEN(SUBSTITUTE)。

	C	D
		提取倒数第2个"-"之后的内容
37		
38	MFA-03-X-11	X-11
39	DSG-3C4-02	3C4-02
40	DSG-03-3C2-D24-50	D24-50

图 7-11　提取倒数第 2 个"-"之后的内容

现在知道倒数第 2 个横线是正数第几个了，那么怎么计算这个横线在字符串中的位置呢？还记得 FIND+SUBSTITUTE 的方案吗？我们逐步来写公式，如图 7-12 所示。

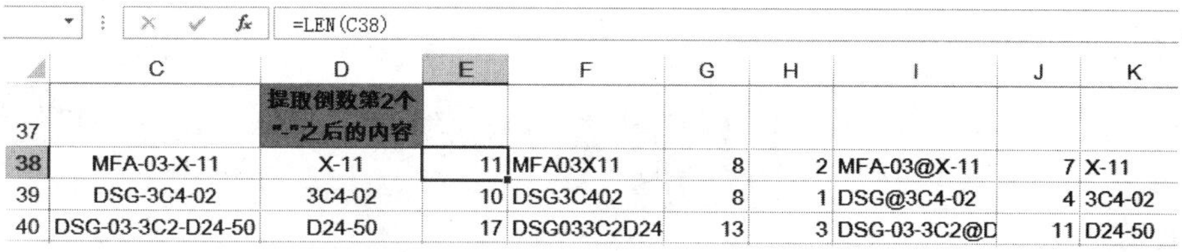

=LEN(C38)

	C	D	E	F	G	H	I	J	K
37		提取倒数第2个"-"之后的内容							
38	MFA-03-X-11	X-11	11	MFA03X11	8	2	MFA-03@X-11	7	X-11
39	DSG-3C4-02	3C4-02	10	DSG3C402	8	1	DSG@3C4-02	4	3C4-02
40	DSG-03-3C2-D24-50	D24-50	17	DSG033C2D24	13	3	DSG-03-3C2@D	11	D24-50

图 7-12　提取倒数第 2 个“-”之后的内容计算过程

E38 单元格的公式“=LEN(C38)”，计算整体长度。

F38 单元格的公式“=SUBSTITUTE(C38,"-","")”，删除横线。

G38 单元格的公式“=LEN(F38)”，删除横线后的字符串长度。

H38 单元格的公式“=E38-G38-1”，倒数第 2 个横线，正数是第几个。

I38 单元格的公式“=SUBSTITUTE(C38,"-","@",H38)”，将倒数第 2 个横线替换为任意一个不常见字符，如 @。

J38 单元格的公式“=FIND("@",I38)”，计算 @ 在字符串中的位置。

K38 单元格的公式“=MID(C38,J38+1,99)”，从 @ 的后一位开始提取所有的字符串。

最后，将公式组装起来演示一遍，从 K38 单元格的公式“=MID(C38,J38+1,99)”入手，操作步骤如下。

（1）将辅助的 J38 替换掉，变为“=MID(C38,FIND("@",I38)+1,99)”。

（2）将 I38 替换掉，变为“=MID(C38,FIND("@",SUBSTITUTE(C38,"-","@",H38))+1,99)”。

（3）修改未知数 H38，变为“=MID(C38,FIND("@",SUBSTITUTE(C38,"-","@",E38-G38-1))+1,99)”。

（4）同时处理 E38 和 G38，变为“=MID(C38,FIND("@",SUBSTITUTE(C38,"-","@",LEN(C38)-LEN(F38)-1))+1,99)”。

（5）辅助列还有 F38，那就继续替换，公式变为：

```
"=MID(C38,FIND("@",SUBSTITUTE(C38,"-","@",LEN(C38)-LEN(SUBSTITUTE
(C38,"-",""))-1))+1,99)"。
```

至此，除了函数就只剩下引用的 C38 单元格，没有任何的辅助列。这是一个由 87 个字符 5 层嵌套组成的复杂公式。

嵌套公式并不可怕，只要思路正确，把每一步思路写出来，最后将公式组装到一起，就会很简单，自己动手来做一遍吧。

其他常用文本函数

本章学习几个零散、实用、简单的函数。

 提取当前工作簿的路径信息

CELL 函数可以用来提取相应单元格的信息，本节主要使用 CELL 函数提取当前工作簿的路径信息。

1. 基础语法

我们来看一下怎样用函数提取当前工作簿的路径信息。

相应单元格的信息：

```
CELL(info_type, [reference])
```

公式中的第一个参数 info_type 共有 12 个不同的值，如表 8-1 所示，其中很多值并不常用，了解即可。

表 8-1　CELL 函数参数

info_type	返回
address	引用中第一个单元格的引用，文本类型
col	引用单元格中的列标
color	如果单元格中的负值以不同颜色显示，那么值为 1；否则，返回 0（零）
contents	引用左上角单元格中的值：不是公式
filename	包含引用的文件名（包括全部路径），文本类型。如果包含目标引用的工作表尚未保存，那么返回空文本 ("")
format	与单元格中不同的数字格式相对应的文本值。如果单元格中负值以不同颜色显示，那么在返回的文本值的结尾处加 "-"；如果单元格中为正值或所有单元格均加括号，那么在文本值的结尾处返回 "()"
parentheses	如果单元格中为正值或所有单元格均加括号，那么值为 1；否则返回 0

info_type	返回
prefix	与单元格中不同的"标志前缀"相对应的文本值。如果单元格文本左对齐，那么返回单引号 (')；如果单元格文本右对齐，那么返回双引号 (")；如果单元格文本居中，那么返回插入字符 (^)；如果单元格文本两端对齐，那么返回反斜线 (\)；如果是其他情况，那么返回空文本 ("")
protect	如果单元格没有锁定，那么值为 0；如果单元格锁定，那么返回 1
row	引用单元格中的行号
type	与单元格中的数据类型相对应的文本值。如果单元格为空，那么返回"b"。如果单元格包含文本常量，那么返回"l"；如果单元格包含其他内容，那么返回"v"
width	取整后的单元格的列宽。列宽以默认字号的一个字符的宽度为单位

这里单独说一下 CELL 函数公式中的第二个参数 reference，在 Excel 帮助中有这样一句话：如果省略，就将 info_type 参数中指定的信息返回最后更改的单元格。也就是说，如果你省略了 reference，现在它的结果可能是你当前工作簿的信息，当你修改另一个工作簿的内容时，这个单元格的值就会变成刚刚修改的工作簿的相应信息。

在一些高级用法中，会故意省略此参数以达到特殊效果。本章所讲的内容不省略这一参数。

2. 案例：获取当前文件路径信息

在表 8-1 中的 12 个参数中，比较常用的是"contents"和"filename"，对于实际工作来说，"filename"更具有实际意义，可以提取文件的路径信息。去繁从简，这里只讲"filename"参数的使用。

我们选择任意一个单元格，如图 8-1 所示，输入公式：

```
=CELL("filename",$A$1)
```

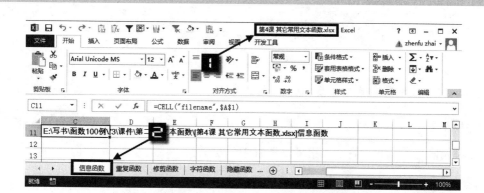

图 8-1 获取当前文件路径信息

公式中我们写了第二个参数 $A$1，就是告诉 Excel 要得到的是当前工作表的路径信息。第二个参数可以是任意单元格，然而个人习惯用 $A$1(A1)，因为这是表格的起点，看上去也会比较好看。如果省略了第二个参数，就会得到"最后更改的单元格"的路径，值也会相应改变。

现在看看结果，当前文件储存的路径、工作簿名称、工作表名称一应俱全。

之后如果你想提取任意信息，只要充分观察字段特点，观察中括号"[]"的位置，再与之前的各个文本函数结合就可以了。

8.2 将字符重复 *n* 次

在某些场景，我们可以将某个信息重复 *n* 次，以强调表达或直观展示差异。

1. 基础语法

使用 REPT 函数可以将相应的字符或字符串重复 *n* 次，它的基础语法为：

```
REPT(text, number_times)
```

REPT 是英语 Repeat 的缩写，表示重复。它的语法比较好理解：把 text 重复 number_times 次。

2. 将字符重复 *n* 次

图 8-2 所示为 REPT 函数的基础用法，可以看出每个公式都完成了"重复"的任务。

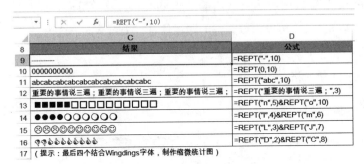

	C	D
	fx =REPT("-",10)	
8	结果	公式
9	----------	=REPT("-",10)
10	0000000000	=REPT(0,10)
11	abcabcabcabcabcabcabcabcabcabc	=REPT("abc",10)
12	重要的事情说三遍；重要的事情说三遍；重要的事情说三遍；	=REPT("重要的事情说三遍；",3)
13	■■■■■□□□□□□□□□□	=REPT("n",5)&REPT("o",10)
14	●●●●○○○○○○	=REPT("l",4)&REPT("m",6)
15	☺☺☺☺☺☺☺☺☺☺	=REPT("L",3)&REPT("J",7)
16	✆✆✏✏✏✏✏✏✏✏	=REPT("D",2)&REPT("C",8)
17	（提示：最后四个结合Wingdings字体，制作缩微统计图）	

图 8-2　REPT 函数基础用法

例如，C9 单元格是将"-"重复 10 次，公式为：

```
=REPT("-",10)
```

C11 单元格是将"abc"这 3 个字母重复 10 次，公式为：

```
=REPT("abc",10)
```

在 Excel 中存在几个特殊字体 Wingdings、Wingdings 2、Wingdings 3，它们对于数字和字母都返回不同的小图标，在工作中可以适当考虑使用。

例如，C15 单元格的字体为 Wingdings，显示哭脸与笑脸，对应的是大写英文字母 L 和 J：

```
=REPT("L",3)&REPT("J",7)
```

3. 案例：制作条形图

一说到制作图表，很多人就会想到插入图表，然后进行调整。有没有想过完全使用函数来制作图表呢？

如图 8-3 所示，C、D 列随机模拟一些标签及销售数据，然后在 E22 单元格输入以下公式，并向下复制到 E31 单元格：

```
=REPT("|",D22)
```

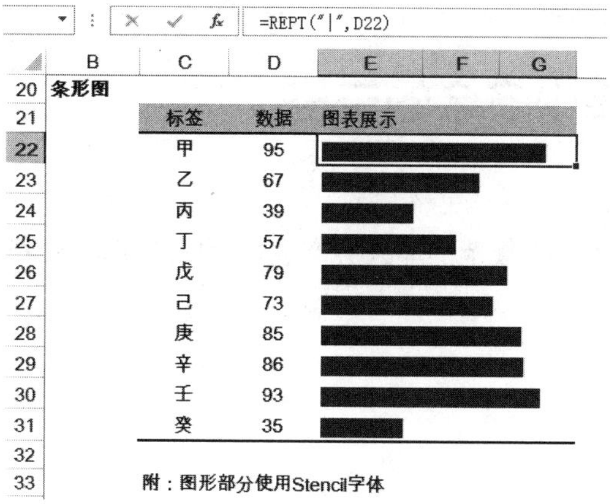

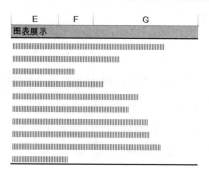

图 8-3　REPT 函数制作条形图

注意，你做出来的图表效果可能如图 8-4 所示，都是普通的竖线，并无条形图的效果。

图 8-4　条形图半成品

这时需要选中 E22:G31 单元格区域，将字体更改为"STENCIL"，如图 8-5 所示。

图 8-5　更改字体

8.3 删除字符串中多余的空格

在英语书写过程中，由于不规范的输入会产生多余的空格，本章通过 TRIM 函数来处理这种不规范的情况。

1. 基础语法

TRIM 函数的作用是清除空格，基础语法为：

```
TRIM(text)
```

它的作用是清除单词之间的单个空格外的文本中所有的空格，如文章前后空格。其实它的作用就是把英文的书写变得更规范。

2. 删除多余的空格

我们时常看到一些不规则的内容，如 C9 单元格有这样一句话："　Welcome　　　to　ExcelHome　　"，有很多的空格，简直太浪费资源。

在 C10 单元格中输入公式"=TRIM(C9)"，然后得到："Welcome to ExcelHome"，如图 8-6 所示，得到了标准书写结果。

图 8-6　TRIM 函数

8.4 将字符与数字之间相互转化

每一个字符都有自己的编码，在一定范围内的数字都对应着不同的字符。

1. 基础语法

这里同时介绍两个函数,这两个函数可以说是互为逆函数。

对应数字代码的字符:

```
CHAR(number)
```

对应字符的数字代码:

```
CODE(text)
```

 Excel 帮助中对 CHAR 函数的参数 number 解释为介于 1~255 之间。这个适用于英文版 Excel,而中文版的 Excel 不受此限制。

2. 数字与字符之间的转化

这两个函数到底有什么作用呢?下面直接用公式来说明。

如图 8-7 所示,这是 CHAR 函数的结果与公式,它将每一个数字都翻译成相应的字符。

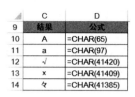

图 8-7 CHAR 函数

这里列出来的几个都是较为常用的。C10 单元格的公式 "=CHAR(65)" 的结果为 A,C11 单元格的公式 "=CHAR(97)" 的结果为 a,公式 "=CHAR(41420)" 返回的结果为 "√",公式 "=CHAR(41409)" 返回的结果为 "×"。

单独说一下 CHAR(41385),它得到的结果为 "々",这不是日文符号,等到后面讲 LOOKUP 函数时,再作介绍。现在只需记住 41385 对应 "々" 即可。

下面介绍 CHAR 函数的 "兄弟" CODE 函数,英文翻译为编码,所以它就是把相应的字符编码,变成你看不懂的数字,如图 8-8 所示。

		F10	:	×	✓	fx	=CODE("A")	
	C	D		E	F		G	
9	结果	公式			结果		公式	
10	A	=CHAR(65)			65		=CODE("A")	
11	a	=CHAR(97)			97		=CODE("a")	
12	√	=CHAR(41420)			41420		=CODE("√")	
13	×	=CHAR(41409)			41409		=CODE("×")	
14	々	=CHAR(41385)			41385		=CODE("々")	

图 8-8 CODE 函数

可以看到,F10 单元格的公式 "=CODE("A")" 将 A 变成了 65,F11 单元格的公式 "=CODE("a")" 将 a 变成了 97,同样还编码了 √、×、々。

我们还可以对一些文字进行编码,如 "刘备",公式 "=CODE(" 刘 ")" 结果为 49653,公式 "=CODE(" 备 ")" 结果为 45496。那么刘备就是 4965345496。

3. 案例:生成字母序列

前面讲了怎样生成 A 和 a,如果按顺序生成 26 个字母该怎样处理呢?下面以生成大写字母

A~Z 为例进行介绍。

公式"=CHAR(65)"结果为 A，65 对应的是 A。把 65 按序数增加，试想一下，66，67，68，…是否对应 B，C，D，…我们动手试一下，公式"=CHAR(66)"结果为 B，公式"=CHAR(67)"结果为 C，与试想情况完全一致。现在生成 A~Z 的问题，就变成了生成数字 65~92 的问题了。

那么如何能够逐渐递增序数呢？可以用 ROW 函数和 COLUMN 函数！

以 ROW 为例，使用公式"=ROW(65:65)"，然后将其向下复制。

再生成 A~Z 就可以了，C17 单元格的公式为"=CHAR(ROW(65:65))"，如图 8-9 所示。

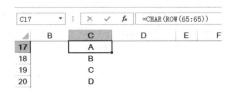

图 8-9 生成 A~Z 序列

这样就生成了纵向的序列。如果问题是在横向上哪一列表示第 65 列，你能迅速地说出是"BM"列吗？

为了通用一般会把生成纵向 A~Z 序列的公式改成"=CHAR(64+ROW(1:1))"。生成横向的 A~Z 序列的公式改成"=CHAR(64+COLUMN(A:A))"。

大写的生成都完成了，现在该小写字母了，其实两者的操作可以说完全一样，把 64 换成 96 即可。

生成纵向小写字母 a~z，公式为"=CHAR(96+ROW(1:1))"。生成横向小写字母 a~z，公式为"=CHAR(96+COLUMN(A:A))"。

掌握这部分知识并不是为了炫技，生成的字母可以结合 INDIRECT 函数形成对单元格的间接引用。

4. 生成随机字母

这一部分在随机生成的样本中可以适当使用。

26 个大写字母随机的公式为"=CHAR(64+RANDBETWEEN(1,26))"。

26 个小写字母随机的公式为"=CHAR(96+RANDBETWEEN(1,26))"。

其中的 RANDBETWEEN 是一个随机函数，数字 1 和 26 表示随机生成 1~26 之间的任意整数，包含 1 和 26。

不分大小写随机字母的公式为：

```
=CHAR(IF(RAND()>0.5,64,96)+RANDBETWEEN(1,26))
```

这里用了一个 RAND 函数随机生成 [0,1) 之间的实数，用生成的随机实数与 0.5 进行比较，以决定得到数字 64 还是 96，即生成大写字母还是小写字母。

将阿拉伯数字转化为中文大写

Excel 中有一些函数能用，但是在 Excel 中查询不到。

1. 基础语法

NUMBERSTRING 函数是 Excel 的隐藏函数，在帮助信息中查询不到，并且输入该函数的前几个字母也不会出现函数提示，但不影响使用。它的功能是将数字转化为中文，基础语法如下：

```
NUMBERSTRING(number, type)
```

其中，参数 type 为数字 1、2、3。

2. 案例：将阿拉伯数字转化为中文

NUMBERSTRING 函数第二个参数 1、2、3 对应的不同结果如下。

数字 1，对应中文小写汉字读法。

数字 2，对应中文大写汉字读法。

数字 3，直接将数字一一对应转化成中文小写。

C9 单元格为数字"1234567890"，D9 单元格的公式为：

```
=NUMBERSTRING(C9,1)
```

返回的结果为一十二亿三千四百五十六万七千八百九十。

D10、D11 单元格的公式基本一致，只是将第二个参数换成 2、3，结果如图 8-10 所示。

D9		▼ : × ✓ fx	=NUMBERSTRING(C9,1)	
▲	C	D		E
8	参数	结果		公式
9	1234567890	一十二亿三千四百五十六万七千八百九十		=NUMBERSTRING(C9,1)
10	1234567890	壹拾贰亿叁仟肆佰伍拾陆万柒仟捌佰玖拾		=NUMBERSTRING(C10,2)
11	1234567890	一二三四五六七八九〇		=NUMBERSTRING(C11,3)

图 8-10 NUMBERSTRING 函数

这里要注意一点，这个转化并不完全符合银行对于数字中文大写的规则，需要作一定的调整。公式如下：

```
="大写: "&IF(TRIM(C14)="","",IF(C14=0,"","人民币"&IF(C14<0,"负",)&IF(INT(
C14),NUMBERSTRING(INT(ABS(C14)),2)&"圆",)&IF(INT(ABS(C14)*10)-INT(ABS(C14))*
10,NUMBERSTRING(INT(ABS(C14)*10)-INT(ABS(C14))*10,2)&"角",IF(INT(ABS(C14))=A
BS(C14),,IF(ABS(C14)<0.1,,"零")))&IF(ROUND(ABS(C14)*100-INT(ABS(C14)*10)*10,
),NUMBERSTRING(ROUND(ABS(C14)*100-INT(ABS(C14)*10)*10,),2)&"分","整")))
```

这个公式不用背下来，用的时候，可以上网查找。正所谓"前人栽树，后人乘凉"。

第9章 文本函数综合实战

前面几章的函数已经讲完了，下面我们将它们组装在一起使用。

我们回忆一下前面几章讲了哪些函数？

（1）提取字符函数左、中、右：LEFT、MID、RIGHT。

（2）提取倒数第几位字符：LEFT+RIGHT 的组合。

（3）替换字符串中的某些内容。

替换指定字符：SUBSTITUTE。

替换位置：REPLACE。

（4）要找到某固定字符。

找到：FIND。

寻找：SEARCH。

想想它们之间微小的差异。

（5）经典组合：FIND+SUBSTITUTE，由此可以找到第 *n* 个指定字符。

（6）长度的概念，字符与字节的差异：LEN、LENB。

（7）零散而简单的几个函数：CELL、REPT、TRIM、CHAR、CODE、NUMBERSTRING。

以上所讲过的最难的部分，非 FIND+SUBSTITUTE 莫属，如果将该函数理解透了，本篇部分 80% 的内容就掌握了。

9.1 案例：使用一个公式提取不同段的数字

如图 9-1 所示，将 A 列的数据以 "*" 分段，分别提取到 B、C、D 列中。

	A	B	C	D	E	F	G
1	分段提取数字						
2	TRIM+MID+SUBSTITUTE+REPT+COLUMN组合						
3		数字1	数字2	数字3	模拟结果		
4	12*3456*789				12	3456	789
5	1*2*24691				1	2	24691
6	294*50*1751				294	50	1751

图 9-1　分段提取数字数据源

我们只要在 B4 单元格写下一个公式，然后向右、向下复制就可以完成提取。

> **提示** 这一部分内容难度并不高，不属于必知必会范畴。如果上论坛求助类似问题，一定会看到下面将要讲的经典公式组合。

接下来采取分步操作。

首先，在 H4 单元格中输入公式 "=SUBSTITUTE(A4,"*",REPT(" ",99))"，用 99 个空格替换 "*"，这样就把每一段数字之间的间距拉大了，得到结果：

> "12　　（99 个空格，请脑补空格段）　　3456　　（99 个空格，请 " 脑补 " 空格段）　　789"

在 I4 单元格中输入公式 "=MID(H4,1,99)"，得到结果：

> "12　　（n 多个空格，请脑补空格段）　　"

在 J4 单元格中输入公式 "=MID(H4,1+99,99)"，得到结果：

> "（n 个空格）　　3456　　（n 多个空格，请"脑补"空格段）　　"

在 K4 单元格中输入公式 "=MID(H4,1+99+99,99)"，得到结果：

> "（n 多个空格）　　789"

将 H4:K4 单元格区域的公式向下复制到 H6:K6 单元格区域，图 9-2 所示为目前得到的辅助列效果。

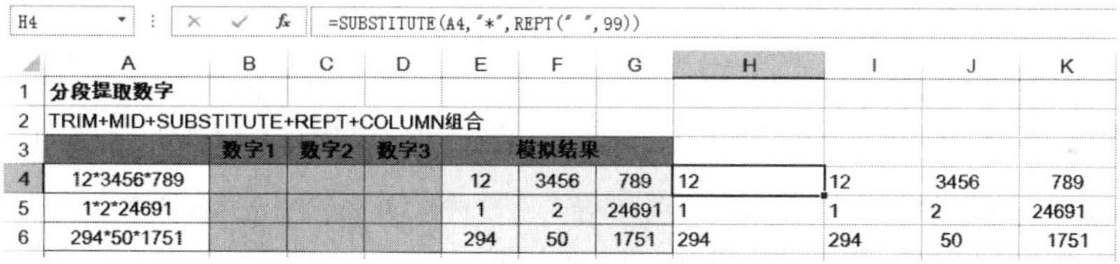

图 9-2　分段提取数字辅助列

至此，离最后结果只差清除空格了。什么函数能清除空格？ TRIM 函数！于是：

I4 单元格公式改为 "=TRIM(MID(H4,1,99))"；

J4 单元格公式改为 "=TRIM(MID(H4,1+99,99))"；

K4 单元格公式改为 "=TRIM(MID(H4,1+99+99,99))"。

这样就可以得到 E4:G4 单元格区域的效果。

公式中的 99 是做什么的？用 99 个空格替换星号 "*"，就是为了拉大每段数字之间的距离。

这里为什么要写 99，能不能写其他的数字呢？当然可以，99、100、999 都可以，只要数值足够大。但是习惯上写 99，参考 6.2 节用 FIND+SUBSTITUTE 函数的思路作为这道题的解释。

每段数字都足够大了，于是从第一个字符开始提取，公式为 "=MID(H4,1,99)"，这里的 99 是由最开始的 REPT(" ",99) 决定的，保证提取的长度不会超出空格的长度，同时也不会因为提取长度过短造成结果偏差。

第二段的提取公式为"=MID(H4,1+99,99)", 1+99 是因为第一段提取时, 已经提取了 99 个字符, 那第二段就从 99 个字符之后, 即 99+1 的位置开始提取, 同时长度为 99。

第三段的提取公式为"=MID(H4,1+99+99,99)", 同样的道理, 前两段各提取了 99 个字符, 于是从第 99+99+1 位置开始提取, 长度仍为 99 字符。

这里想清楚了, 整个公式就搞定了。现在的难点是怎样把这三段提取合并为一个公式。

仔细观察, "=MID(H4,1,99)""=MID(H4,1+99,99)""=MID(H4,1+99+99,99)"的差异就是 MID 函数的第 2 个参数, 依次为 1、1+99、1+99+99, 进一步转变为 1+99*0、1+99*1、1+99*2。找到了相似的结构, 就实现了数字的单纯递增。

于是 I4 单元格的公式变为"=MID($H4,1+99*(COLUMN(A:A)-1),99)"。

现在将 H4 单元格的公式整合进去, 并在外面套上 TRIM 函数:

```
=TRIM(MID(SUBSTITUTE($A4,"*",REPT(" ",99)),1+99*(COLUMN(A:A)-1),99))
```

将这个公式放在 B4 单元格, 并向下向右复制到 B4:D6 单元格区域, 图 9-3 所示为最终的结果。

B4	▼ : × ✓ fx	=TRIM(MID(SUBSTITUTE($A4,"*",REPT(" ",99)),1+99*(COLUMN(A:A)-1),99))							
▲	A	B	C	D	E	F	G	H	I	J
1	分段提取数字									
2	TRIM+MID+SUBSTITUTE+REPT+COLUMN组合									
3		数字1	数字2	数字3		模拟结果				
4	12*3456*789	12	3456	789	12	3456	789			
5	1*2*24691	1	2	24691	1	2	24691			
6	294*50*1751	294	50	1751	294	50	1751			
7										

图 9-3 分段提取数字最终公式

有时看到其他人给的公式会有些变化, 变化主要在于 1+99*(COLUMN(A:A)-1) 这部分, 利用小学的数学知识, 如乘法分配律、加法交换律等, 1+99*(COLUMN(A:A)-1)=1+99*COLUMN(A:A)-99*1=99*COLUMN(A:A)-98, 于是公式进一步简化为:

```
=TRIM(MID(SUBSTITUTE($A4,"*",REPT(" ",99)), 99*COLUMN(A:A)-98,99))
```

9.2 案例: 提取工作簿、工作表的路径及名称

在 8.1 节讲 CELL 函数时, 说到用公式 CELL("filename",$A$1) 获取当前工作簿的信息, 然而这个信息中的路径、工作簿名、工作表名都是在一起的, 并未分开。现在用同一种思路将这三段分别提取。

首先, CELL("filename",$A$1) 的结果为"E:\写书\函数 100 例 V3\课件\第二章 - 文本函数\[第 5 课 文本函数综合实战 .xlsx] 文本函数综合实战"。

然后, 把左中括号和右中括号分别替换为 99 个空格, 并进行相应提取。

提取路径的公式为：

```
=TRIM(LEFT(SUBSTITUTE(CELL("filename",$A$1),"[",REPT(" ",99)),99))
```

提取工作簿名的公式为：

```
=TRIM(MID(SUBSTITUTE(SUBSTITUTE(CELL("filename",$A$1),"[",REPT(" ",99)),"]",REPT(" ",99)),99,99))
```

提取工作表名的公式为：

```
=TRIM(RIGHT(SUBSTITUTE(CELL("filename",$A$1),"]",REPT(" ",99)),99))
```

图 9-4 所示为最终的提取结果。

	A	B	C	D	E	F
11	提取工作簿相关信息					
12	TRIM+LEFT/MID/RIGHT+SUBSTITUTE+REPT组合					
13	路径	E:\写书\函数100例V3\课件\第二章-文本函数\				
14	工作簿名	第5课 文本函数综合实战.xlsx				
15	工作表名	文本函数综合实战				

图 9-4 提取工作簿相关信息

所有公式都有一个套路，将中括号替换为 99 个空格。具体的含义不讲了，自己慢慢体会。提取工作簿信息的公式并不唯一，可以充分利用本章所讲过的内容，写出多种解决思路。例如，提取路径：

```
=LEFT(CELL("filename",$A$1),FIND("[",CELL("filename",$A$1))-1)
```

1. 数码字填写：如练习图 2-1 所示，在 B2：M8 单元格区域，使用以 MID 函数为核心编写公式，将数字填写至相应的位置，完成与第 5 章数码字填写的相同效果。

	A	B	C	D	E	F	G	H	I	J	K	L	M
1	金额	十	亿	千	百	十	万	千	百	十	元	角	分
2	0.12												
3	1.23												
4	123.45												
5	12345.67												
6	123456.78												
7	12345678.9												
8	123456789.9												

练习图 2-1 数码字填写

2. 如练习图 2-2 所示，分段提取中文和英文。

（1）使用 LEN 与 LENB 的思路。

（2）使用 SEARCHB 结合通配符的思路。

	A	B	C	D	E
5	字符串	提取英文	提取中文	模拟结果	
6	讲师zzf			讲师	zzf
7	讲师zzf			讲师	zzf

练习图 2-2　提取中文和英文

③ 如练习图 2-3 所示，根据 E 列的要求，完成对 A 列字符串相应位置的字符提取。

	A	B	C	D	E	F	G
10	二、提取指定位置字符					提取中文	提取中文
11	是故学然后知不足，教然后知困。				逗号前的3个字符		知不足
12	知不足然后能自反也，知困然后能自强也。				倒数第3-5个字符		能自强
13	故曰教学相长也				正数第3-6个字符		教学相长

练习图 2-3　提取指定位置字符

④ 如练习图 2-4 所示，完成复杂数字提取。

（1）使用 TRIM+MID+SUBSTITUTE+REPT+COLUMN 的思路分段提取数字，并对提取的数字进行乘积计算。

（2）在 B8 单元格中尝试用一个公式直接得到乘积结果，并向下复制到 B10 单元格。

> **提示**　　乘积函数为 PRODUCT，其语法和使用方式与 SUM 函数一致；数组公式需按【Ctrl+Shift+Enter】组合键结束。

	A	B	C	D	E	F	G	H	I
1	题目一	数字1	数字2	数字3	乘积	模拟结果			
2	12*24*36					12	24	36	10368
3	86*7*28					86	7	28	16856
4	7.28*8.25*9.23					7.28	8.25	9.23	554.354
5									
6									
7	题目二	乘积	模拟结果						
8	12*24*36		10368						
9	86*7*28		16856						
10	7.28*8.25*9.23		554.354						

练习图 2-4　复杂数字提取

⑤ 如练习图 2-5 所示，使用 CELL 函数，提取本工作簿标题中的章节号。

附注：章节号在最后一条短横线 "-" 和英文点号 "." 之间。

练习图 2-5　提取章节号

CHAPTER 3

第 3 篇

——

日期和时间函数

大家平常对于 Excel 中日期和时间的操作可能不太关注，这里单独对这一部分进行讲解。
本篇学习内容分为五大类，共 14 个函数。

思维导图

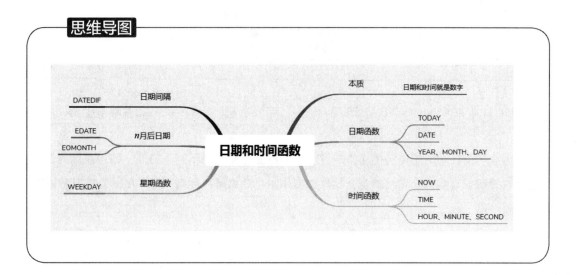

第10章 日期和时间本质

所有的东西都要从根基打牢，再慢慢构建上层建筑，首先讲日期和时间的本质。一定要仔细听本章课程，记住下面这句话。

"从根本上讲，Excel 中日期和时间的本质就是数字。"

10.1 日期的本质

我们首先讲解日期的相关概念及注意事项。

（1）日期是整数：我们习惯上记录的数字 1，就代表了 1 天。

（2）日期的范围：1900 年 1 月 1 日到 9999 年 12 月 31 日，还包含一个并不实际存在的日期 1900 年 1 月 0 日，该日期就相当于数字中的 0。日期范围不用死记硬背，只要知道，所有的日期都对应一个正整数，就足以应付我们的日常工作。

（3）负数和超出范围的数字，设置为日期格式后会显示错误值。

（4）还有一个很重要的提示：输入日期时，年、月、日之间的标准连接符号是"-"或"/"。很多读者喜欢用点"."作为年、月、日的分隔，如写成"2019.7.28"或"2019.7"，这是大错特错的。我们输入日期时要尊重 Excel 的规则，用"-"或"/"来表示日期。

"-"与"/"只是形式不同，两者的意义完全一致，在 Excel 中显示为哪一种是由计算机系统决定的。如图 10-1 所示，这是我使用的计算机右下角的日期显示截图，它是以"/"的形式存在的。那么，Excel 的日期默认格式就显示为"/"，通过修改系统的默认设置可以修改它在 Excel 中的显示，但一般不建议这么做。

图 10-1 系统日期截图

Excel 的日期在 Windows XP 系统以前是"-"连接，Windows 7 系统之后基本上都是以"/"连接。

（5）生成当前日期的快捷键是【Ctrl+;】，一般情况下我们用不到。另外，如果在你的计算机上按这个快捷键没有效果，它可能被其他软件占用了，怎么解决呢？把除 Office 外的其他所有软件都卸载就可以了。

10.2 时间的本质

前面聊完了日期，现在说说时间的相关概念及注意事项。

（1）时间是小数：数字 1 代表了 1 天，即 24 小时。

（2）时分秒的表示：1 天有 24 小时，1 小时是 60 分钟，1 分钟是 60 秒，那么 1 小时可表示为 1/24，1 分钟可表示为 1/24/60，1 秒可表示为 1/24/60/60。如图 10-2 所示，这是我们计算出来的时分秒的数字结果。

计算结果	公式
0.041666667	=1/24
0.000694444	=1/24/60
1.15741E-05	=1/24/60/60

图 10-2　时分秒计算

这些小数完全不用记，我们给它换种形式，将单元格设置为"时间"格式。如图 10-3 所示，就可以看到那一串混乱的小数变成了日常所熟悉的：1:00:00、0:01:00、0:00:01。

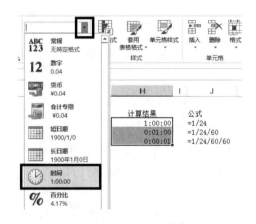

图 10-3　设置时间格式

在逛论坛或其他 Excel 平台时，你可能看到一个数字 86 400，这个数字表示什么意思呢？

我们来看一个公式，一天 24 小时 × 一小时 60 分钟 × 一分钟 60 秒，即 24×60×60=86 400，86 400 其实就是一天的总秒数。

通过上面的解析，数字 1 440 就容易理解了，1 440=24（小时）×60（分钟），即一天有 1 440 分钟。

（3）与日期相同，生成当前时间也有快捷键，即【Ctrl+Shift+;】，读者可以操作试一下。

第11章

日期函数

本章讲解日期函数，并通过日期函数完成工作中的日期统计工作。

11.1 提取当日的日期

"今天"的英文单词为 today。在 Excel 中也有一个 TODAY 函数。

在 F5 单元格中输入公式"=TODAY()"，如图 11-1 所示，便得到了当天的日期：2019/6/4。

公式得到的今天的日期与【Ctrl+;】组合键得到的日期有什么区别吗？在 F6 单元格按下【Ctrl+;】组合键，同样得到当天的日期 2019/6/4，如图 11-2 所示。

这时，我们看下公式编辑栏，在图 11-1 中显示的是"=TODAY()"，它是一个函数，今天打开该文件看到的是 6 月 4 日，明天打开看时就会变成 6 月 5 日。

在图 11-2 中，编辑栏显示 2019/6/4，它就永远停留在 6 月 4 日了。

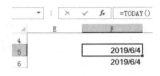

图 11-1　TODAY 函数

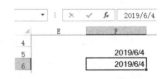

图 11-2　按快捷键生成当前日期

11.2 案例：计算得到指定的日期

已经有了当天日期，那么在计算时还需要一个指定日期。

日期的英文单词是 date，于是就有日期函数"=DATE (2017,2,8)"，如图 11-3 所示，得到结果 2017/2/8，DATE 函数的语法为 DATE(year,month,day)，3 个参数分别指定年、月、日。

图 11-3　DATE 函数

如果使用 DATE 函数生成 1 月最后一天的日期，怎么操作？有些人可能会说，这很简单，输入公式"=DATE(2017,1,31)"就可以了。那么 2 月、3 月、4 月的最后一天的日期怎么生成呢？还要逐个预先判断每个月一共有多少天吗？

10.1 节讲过一句话：日期就是数字。从这个角度考虑，1 月的最后一天比 2 月 1 日提前一天，即比 2 月 1 日小 1，公式为：

```
=DATE(2017,2,1)-1
```

通过减法的操作方式得到的结果完全正确，那还有没有其他表达方式呢？比 2 月 1 日小 1，比 1 日小 1 就是 0 日，那么 DATE 函数是否可以接受数字 0 呢？在 D12 单元格中试着输入公式：

```
=DATE(2017,2,0)
```

如图 11-4 所示，结果完全正确，1 月最后一天的日期为 2017/1/31。

同理，如果输入公式"=DATE(2017,3,0)"，结果为 2017/2/28，这样就不用判断每个月到底有多少天了。

那么它的参数能不能写成负数呢？

我们结合一些可能发生的实际情况思考一下，如有的公司财务结账日是在每个月的倒数第 5 天，这个日期要怎样生成？

图 11-4　生成月底日期

DATE 函数的参数 day 写为 0，表示倒数第 1 天，那么以此为基准推算：-1 表示倒数第 2 天，-2 表示倒数第 3 天，-3 表示倒数第 4 天，-4 表示倒数第 5 天。在 E12 单元格中输入公式"=DATE(2017,2,-4)"，如图 11-5 所示，得到结果 2017/1/27，结果完全正确。

图 11-5　月底倒数第 5 天

同理，输入公式"=DATE(2017,3,-4)"，得到结果 2017/2/24，即 2 月的倒数第 5 天。

在 DATE 函数中，参数 day 和 month 支持正数、零、负数，所以计算时要始终记得日期就是数字的本质。

生成某年最后一天的日期就更简单了，那么 2016 年最后一天的日期怎么表示？

第一种方法 =DATE(2016,12,31)，因为每年最后一天都是 12 月 31 日，所以不绕圈子，直接写。

第二种方法 =DATE(2017,1,0)，2016 年最后一天也就是 2017 年 1 月 0 日，如图 11-6 所示。

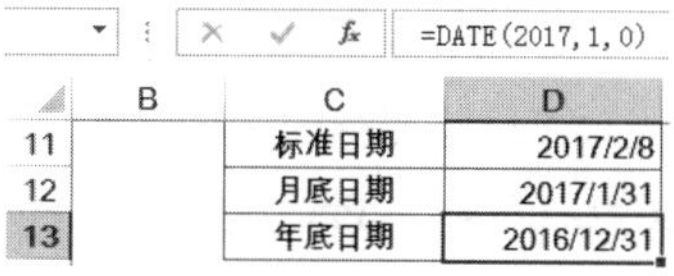

图 11-6　年底日期

11.3 案例：提取日期中的年月日信息

我们可以得到今天的日期及生成指定的日期，反过来，也可以使用 YEAR 函数、MONTH 函数、DAY 函数从一个标准日期中提取出它的年、月、日信息，如图 11-7 所示。

在 D20 单元格中输入公式"=YEAR($C$20)"，结果返回年份 2017。

在 D21 单元格中输入公式"=MONTH($C$20)"，结果返回月份 2。

在 D22 单元格中输入公式"=DAY($C$20)"，结果返回日期 8。

图 11-7　年月日信息

很多 Excel 函数理解起来很简单，只要稍稍有点英语基础，就大约能猜出来它们是用来做什么的。

这 3 个函数还有其他的作用。例如，以后做透视表，你的基础数据源中有一列是日期，那么可以加几个辅助列，把年、月、日信息提取出来，在做透视表时就可以轻松选择相应的字段并完成统计。

11.4 计算月底、年底等日期的通用思路

首先说明，接下来谈到的月底、年底是指每月的最后一天和年度的最后一天。

1. 上个月最后一天

我们在做月报时，经常要将上个月的最后一天，作为月报的一个节点。那么这个日期如何不用手动输入就能自动更新呢？

下面先来分解思路。

（1）在现有的知识体系下，要得到某一个日期，直接就想到了 DATE 函数，需要将年月日的数字组合到 DATE 公式中即可。

（2）上月最后一天，根据前面介绍的获取月底日期的方式可得，获取月底日期就是要获取本月的 0 日，因此参数 day 就确定了数字 0。

（3）本月的 0 日，还需要知道本月是几月。我们可以先确定今天的日期，用 TODAY 函数，再提取月份公式为 MONTH(TODAY())。

（4）虽然前面都在说月份，其实这里有隐含条件，即要获取的年份与今天的年份是一致的，也就是公式 YEAR(TODAY()) 能得到今天的年份。

至此，年、月、日参数全都分析、拆解完毕，就剩下组装了，如图 11-8 所示，在 D25 单元格中输入公式：

```
=DATE(YEAR(TODAY()),MONTH(TODAY()),0)
```

图 11-8　上月最后一天

这个公式是一个三层嵌套公式，分析之后，就会发现嵌套公式也不过如此。

2. 去年最后一天

获取去年最后一天的日期，其实比获取上月最后一天还要简单，就是要得到今年的 1 月 0 日。我们可以直接输入公式 "=DATE(YEAR(TODAY()),1,0)"。

这里介绍一些有趣的知识，在单元格中，有时会快速输入日期，如 7 月 28 日，我们就会在单元格中输入 "7-28"。如图 11-9 所示，可以看到单元格中的格式自动变成了 "7 月 28 日"，那么是哪一年的 7 月 28 日呢？通过编辑栏可以看到是 2019/7/28。

图 11-9　快速输入日期 1

这里自动添加了一个信息 2019 年，所以在单元格中省略年份快速输入日期时，会默认得到当年的日期。演示此案例时是 2019 年 2 月，所以默认为 2019 年的日期。

再来试一个，在单元格中输入 "1-1"。如图 11-10 所示，可以看到刚才的结论是对的，得到的结果是 2019/1/1。

图 11-10　快速输入日期 2

基于日期就是数字这一本质，如果在 1 月 1 日上减 1，是不是就能得到去年最后一天的日期呢？我们来输入公式 "=1-1-1"，并设置单元格为 "日期" 格式，如图 11-11 所示。

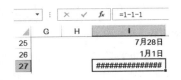

图 11-11　日期计算错误方式

结果是错误值，为什么？

静下心来想一想，如果没有之前对日期的铺垫，当看到公式"=1-1-1"时，首先想到什么？是不是小学学过的减法，按照减法计算，结果是 -1！

这就对了，Excel 有它的规则，不做计算时，1-1 代表 1 月 1 日，而放到公式中计算时，就是普通的 1 减 1。那有什么办法避免这个公式被当作简单的加减计算公式呢？

牢记下面的话，可以帮助你避免计算日期时 90% 的错误。

在公式计算时，用快速输入方式的日期、时间，如"2019-2-3""17:56"，必须用英文状态的双引号括起来。

那这个公式要怎么改？

```
="1-1"-1
```

结果如图 11-12 所示，我们得出了去年最后一天的日期，与之前的公式"=DATE(YEAR(TODAY()),1,0)"对比，会发现修改后的公式短了很多。

图 11-12　去年最后一天

所有双引号引起来的部分，从基础的格式上讲，都属于文本。所以当涉及真正的日期计算时，需要将"文本转化成数字"，也就是前面说的"减负"一下。

如果初学者经常被这种文本与数字之间的转化搞晕，用最初的 DATE 函数，就不会出错了。

3. 当月共有多少天

每个月的天数各不相同，那如何通过函数得出当月有多少天呢？例如，本月是 4 月，那么 4 月最后一天是 4 月 30 日，也就是说本月有 30 天。转化成公式，就是获取本月最后一天的日期，即本月有多少天。

要得到本月最后一天的日期，也就是要求下月 0 日的日期。根据之前的思路，可以写下公式"=DATE(YEAR(TODAY()),MONTH(TODAY())+1,0)"。

这里要注意细节，DATE 的 month 参数中有一个"+1"，公式 MONTH(TODAY()) 得到的是本月的月份，+1 之后便能得到下月的月份。

再用 DAY 函数提取日期中的日，就能得到当月共有多少天，如图 11-13 所示。

```
=DAY(DATE(YEAR(TODAY()),MONTH(TODAY())+1,0))
```

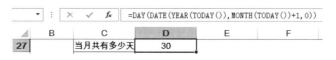

图 11-13　当月共有多少天

4．案例：判断闰年

闰年的判断多种多样，如直接判断年份是否能被 4 整除，整百年份是否能被 400 整除；或者判断一年是否有 366 天等。这里用 DATE 函数判断 2 月 29 日中的日期是否为 29？

2 月 29 的日期不是 29 还能是其他日期吗？我们通过 DATE 函数分别判断 2016 年和 2017 年是否为闰年，还是分步来做，先通过 DATE 函数来构造日期。

（1）输入公式"=DATE(2016,2,29)"，结果为 2016/2/29。

（2）输入公式"=DATE(2017,2,29)"，结果为 2017/3/1。

这样分开写很容易看出，在 DATE 函数中的 2 月 29 不一定是 29 日，因为 2017 年是平年，2 月只有 28 天，根据日期就是数字的原理，2017 年 2 月的 29 日也就相当于下个月的 1 日，即 3 月 1 日。

我们通过函数来展示最后的结果，用 DAY 函数得到的日期与数字 29 进行比较，如图 11-14 所示。

在 D28 单元格中输入公式"=DAY(DATE(2016,2,29))=29"，结果返回 TRUE。

在 D29 单元格中输入公式"=DAY(DATE(2017,2,29))=29"，结果返回 FALSE。

图 11-14　判断闰年

可以看到，2016 年是闰年，2017 年不是闰年。

我们还可以根据这个思路判断当年是否为闰年，将以上公式中的年换成"今年"即可：

```
=DAY(DATE(YEAR(TODAY()),2,29))=29
```

5．案例：根据英文月份得到数字

在一些外企或合资企业，有时会看到使用英文或英文简写表示月份，当我们用公式做计算时，这些英文无法被直接引用，需要把它们转化为相应的数字，如图 11-15 所示。

	B	C	D
32	根据英文月份得到数字		
33		Jan	1
34		January	1
35		Mar	3
36		September	9

图 11-15　英文月份转化成数字

具体怎么实现？写一个 IF 函数的嵌套公式，12 层的嵌套就可以了？如果写得更完善一些，连全称和简写都包含，那岂不是要 24 层嵌套了？我们来看看有没有简单的方法。

先来看看单元格格式中有什么，如图 11-16 所示，在日期格式中，我们将右侧滚动条拉到最下方，可以看到类型中有几项是包含英文月份的。

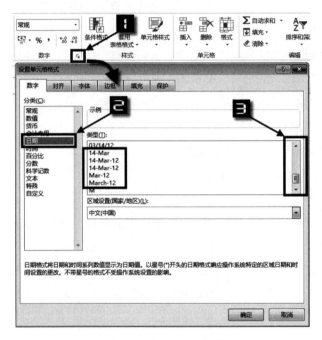

图 11-16　单元格日期格式

如果把相应的英文月份构造成这种格式，也就是标准的日期了，然后使用 MONTH 函数来提取其中的月份。下面分步来做，建立辅助列，在 E33 单元格中输入公式"=C33&-1"，并向下复制到 E36 单元格，如图 11-17 所示，这样就构造了一个标准的日期格式。下一步就是 MONTH 的工作。

			fx	=C33&-1
	B	C	D	E
32	根据英文月份得到数字			
33		Jan	1	Jan-1
34		January	1	January-1
35		Mar	3	Mar-1
36		September	9	September-1

图 11-17　辅助列构造日期

在 F33 单元格中输入公式"=MONTH(E33)",并向下复制到 F36 单元格,如图 11-18 所示,我们就得到了相应的月份。

图 11-18　MONTH 提取月份

最后只要把这两个步骤组合在一起,就能得到一个完美的嵌套公式:

```
=MONTH(C33&-1)
```

有读者问,这里 & 后面的 -1 为什么不用加双引号?这就要看怎么理解了,当你认为它是横线和 1 时,它是一个文本,所以需要加双引号。但换个角度,-1 实际上就是数字"负 1",既然是数字就可以不用双引号了。

我们继续研究会发现这个公式还可以再短:

```
=MONTH(C33&1)
```

"Jan1"这种表示 1 月 1 日的格式虽然未在 Excel 的单元格格式中列出,但是 Excel 依然可以识别这种表示日期的方式。

第 12 章

时间函数

本章将讲解 5 个与时间相关的函数，并利用它们完成工作中时间的统计。

12.1 现在是几点几分

"现在"的表示方法与 TODAY 相似，"现在"的英文为 NOW，于是有了公式"=NOW()"，如图 12-1 所示，可以看到用 NOW 函数得到结果的默认格式是包含年月日的，这是因为现在的时间点通常会包含"今天"这个隐藏的属性。

图 12-1　NOW 函数

如果不习惯这个格式，可以换一种时间格式，如图 12-2 所示，这样就能不显示日期，而且能把秒显示出来。

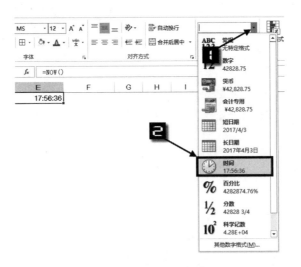

图 12-2　调整时间格式

NOW 函数是一个易失性函数，每一次工作簿中发生运算，NOW 函数都会自动更新时间。

12.2 案例：设置指定的时间

与 DATE 函数生成日期相近，我们也可以生成相应的时间，如生成 12：34：56，可以写下公式"=TIME(12,34,56)"，得到结果 12：34 PM，TIME 函数的语法为 TIME(hour, minute, second)，3 个参数分别指定时、分、秒。

当写下 =TIME(0,30,0) 时，得到结果 12：30 AM，它可以表示当天的零点三十分，同样也可以理解为 30 分钟，我们可以修改时间格式，变成显示时分秒的格式，如图 12-3 所示。

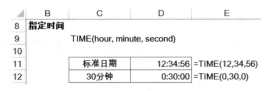

图 12-3 指定时间

为什么半夜十二点半还可以表示 30 分钟？

前面讲过，日期是整数，时间是小数，当纯表示时间时，它都是一个小于数字 1 的小数。零点就是新一天的起点，零点三十分，就相当于零点刚刚过了 30 分钟。

12.3 案例：提取时分秒信息

与日期提取年月日类似，在时间中同样可以提取时分秒的信息，那用什么函数呢？可以用 HOUR 函数、MINUTE 函数、SECOND 函数，如图 12-4 所示。

在 D19 单元格输入公式"=HOUR($C$19)"，就能得到几点，即 15。

在 D20 单元格输入公式"=MINUTE($C$19)"，得到分钟，即 57。

在 D21 单元格输入公式"=SECOND($C$19)"，最后得到秒钟，即 47。

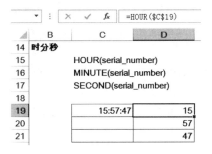

图 12-4 时分秒信息

12.4 案例：计算 90 分钟后的时间

在实际生活中，我们可能需要计算一定时间之后的时间。例如，一场中学考试是 90 分钟，那么 90 分钟之后是几点几分几秒呢？

思路分解如下。

（1）想要得到时间，很自然就想到了 TIME 函数，分别计算出来时、分、秒的数值，放在 TIME 函数的参数中即可。

（2）因为要求得到 90 分钟之后的时间，可以认定时、秒这两个信息与现在保持一致，即从当前时间 NOW 中提取时和秒，也就是用 HOUR(NOW()) 和 SECOND(NOW())。

（3）分钟要在当前的基础上加上 90 分钟，于是用 MINUTE(NOW())+90。

以上三步思路完成，公式也组装完毕，如图 12-5 所示，完整的公式为：

```
=TIME(HOUR(NOW()),MINUTE(NOW())+90,SECOND(NOW()))
```

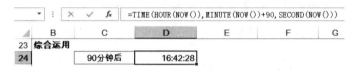

图 12-5　90 分钟后时间的计算

上面是最常规的思路，那有没有其他思路呢？ 90 分钟之后的时间，无非就是现在（NOW）过了 90 分钟后的时间。也就是说，在 NOW 上面加上 90 分钟即可，下面列举 3 个方案。

方案一，使用快速输入时间的方式来构造 90 分钟：

```
=NOW()+"00:90"
```

方案二，使用 TIME 函数来构造 90 分钟：

```
=NOW()+TIME(0,90,0)
```

方案三，根据 1 分钟可以用 1/24/60 来表达的原理，使用纯数字计算的方式来构造 90 分钟：

```
=NOW()+90/24/60
```

公式都是简单易懂的，对于方案一的使用，这里再次强调一句之前说过的话：

在公式计算时，日期、时间，如"2019-2-3""17:56"，必须用英文状态的双引号引起来。

12.5 案例：使用鼠标快速填写当前时间

论坛上曾经有一个求助帖，发帖者在一个生产制造公司，每生产出一个零件都需要在表格中记录相应的型号、参数等，还需要记录当前生产的时间。发帖人的问题是用什么函数可以在旁边的型号填写之后自动生成当前的时间。他找了很久，终于发现了一个借助"循环计算"的函数办法。

那个函数公式真的很巧妙，可是也存在隐患，如果不小心误操作了，之前的所有日期记录就可能毁于一旦。实际工作中，建议大家尽量不要使用"循环计算"这个技巧。那该怎么办呢？有以下 3 种方法。

①使用 VBA。②手动输入。③使用鼠标轻轻一点，即可搞定。

下面一起学习一下使用鼠标轻轻一点的方法。如图 12-6 所示，单击 C29 单元格旁边的下拉按钮，就可以出现当前的时间，然后用鼠标选中即可。具体操作如下。

图 12-6 快速填写当前时间演示

步骤 ① 选中任意一个单元格，如 F27 单元格，输入公式"=NOW()"，并且将单元格设置为"时间"格式，如图 12-7 所示。

图 12-7 输入 NOW 函数公式

步骤 ② 选中任意单元格区域，如 G27:G33 单元格区域，加上边框，然后单击【数据】选项卡的【数据验证】按钮，如图 12-8 所示。在 Excel 2010 及之前的版本中，这个按钮称为【数据有效性】，英文版本称为【Data Validation】。

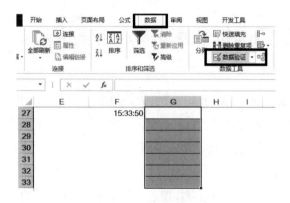

图 12-8　打开数据验证

步骤③ 在【数据验证】对话框中，设置【允许】为【序列】，在【来源】的数据框中输入公式"=$F$27"。然后单击【确定】按钮，完成设置，如图 12-9 所示。

图 12-9　设置数据验证

至此，完成使用鼠标在 G27:G33 单元格区域得到当前时间。如果你得到效果如图 12-10 所示，是一个数字而不是时间，那么只需调整单元格的格式为"时间"，或其他你喜欢的格式。

图 12-10　需调整时间格式

第 13 章　星期及月份函数

本章将通过 WEEKDAY 函数计算星期几，并讲解两个处理月份的函数，得到几个月后的对应日期。

13.1　案例：计算星期几

除了年月日和时分秒，我们还会使用的是星期数，如今天是星期几。在 Excel 的函数中有 WEEKDAY 函数，它的语法是：

```
WEEKDAY(serial_number,[return_type])
```

其中，serial_number 参数是指定的日期；return_type 参数对应数字的含义如图 13-1 所示。

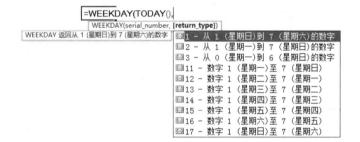

图 13-1　WEEKDAY 函数参数说明

简单记忆，使用数字"2"即可。因为数字 2 返回的结果是以星期一为一周的起点，将星期一到星期日返回结果对应为 1 到 7，这种方式相对其他参数来说，比较直观，可以直接看出来当前日期是星期几。

如图 13-2 所示，在 D9 单元格中输入以下公式，并向下复制到 D22 单元格，即可得到 C 列对应的日期：

```
=WEEKDAY(C9,2)
```

图 13-2　WEEKDAY 示例

  计算几个月后的日期或月底日期

下面要介绍的两个函数，使用后可使公式大大缩短。

n 月后日期：

```
EDATE(start_date, months)
```

n 月后月底日期：

```
EOMONTH(start_date, months)
```

其中，参数 months 可以为正数，也可以为负数或零。

EDATE 函数是计算几个月后对应的日期，EOMONTH 函数是计算几个月后的月底的日期。

经常有同学将 EOMONTH 拼错了，我们可以这样记忆：EOMONTH 缩写于 End Of MONTH，提取相应的字头就形成了 EOMONTH。

1. 常规使用

如图 13-3 所示，C11 单元格为任意日期，这里为 2017/2/8，D 列为 EDATE 函数的相应公式。

D11 单元格 "=EDATE($C$11,5)"，计算 5 个月后的对应日期，结果为 2017/7/8。

D12 单元格 "=EDATE($C$11,0)"，计算 0 个月后的对应日期，结果为 2017/2/8。

D13 单元格 "=EDATE($C$11,-4)"，计算 -4 个月后的对应日期，也就是 4 个月前，结果为 2016/10/8。

F 列为 EOMONTH 函数的相应公式。

F11 单元格 = "EOMONTH($C$11,5)"，计算 5 个月后的月底日期，结果为 2017/7/31。

F12 单元格 = "EOMONTH($C$11,0)"，计算当月的月底日期，结果为 2017/2/28。

F13 单元格 = "EOMONTH($C$11,-4)"，计算 -4 个月后的月底日期，也就是 4 个月前，结果为 2016/10/31。

	C	D	E	F	G
10			EDATE	公式	EOMONTH	公式
11	2017/2/8	2017/7/8	=EDATE($C11,5)	2017/7/31	=EOMONTH($C11,5)
12		2017/2/8	=EDATE($C11,0)	2017/2/28	=EOMONTH($C11,0)
13		2016/10/8	=EDATE($C11,-4)	2016/10/31	=EOMONTH($C11,-4)

图 13-3　EDATE 与 EOMONTH 的常规使用

2. 对月底日期的处理

对于月底最后一天日期分别是 30 和 31 日的情况，EOMONTH 函数在处理过程中没有任何差异，而 EDATE 函数处理时会有一些区别。

（1）日期为月底 31 日。

如图 13-4 所示，起始日期为某月的 31 日，如 2017/1/31，而几个月后有 31 日的，就返回对应的结果，如 2017/7/31。如果当月没有 31 日，则返回相应月份月底的最后一天，如 2016/9/30、2017/2/28 等。

	B	C	D	E	F
15	对月底日期处理1				
16		月底为31日	EDATE	EOMONTH	months
17		2017/1/31	2017/7/31	2017/7/31	6
18			2017/1/31	2017/1/31	0
19			2016/9/30	2016/9/30	-4
20			2017/2/28	2017/2/28	1
21			2016/2/29	2016/2/29	-11

图 13-4　日期为月底 31 日

（2）日期不为月底 31 日。

如图 13-5 所示，起始日期为某月的月底，即 30 日，如 2017/4/30，而几个月后有 30 日的，就返回对应的结果，如 2017/10/30、2017/4/30。如果当月没有 30 日，则返回相应月份月底的最后一天，如 2017/2/28、2016/2/29。

	B	C	D	E	F
23	对月底日期处理2				
24		月底不为31日	EDATE	EOMONTH	months
25		2017/4/30	2017/10/30	2017/10/31	6
26			2017/4/30	2017/4/30	0
27			2016/12/30	2016/12/31	-4
28			2017/2/28	2017/2/28	-2
29			2016/2/29	2016/2/29	-14

图 13-5　日期为月底不为 31 日

3. 实战

（1）案例：计算退休日期。

某人的生日为 1980/9/15，按照男 60 周岁退休，女 55 周岁退休的规定计算（这里只是假设条件，实际情况请依据国家规定），那么男女退休日期分别是哪天。

根据男 60 周岁退休，其公式为：

```
=EDATE(D33,60)
```

于是得到结果 1985/9/15，很显然，得到的是错误结果，那么错在哪里了？

EDATE 讲的是几个月之后的日期，公式中的数字 60 表达的并不是 60 年，而是 60 个月。如图 13-6 所示，正解为：

```
=EDATE(D33,60*12)
=EDATE(D33,55*12)
```

	C	D	E
32	计算退休日期		
33	生日	1980/9/15	公式
34	男	2040/9/15	=EDATE(D33,60*12)
35	女	2035/9/15	=EDATE(D33,55*12)

图 13-6 计算退休日期

（2）案例：计算合同到期日。

某员工新入职，签订合同日期为 2017/2/8，合同期限为 3 年，那么合同到期日是哪天？

这里分两种情况来计算。

【计算方式 1】合同期限按照整 3 年计算，则可以直接用 EDATE 函数，在 D39 单元格输入以下公式：

```
=EDATE("2017/2/8",3*12)
```

语法上没错，但必须结合工作中的实际情况来验证这个公式。该公式返回结果为 2020/2/8，在签订合同时，起止日期都算作工作日，按照这个计算结果，签订的合同并不是整 3 年，而是 3 年零 1 天。所以，有必要作一下修正，于是将 D39 单元格的公式修正为：

```
=EDATE("2017/2/8",3*12)-1
```

【计算方式 2】公司 HR 为了统一管理，将合同到期日统一按照 3 年后的月底最后一天的日期签订，于是在 D40 单元格输入以下公式：

```
=EOMONTH("2017/2/8",3*12)
```

计算结果如图 13-7 所示。

	C	D	E
37	计算合同到期日		
38	签订合同日期2017/2/8，合同期限3年		
39	计算方式1：	2020/2/7	按照整3年计算
40	计算方式2：	2020/2/29	按照3年日期的当月月底日期

图 13-7 计算合同到期日

（3）案例：当年每月有多少天。

工作中计算每个月各有多少天，在前面我们通过 DATE、YEAR、MONTH、DAY 函数计算过，但是公式有点长，现在换一种算法。

C 列为 1~12 月，"1 月 1 日""2 月 1 日"……"12 月 1 日"属于 Excel 标准日期格式，所以我们可以将 1~12 月的字段构造成标准的日期格式，并且通过 EOMONTH 函数得到每月最后一天的日期，最后使用 DAY 函数提取其中的"日"，即可得到最终结果。顺着此思路分步写出以下公式。

在 E43 单元格输入公式：

```
=C43&"1 日 "
```

在 F43 单元格输入公式：

```
=EOMONTH(E43,0)
```

在 G43 单元格输入公式：

```
=DAY(F43)
```

如图 13-8 所示，将分步的思路整合在一起，最终形成嵌套公式：

```
=DAY(EOMONTH(C43&"1 日 ",0))
```

	C	D	E	F	G
			=C43&"1日"	=EOMONTH(E43,0)	=DAY(F43)
42	当年每月有多少天				
43	1月	31	1月1日	2019/1/31	31
44	2月	28	2月1日	2019/2/28	28
45	3月	31	3月1日	2019/3/31	31
46	4月	30	4月1日	2019/4/30	30
47	5月	31	5月1日	2019/5/31	31
48	6月	30	6月1日	2019/6/30	30
49	7月	31	7月1日	2019/7/31	31
50	8月	31	8月1日	2019/8/31	31
51	9月	30	9月1日	2019/9/30	30
52	10月	31	10月1日	2019/10/31	31
53	11月	30	11月1日	2019/11/30	30
54	12月	31	12月1日	2019/12/31	31

图 13-8 当年每月有多少天

提示一点，"1 月 1 日"这种格式适用于中文版 Excel，但在某些英文版的 Excel 中无法正常计算，遇到英文版 Excel 时，整体 DAY+EOMONTH 的思路不变，将日期改为"1-1"的形式，就可以通用了，公式可写为：

```
=DAY(EOMONTH(LEFTB(C43,2)&"-1",0))
```

在某些英文版的 Excel 无法识别 LEFTB 函数，无法准确提取月份。因此，我们将 LEFTB 函数换成 SUBSTITUTE 函数：

```
=DAY(EOMONTH(SUBSTITUTE(C43," 月 ","-1"),0))
```

第14章　DATEDIF 函数

DATEDIF 是一个神奇的函数，它存在于 Excel 中，但是在 Excel 的帮助文件中却找不到它。DATEDIF 是 Excel 的隐藏函数，具有神奇的功能，用来计算两个日期之间的年、月、日差。

14.1 DATEDIF 函数详解

DATEDIF 的基础语法为：

```
DATEDIF(start_date,end_date,unit)
```

其中，参数 start_date 和 end_date 是两个日期，并且前者一定不能大于后者。

unit 有以下 6 个参数，分别用来计算不同的差异，如表 14-1 所示。

表 14-1　DATEDIF 的参数

unit	返回
Y	时间段中的整年数
M	时间段中的整月数
D	时间段中的天数
MD	天数的差。忽略日期中的月和年
YM	月数的差。忽略日期中的日和年
YD	天数的差。忽略日期中的年

在日常拼写中，有的人会漏写函数名称中间的 D，变成 DATEIF，这是错误的，而且输写错误时，Excel 系统不会提示。此函数单词有一个简单的记忆方式：DATEDIF 缩写于 Date Different，译为不同的日期。

14.2 计算两个日期间的年、月、日间隔

如图 14-1 所示，这是 DATEDIF 的常规用法，这 6 个参数的实际意义，我们可以结合图中 C23:F29 单元格区域的数据进行讲解。

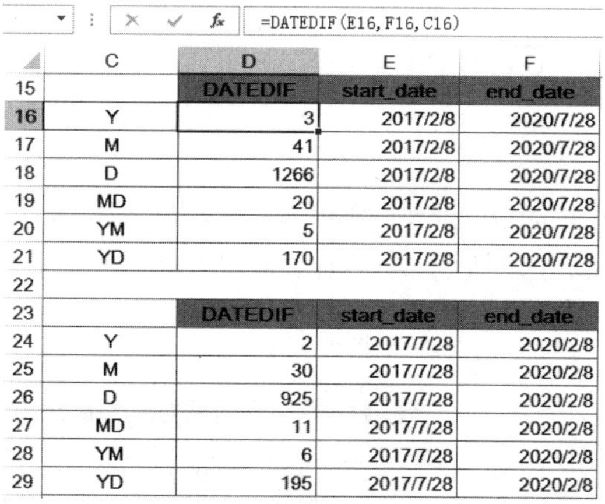

=DATEDIF(E16,F16,C16)

	C	D	E	F
15		DATEDIF	start_date	end_date
16	Y	3	2017/2/8	2020/7/28
17	M	41	2017/2/8	2020/7/28
18	D	1266	2017/2/8	2020/7/28
19	MD	20	2017/2/8	2020/7/28
20	YM	5	2017/2/8	2020/7/28
21	YD	170	2017/2/8	2020/7/28
22				
23		DATEDIF	start_date	end_date
24	Y	2	2017/7/28	2020/2/8
25	M	30	2017/7/28	2020/2/8
26	D	925	2017/7/28	2020/2/8
27	MD	11	2017/7/28	2020/2/8
28	YM	6	2017/7/28	2020/2/8
29	YD	195	2017/7/28	2020/2/8

图 14-1 DATEDIF 常规用法

首先，在 D16、D24 单元格中分别输入以下公式，向下分别复制到 D21、D29 单元格，以计算出不同参数的差异：

```
=DATEDIF(E16,F16,C16)
=DATEDIF(E24,F24,C24)
```

D24 单元格，参数“Y”，单看 2017 年和 2020 年，相差年数应为 3，但是从 2017/7/28 到 2020/2/8，先过 2 年到 2019/7/28，还没到要求的 2020/2/8，再过 1 年的话，就到了 2020/7/28，会超过结束日期，所以其结果返回 2，不能返回 3。

D25 单元格，参数“M”，2017/7/28 过 30 个月便到了 2020/1/28，然后再过 1 个月就到了 2020/2/28，超过了结束日期 2020/2/8，所以结果只能为 30，不能为 31。要充分体会“整年数”“整月数”中“整”字的意思。

D26 单元格，参数“D”，就相当于两个日期直接相减，计算天数的差。

D27 单元格，参数“MD”，这个计算忽略月和年，相当于把 start_date 拉近到 end_date 前最接近的日期。也就是说，将 2017/7/28 拉近到 2020/2/8 之前日期为 28 的最接近日期，即 2020/1/28，然后计算 2020/1/28 与 2020/2/8 之间的天数差，即 11 天。

D28 单元格，参数“YM”，忽略日和年计算整月数，即相当于把 2017/7/28 拉近到 2020/2/8 之前最接近的 7 月 28 日，变成 2019/7/28，然后计算其与 2020/2/8 之间的“整”月数差，即 6 个月。

D29 单元格，参数“YD”，忽略年计算天数差，相当于把 start_date 拉近到 end_date 前最接近的相同月和相同日的日期。也就是说，将 2017/7/28 拉近到 2019/7/28，然后计算 2019/7/28 与 2020/2/8 之间的天数差，即 195 天。

提示 在使用“MD”“YD”参数计算天数差时，由于闰年的存在，有时会与理想值相差一天，这种情况一般不会影响我们的日常使用。

其中具体的原因分析可以参考 Excel Home 论坛的帖子：http://club.excelhome.net/thread-463826-1-1.html。

14.3 整年、月、日区别

如图 14-2 所示，列出了 2017/7/28 到 2020/7/27 与 2017/7/28 到 2020/7/28 的对比，虽然 end_date 只差了 1 天，但是结果有比较大的差异。计算原理相同，要体会"整"字的含义。

	C	D	E	F
		=DATEDIF(E33,F33,C33)		
32		DATEDIF	start_date	end_date
33	Y	2	2017/7/28	2020/7/27
34	M	35	2017/7/28	2020/7/27
35	D	1095	2017/7/28	2020/7/27
36	MD	29	2017/7/28	2020/7/27
37	YM	11	2017/7/28	2020/7/27
38	YD	364	2017/7/28	2020/7/27
39				
40		DATEDIF	start_date	end_date
41	Y	3	2017/7/28	2020/7/28
42	M	36	2017/7/28	2020/7/28
43	D	1096	2017/7/28	2020/7/28
44	MD	0	2017/7/28	2020/7/28
45	YM	0	2017/7/28	2020/7/28
46	YD	0	2017/7/28	2020/7/28

图 14-2　整年、月、日区别

这么多参数需要怎么记忆呢？首先要知道这个函数的作用，理解每一个参数的计算原理。如果工作中常常需要计算日期，可以将其打印出来，贴在桌子旁即查即用。

14.4 案例：工龄计算

假定今天是 2019/7/28，每个员工参加工作的日期如图 14-3 中 C 列所示，那么每个人的工龄是多少呢？工龄可表示成 m 年 n 个月的形式。

可以分步进行操作。首先计算"整年"数，然后计算"整月"数。计算月数时需要注意，月数的值最大不会超过 11，因为到 12 个月就是 1 年了，即要忽略年份的存在来计算月数。那么使用哪个参数计算呢？

从 14.3 节讲的 DATEDIF 的参数对照表中可以看到，计算整年数使用参数"Y"，而忽略年计算整月数使用"YM"。于是 D51 单元格的函数公式可以写成：

	C	D
49	假定今天日期为：2019/7/28	
50	参加工作日期	工龄
51	1991/12/6	27年7个月
52	1994/1/9	25年6个月
53	1999/8/16	19年11个月
54	2009/7/27	10年0个月
55	2009/7/28	10年0个月
56	2009/7/29	9年11个月
57	2012/3/4	7年4个月
58	2015/11/16	3年8个月

图 14-3　工龄计算

```
=DATEDIF(C51,"2019/7/28","Y")&" 年 "&DATEDIF(C51,"2019/7/28","YM")&" 个月 "
```

我们看一下 D54:D56 单元格区域，仅相差 1 天，计算结果便不同。所以使用 DATEDIF 时，始终要有一个"整"的概念在脑海中。

另外，DATEDIF 中的 Y、M、D 参数，大小写均可以，公式还可以写成：

```
=DATEDIF(C51,"2019/7/28","y")&" 年 "&DATEDIF(C51,"2019/7/28","ym")&" 个月 "
```

 14.5 **案例：年假天数计算**

《职工带薪年休假条例》规定，职工累计工作已满 1 年不满 10 年的，年休假为 5 天；已满 10 年不满 20 年的，年休假为 10 天；已满 20 年的，年休假为 15 天。

同样，假设今天是 2019/7/28，那么每名员工的年休假天数分别为多少天呢？其实这个题目比 14.4 节的案例更简单，只需知道每名员工参加工作的年数即可。如图 14-4 所示，在 D66 单元格中输入以下公式，计算出每名员工的工作年数：

```
=DATEDIF(C66,DATE(2019,7,28),"Y")
```

	C	D	E	F
65	参加工作日期	工作年数	年假天数	
66	1991/12/6	27	15	
67	1994/1/9	25	15	
68	1999/8/16	19	10	
69	2009/7/27	10	10	
70	2009/7/28	10	10	
71	2009/7/29	9	5	
72	2012/3/4	7	5	
73	2015/11/16	3	5	

图 14-4　年假天数计算

在这里再次强调，如果在公式中使用快捷输入的方式表达日期，必须加双引号，如 14.4 节中的"DATEDIF(C51,"2019/7/28","Y")"，如果掌握不了双引号使用，就规规矩矩地使用 DATE 函数，保证不会出错。

根据 D 列的年数，可以计算法定年假的天数，在 E66 单元格中输入以下公式：

```
=LOOKUP(D66,{0,1,10,20},{0,5,10,15})
```

LOOKUP 函数将在第 28 章介绍。

1 今天距离你心中最重要的那个人（他／她）的生日还有多少天？

> **提示**
>
> 日期即为数字，可以直接做减法。

2 计算得到当天所在季度的最后一天日期。例如，今天为 2019-2-4，那么季度的最后一天为 2019-3-31。鼓励多种思路解决。

3 距离现在 2.5 小时后的时间。

4 如练习图 3-1 所示，A 列为员工姓名，B 列为员工出生日期，使用 DATEDIF 函数计算今天距离员工生日的天数。

附注：为了答案的标准，假定今天的日期为 2019-3-20。

	A	B	C	D
1	姓名	出生日期	距离员工生日天数	模拟答案
2	罗贯中	1980/3/25		5
3	刘备	1989/6/12		84
4	法正	1977/2/7		324
5	吴国太	1970/5/13		54
6	陆逊	1980/11/14		239
7	吕布	1982/2/23		340
8	张昭	1980/6/14		86
9	袁绍	1987/1/20		306
10	孙策	1972/10/2		196

练习图 3-1　距员工生日的天数

CHAPTER

4

第 4 篇

———

数字处理函数

对于数字的处理，最常说到的就是"保留几位小数"，然而实际应用中对小数点的位数有不同的需求，那就需要有不同的"保留小数"的处理方式，以下是本篇要接触的相关函数。

思维导图

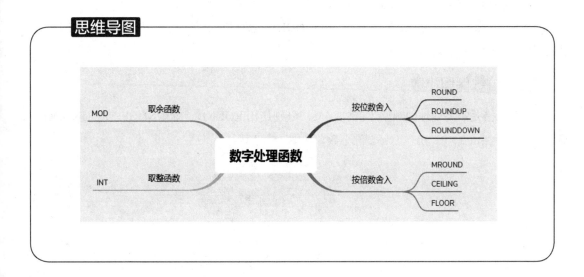

第15章 舍入函数

生活中的数字很多都不是精确的值，有些是通过舍入处理得到的。本章将讲解按位数舍入和按倍数舍入的函数。

15.1 按位数舍入数字

按位数舍入包含 3 个函数：ROUND 函数、ROUNDUP 函数、ROUNDDOWN 函数。

1. 基础语法

首先来看一下按位数舍入的 ROUND 函数、ROUNDUP 函数、ROUNDDOWN 函数的基本语法。

四舍五入：

```
ROUND(number, num_digits)
```

向上舍入：

```
ROUNDUP(number, num_digits)
```

向下舍入：

```
ROUNDDOWN(number, num_digits)
```

其中，number 表示数字，num_digits 表示舍入的位数。

ROUND 函数执行的功能是四舍五入，ROUNDUP 是见到什么都向上舍入，而 ROUNDDOWN 是见到什么都向下舍入。

2. 按指定位数保留小数

C15 单元格是需要处理的数字 1 357.2 468，分别使用 ROUND、ROUNDUP、ROUNDDOWN 函数对数字做保留 2、1、0、-1、-2 位小数，如图 15-1 所示。

	C	D	E	F	G
14		ROUND	ROUNDUP	ROUNDDOWN	num_digits
15	1357.2468	1357.25	1357.25	1357.24	2
16		1357.2	1357.3	1357.2	1
17		1357	1358	1357	0
18		1360	1360	1350	-1
19		1400	1400	1300	-2

图 15-1　正数按位数舍入

保留 0 位小数，即只保留整数部分。

保留负数位小数，即保留到十位、百位等，也就是保留小数点前几位数字。

我们选几个有代表性的结果来解释。对于 ROUND 函数执行四舍五入，图 15-1 中 D16 单元格的公式为 "=ROUND($C$15,1)"，也就是将数字 1 357.2 468 保留 1 位小数，结果为 1 357.2，因为第 2 位小数是 4，小于 5 所以向下舍入。D19 单元格的公式为 "=ROUND($C$15,-2)"，保留 -2 位小数，结果为 1 400，-2 也就是说保留到小数点前 2 位，即保留到百位，因为十位的数字是 5，大于等于 5，所以向上舍入。其他结果不做过多讲解。

ROUNDUP 函数对所有的部分都会向上舍入。例如，E17 单元格的公式 "=ROUNDUP($C$15,0)"，保留 0 位小数，也就是保留整数部分，结果为 1 358，第 1 位小数为 2，只要有数字就会向上舍入，即使它是小于 5 的。

ROUNDDOWN 函数对所有的部分都向下舍入。例如，F15 单元格的公式 "=ROUNDDOWN($C$15,2)"，保留 2 位小数，结果为 1 357.24，第 3 位小数为 6，虽然它大于 5，也直接向下舍入。

如图 15-2 所示，对于目标值是负数时，如 -1 357.2 468，通过观察，我们发现它的计算结果与正数基本一致。

	C	D	E	F	G
21		ROUND	ROUNDUP	ROUNDDOWN	num_digits
22	-1357.2468	-1357.25	-1357.25	-1357.24	2
23		-1357.2	-1357.3	-1357.2	1
24		-1357	-1358	-1357	0
25		-1360	-1360	-1350	-1
26		-1400	-1400	-1300	-2

图 15-2　负数按位数舍入

所以，在负数方向上的舍入计算，先把负号遮住不看，完全当作正数来算，算到最后的结果时再把负号加上。

实际工作中的计算是每一步都保留 2 位小数，还是最后结果保留，要做好区分。例如，某产品进货价为 3 个 1 元，那么计算成本时，如果按照每一步都保留 2 位小数，那么每一个产品的成本就是 ROUND(1/3,2)，结果为 0.33 元。

那么我们卖出去 3 个产品，成本是多少呢？0.33×3=0.99，哇！我们丢掉了 1 分钱！当你在核账时，差了 1 分钱，那么免不了要焦头烂额了。

3. 案例：销量指标分配

公司年度销量指标 480 台，根据每月考核比例，分配每月任务，具体比例如图 15-3 中的 D 列所示。

E34 单元格的公式是 "=480*D34"，然后将公式向下复制到 E45 单元格。

	C	D	E	F
33	月份	月比例	月计划	四舍五入
34	1月	5%	24	24
35	2月	3%	14.4	14
36	3月	7%	33.6	34
37	4月	9%	43.2	43
38	5月	9%	43.2	43
39	6月	9%	43.2	43
40	7月	6%	28.8	29
41	8月	8%	38.4	38
42	9月	10%	48	48
43	10月	12%	57.6	58
44	11月	12%	57.6	58
45	12月	10%	48	48

图 15-3　销量指标分配

如果按上面方法计算就会出现一种现象：假如我们是电冰箱销售员，2 月份销售计划是 14.4 台，那么这个月实际卖出了 14 台，到底是完成计划了还是没完成？毕竟我们不能把电冰箱拆开了卖。

所以，在制定计划指标时，对于产品的数量，一般都需要取整处理，如 F34 单元格的公式：

```
=ROUND(480*D34,0)
```

通过四舍五入取整，让指标变得好懂一些。

如果我们的指标由 480 改为 350 时，应该如何计算？

如图 15-4 所示，E46:F46 单元格区域是对全年计划指标的求和，我们发现 F46 单元格的求和结果为 353，超出 350 的目标，这是为什么？

	C	D	E	F
33	月份	月比例	月计划	四舍五入
34	1月	5%	17.5	18
35	2月	3%	10.5	11
36	3月	7%	24.5	25
37	4月	9%	31.5	32
38	5月	9%	31.5	32
39	6月	9%	31.5	32
40	7月	6%	21	21
41	8月	8%	28	28
42	9月	10%	35	35
43	10月	12%	42	42
44	11月	12%	42	42
45	12月	10%	35	35
46			350	353

图 15-4　指标设定为 350

对比 E 列和 F 列，以 1 月和 2 月的计划来看，350 直接乘以相应的比例，结果为 17.5 和 10.5，两个月的合计为 28。将每个月使用 ROUND 函数四舍五入地保留到整数时，结果分别为 18 和 11，两个月合计为 29。

这是因为四舍"五"入，碰到结尾是 5 全都向上舍入。

那么恰好碰到这种情况怎么办？有三种方法：第一种，手动调整；第二种，了解"四舍六入五单双"的规则；第三种，不管前面的计算结果怎样，都在 12 月进行调整，F45 单元格的公式为 "=350-SUM(F34:F44)"。

15.2 按倍数舍入数字

按倍数舍入的有 3 个函数：MROUND 函数、CEILING 函数、FLOOR 函数。

1. 基础语法

下面看一下按倍数舍入的 MROUND 函数、CEILING 函数、FLOOR 函数的基本语法。

四舍五入：

```
MROUND(number, multiple)
```

向上舍入：

```
CEILING(number, significance)
```

向下舍入：

```
FLOOR(number, significance)
```

其中，number 表示数字，multiple/significance 表示舍入的基准倍数。

MROUND 比 ROUND 函数多了一个 M，可以称它为加强版的 ROUND，同样执行"四舍五入"。我们可以这样记忆这两个函数：CEILING，天花板，抬头看看屋顶，所以它是向上舍入；FLOOR，地板，低头看看地，所以它是向下舍入。

2. 按指定倍数舍入

对这 3 个函数先用一些基础的数据做演示，先讲 CEILING 和 FLOOR。

其中，B2 单元格的公式为"=CEILING(A2,3)"。我们看到 B 列的计算结果就是将 A 列每一个数字都向上舍入，那舍入到哪里呢？CEILING 的第二个参数"3"，决定了舍入到最接近的 3 的整数倍。1、2、3 都变成了 3，而 4、5、6 都变成了 6，以此类推，如图 15-5 所示。

C2 单元格的公式为"=CEILING(A2,4)"，同理，结果为向上舍入到最接近的 4 的整数倍，所以结果依次为 4，8，12，…

D2 单元格的公式为"=FLOOR(A2,3)"，E2 单元格的公式为"=FLOOR(A2,4)"，分别向下舍入到 3 和 4 的倍数。

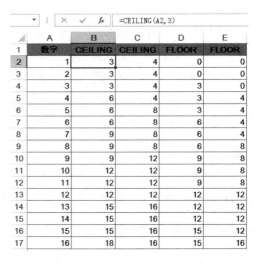

图 15-5 CEILING 和 FLOOR 基础演示

F2 单元格的公式为"=MROUND(A2,3)"，也就是要舍入到最接近的 3 的整数倍，并不确定是向上还是向下，哪个离得近就舍入到哪一个。例如，数字 4 位于 3 和 6 之间，最近的 3 的整数倍是 3，所以结果为 3，而数字 5 更接近 6，所以结果为 6。

G2 单元格的公式为"=MROUND(A2,4)"，舍入到最接近的 4 的整数倍。例如，数字 5 位于 4 和 8 之间，更接近 4，所以结果为 4，而数字 7 更接近数字 8，结果为 8。数字 6，恰好位于 4 和 8 的正中间，那向上还是向下呢？这时就想到 ROUND 的基础规则"四舍五入"，当达到数字 5，即恰好一半时，就向上舍入。所以在 MROUND 中也同样向上舍入，MROUND(6,4) 的结果便为数字 8，将 6 向上舍入到数字 8，计算结果如图 15-6 所示。

	A	F	G
1	数字	MROUND	MROUND
2	1	0	0
3	2	3	4
4	3	3	4
5	4	3	4
6	5	6	4
7	6	6	8
8	7	6	8
9	8	9	8
10	9	9	8
11	10	9	12
12	11	12	12
13	12	12	12
14	13	12	12
15	14	15	16
16	15	15	16
17	16	15	16

图 15-6　MROUND 基础演示

对这一部分内容有了初步的理解，我们接着看一下参数 multiple/significance，它们不仅可以是整数，还可以是小数，下面来看几个基础的演示，如图 15-7 所示。

	C	D	E	F	G
14		MROUND	CEILING	FLOOR	multiple/significance
15	1357.2468	1357.25	1357.25	1357.2	0.05
16		1357.2	1357.5	1357.2	0.3
17		1357	1358	1357	1
18		1358	1358	1351	7
19		1350	1400	1350	50
20					
21		MROUND	CEILING	FLOOR	multiple/significance
22	-1357.2468	-1357.25	-1357.25	-1357.2	-0.05
23		-1357.2	-1357.5	-1357.2	-0.3
24		-1357	-1358	-1357	-1
25		-1358	-1358	-1351	-7
26		-1350	-1400	-1350	-50

图 15-7　正数按倍数舍入

对于数字是负数的情况，需要简单说明两点事情。

（1）number 的符号必须与基准倍数一致，如 D22 单元格的公式为"=MROUND($C$22,-0.05)"，C22 单元格的数字是负数，所以基准倍数也要使用负数 -0.05，如果写成"=MROUND($C$22,0.05)"，公式结果将返回错误值"#NUM!"。

（2）在负数方向上的舍入计算，先把负号遮住，然后按照正数的方式计算，最后再把负号添加上。这一点与按照位数舍入的规则是一致的，不过一般实际工作中用不到负数上的舍入计算。

Excel 2010 版新增了 CEILING.PRECISE、FLOOR.PRECISE 函数，Excel 2013 版新增了 CEILING.MATH、FLOOR.MATH 函数，这些函数可以用来处理两个参数正负号不一致的情况。

3. 案例：奖金发放计算

从实际工作出发，来看下各函数在工作中是如何应用的。例如，公司发年终奖金，每个人根据个人表现有一个奖金系数，奖金的计算规则是基本工资乘以奖金系数。如图 15-8 所示，D 列是基本工资，E 列是奖金系数。

	C	D	E	F	G	H	I
33	月份	基本工资	奖金系数	直接计算	最接近到50	向上舍入到50	向下舍入到50
34	罗贯中	6264	2.3	14407.2	14400	14450	14400
35	吕布	8073	1.9	15338.7	15350	15350	15300
36	袁绍	10699	3.1	33166.9	33150	33200	33150
37	庞德	8122	2.7	21929.4	21950	21950	21900
38	董卓	3207	3.9	12507.3	12500	12550	12500
39	刘备	10027	2.9	29078.3	29100	29100	29050
40	孙权	5807	4	23228	23250	23250	23200
41	荀彧	3530	0.9	3177	3200	3200	3150
42	司马懿	3746	2.8	10488.8	10500	10500	10450
43	张辽	3655	1	3655	3650	3700	3650
44	吴国太	9637	2.9	27947.3	27950	27950	27900
45	陆逊	8268	2.4	19843.2	19850	19850	19800
46					214850	215050	214450

图 15-8　奖金发放计算

F34 单元格的公式为“=$D34*$E34”，会计算出一些含小数的奖金金额。

老板 A 出场：“发奖金时给大家都凑个整数吧，也别出现几块钱几毛钱的情况，四舍五入到最接近的 50 元吧。”

这时要怎么处理呢？首先写个公式，G34 单元格的公式为：

```
=MROUND($D34*$E34,50)
```

老板 B 出场：“大家奖金凑个整吧，一年了都不容易，所有人的奖金都往上凑到 50 的整数倍。”

此时的公式变成什么了？往上，即向上舍入，于是 H34 单元格的公式为：

```
=CEILING($D34*$E34,50)
```

这样的计算方式会使一些人占便宜。例如，H38 单元格的董卓，本来奖金应该是 12 507.3，现在变成 12 550，多挣了近 50 元。

不是每个老板都这么善良，老板 C 出场：“奖金凑整，超过 50 的零头部分都砍掉吧。”

那么 I34 单元格的公式为：

```
=FLOOR($D34*$E34,50)
```

在老板 C 的政策下，有些人就会吃亏。例如，I44 单元格的吴国太，本应为 27 947.3，现在变成 27 900，差了近 50 元。

不同的计算方式，全凭老板一句话，有的占便宜，有的吃亏。从 CEILING 到 FLOOR，老板轻松省出了 600 元。

4. 案例：加班时间计算

再来看一个实际工作中的案例，假设公司是有加班费统计的，但是计算标准是每超过半小时按照半小时计算，不足半小时的部分不统计，如图 15-9 所示，C 列是相应的加班时长，那么如何计算加班时长？

	C	D	E	F
50	加班时长	以时间显示	以时间显示	以数字显示
51	0:25	0:00:00	0:00:00	0小时
52	0:45	0:30:00	0:30:00	0.5小时
53	1:01	1:00:00	1:00:00	1小时
54	1:59	1:30:00	1:30:00	1.5小时
55	2:32	2:30:00	2:30:00	2.5小时

图 15-9　加班时间计算

以半小时为单位，超过半小时的部分全部砍掉，也就是说向下舍入，那么是不是就可以用"地板函数" FLOOR 了？

在 D51 单元格中输入公式：

```
=FLOOR(C51,"00:30")
```

公式虽短，但是内容丰富。公式中包含了之前讲过的 3 个知识点：第一，FLOOR 的第二个参数可以是整数也可以是小数；第二，第 10 章讲过的知识，在 Excel 里面日期和时间的本质就是数字；第三，使用快速输入日期和时间的方式时，一定要加双引号。

具体看下计算结果，C53 单元格的 1:01，向下最接近的半小时的整数倍就是 1:00:00，C54 单元格的 1:59 就太亏了，也只能按照 1:30:00 来统计，只需再加班 1 分钟就可以按 2 小时计算加班工资了。

除了这样的公式，还可以换种写法，在 E51 单元格输入以下公式：

```
=FLOOR(C51,TIME(0,30,0))
```

结果一致，当你掌握不好是否要加双引号时，那就规规矩矩地使用 DATE 和 TIME 函数来表达。

如果我们的计算结果不想以"1:00:00"这种时间格式表达，想写成 ×× 小时的形式，那也很简单，因为时间就是数字，乘以 24 换算一下即可，F51 单元格的公式为：

```
=FLOOR(C51,TIME(0,30,0))*24&" 小时 "
```

如果加班时间按照半小时统计，超过 15 分钟的就可以按半小时计算，不足 15 分钟的就不计算，要怎样写公式呢？

我们还是以半小时为基数做舍入计算，但是不确定是向上舍入还是向下舍入，要舍入到最接近半小时的整数倍，于是公式可写为：

```
=MROUND(C51,"00:30")
```

掌握本节所讲的 3 个函数，可以大大提高工作中统计的准确性。

第16章 取整与取余函数

下面介绍两个经常用来处理数字规律的函数，那就是 INT 函数和 MOD 函数。

16.1 基础语法

我们来做一道算术题，29 除以 7 等于多少？小学学的表达式为 29÷7=4……1。

29 除以 7 等于 4 余 1。这里面的 4 是除法的商，对应的是 INT 函数；1 是除法的余数，对应的是 MOD 函数，这两个函数的语法如下。

向下取整：

```
INT(number)
```

取余：

```
MOD(number, divisor)
```

其中，number 表示数字，divisor 表示除数。

INT 与 MOD 两个函数之间恒有一个关系表达式：

```
MOD(n, d) = n - d*INT(n/d)
```

我们记忆的时候只需清楚公式计算原理，没有必要死记硬背，回忆公式时想一想小学的算术题 29 除以 7 等于 4 余 1。

16.2 MOD 与 INT 的基础示例

通过几个数字来看看这两个函数的计算结果。首先是 INT 函数，E15 单元格的公式为"=INT(C15)"，结果为"向下"取整，无论是在正数还是在负数的范围内，得到的始终都是不大于原数字的整数，结果如图 16-1 所示。

	C	D	E
14		INT	公式
15	1357.2468	1357	=INT(C15)
16	-1357.2468	-1358	=INT(C16)

图 16-1　INT 函数

再来看看 MOD 函数，如图 16-2 所示，F19 单元格的公式为"=MOD(C19,D19)"。

	C	D	E	F
18	number	divisor	MOD	公式
19	5	3	2	=MOD(C19,D19)
20	30	7	2	=MOD(C20,D20)
21	40	5	0	=MOD(C21,D21)
22	1.5	1	0.5	=MOD(C22,D22)
23	7.8	3	1.8	=MOD(C23,D23)
24	99.763	2.5	2.263	=MOD(C24,D24)

图 16-2　MOD 函数

整数的除法比较常见，而在 Excel 里面，MOD 函数的被除数和除数不仅可以是整数，还可以是小数，如图 16-2 中第 22~24 行。

另外，MOD 函数的 2 个参数也可以使用负数，不过负数在工作中的实用性不大，就不在这里列出了，如果想研究负数计算的原理，那么可以回到最初 MOD 函数的计算公式 MOD(n, d) = n - d*INT(n/d) 中，该公式是 MOD 函数计算的核心。

16.3　案例：生成有规律的循环与重复序列

在实际使用当中，常常使用 MOD 和 INT 函数来生成循环和重复的序列。

1. 生成 0~4 循环

看到循环，我们就想到 MOD 函数，一个连续的数字序列除以一个固定值，它的余数就是循环的。那么 0~4 循环是怎样生成的？

记住，我们要生成任何有规律数列的时候，都可以回归最基础的数字序列 1，2，3，4，…，这时你的公式不一定是最短的，但思路一定是正确的。

我们一般使用 ROW(1:1)（前面第 4 章讲的 ROW 函数）生成这样一个序列数。ROW 函数是返回相应单元格或区域的行号，1:1 表示第 1 行，ROW(1:1) 在纵向可以生成 1 到 n 的自然数序列。同理在横向生成 1 到 n 的序列是使用 COLUMN(A:A) 函数。

我们把 ROW(1:1) 作为被除数，那么除数是多少呢？答案是 5，因为 0~4 循环一共有 5 个数字。现在两部分都有了，开始写公式"=MOD(ROW(1:1),5)"，并向下复制，结果如图 16-3 所示。

0~4循环	公式
1	=MOD(ROW(1:1),5)
2	=MOD(ROW(2:2),5)
3	=MOD(ROW(3:3),5)
4	=MOD(ROW(4:4),5)
0	=MOD(ROW(5:5),5)
1	=MOD(ROW(6:6),5)
2	=MOD(ROW(7:7),5)
3	=MOD(ROW(8:8),5)
4	=MOD(ROW(9:9),5)
0	=MOD(ROW(10:10),5)
1	=MOD(ROW(11:11),5)
2	=MOD(ROW(12:12),5)

图 16-3 生成 0~4 循环

我们仔细观察图 16-3，发现图中是 1、2、3、4、0 的循环，并不是 0、1、2、3、4 的循环。针对这种情况可以只截取其中的一段，如从公式的第 5 行开始：

```
=MOD(ROW(5:5),5)
```

从这个公式向下就是标准的 0~4 循环了。

2. 生成 1~5 循环

例如，在 A1:A5 单元格区域有 5 个参数，如果想循环引用 A1，A2，…，A5 单元格的内容，就需要生成数字 1~5 的循环，以达到循环引用相应单元格的目的。有上一步作基础，这一步就很简单了。我们直接在 0~4 循环的公式后面加 1 就可以把 0~4 循环变成 1~5 循环了，如图 16-4 所示，公式为：

```
=MOD(ROW(5:5),5)+1
```

1~5循环	公式
1	=MOD(ROW(5:5),5)+1
2	=MOD(ROW(6:6),5)+1
3	=MOD(ROW(7:7),5)+1
4	=MOD(ROW(8:8),5)+1
5	=MOD(ROW(9:9),5)+1
1	=MOD(ROW(10:10),5)+1
2	=MOD(ROW(11:11),5)+1
3	=MOD(ROW(12:12),5)+1
4	=MOD(ROW(13:13),5)+1
5	=MOD(ROW(14:14),5)+1
1	=MOD(ROW(15:15),5)+1
2	=MOD(ROW(16:16),5)+1

图 16-4 生成 1~5 循环

3. 重复 3 次

我们先来看基础序列做除法的结果，如图 16-5 所示，是用 1，2，3，4，…除以数字 3，然后得到一系列的数字结果。

重复3次	公式
0.33333333	=ROW(1:1)/3
0.66666667	=ROW(2:2)/3
1	=ROW(3:3)/3
1.33333333	=ROW(4:4)/3
1.66666667	=ROW(5:5)/3
2	=ROW(6:6)/3
2.33333333	=ROW(7:7)/3
2.66666667	=ROW(8:8)/3
3	=ROW(9:9)/3
3.33333333	=ROW(10:10)/3
3.66666667	=ROW(11:11)/3
4	=ROW(12:12)/3

图 16-5　序列数除以 3

再仔细观察这些数字的整数部分，从公式的第三行开始，不就是 3 个 1、3 个 2 和 3 个 3 吗？于是将第 3 行的公式提取出来，并在外面套一个向下取整的函数 INT，如图 16-6 所示，公式为：

```
=INT(ROW(3:3)/3)
```

重复3次	公式
1	=INT(ROW(3:3)/3)
1	=INT(ROW(4:4)/3)
1	=INT(ROW(5:5)/3)
2	=INT(ROW(6:6)/3)
2	=INT(ROW(7:7)/3)
2	=INT(ROW(8:8)/3)
3	=INT(ROW(9:9)/3)
3	=INT(ROW(10:10)/3)
3	=INT(ROW(11:11)/3)
4	=INT(ROW(12:12)/3)
4	=INT(ROW(13:13)/3)
4	=INT(ROW(14:14)/3)

图 16-6　重复 3 次

4．1~3 循环重复 2 次

我们继续升级问题，当数据既有循环还有重复时怎样处理？从需求上看，需要重复 2 次，我们先来解决重复的问题。根据上一个案例，重复就使用 INT 函数，重复 2 次就除以 2，于是公式为"=INT(ROW(1:1)/2)"，它生成的序列是 0，1，1，2，2，3，3，…，重复 2 次达成了，但是第一个结果是 0，并不是从 1 开始的，我们要的是 1~3 循环。接下来稍微调整一下就可以了，我们只需提出来第 2 行的公式"=INT(ROW(2:2)/2)"。

下一步来处理循环问题。循环要使用 MOD 函数，1~3 循环是 3 个数字的循环，那除数上要写 3，公式的模型为"=MOD(???,3)"。问号处填什么呢？就是把刚刚得到的重复 2 次的公式放在这里。合并后的公式为"=MOD(INT(ROW(2:2)/2),3)"，其结果如图 16-7 所示，得到的结果是 1、2、0 的循环且重复 2 次。

循环且重复	公式
1	=MOD(INT(ROW(2:2)/2),3)
1	=MOD(INT(ROW(3:3)/2),3)
2	=MOD(INT(ROW(4:4)/2),3)
2	=MOD(INT(ROW(5:5)/2),3)
0	=MOD(INT(ROW(6:6)/2),3)
0	=MOD(INT(ROW(7:7)/2),3)
1	=MOD(INT(ROW(8:8)/2),3)
1	=MOD(INT(ROW(9:9)/2),3)
2	=MOD(INT(ROW(10:10)/2),3)
2	=MOD(INT(ROW(11:11)/2),3)
0	=MOD(INT(ROW(12:12)/2),3)
0	=MOD(INT(ROW(13:13)/2),3)

图 16-7　循环与重复初步

处理完之后，所得结果和我们要的 1~3 的循环重复 2 次还有些差距。现在动个"小手术"，需要 1~3 循环，那就在现在数字的基础上加 1。于是结果为 2，2，3，3，1，1，2，2，3，3，…，前面的 2、3 并不是我们需要的结果，我们从 1 开始提取即可。如图 16-8 所示，最终的公式为：

```
=MOD(INT(ROW(6:6)/2),3)+1
```

循环且重复	公式
1	=MOD(INT(ROW(6:6)/2),3)+1
1	=MOD(INT(ROW(7:7)/2),3)+1
2	=MOD(INT(ROW(8:8)/2),3)+1
2	=MOD(INT(ROW(9:9)/2),3)+1
3	=MOD(INT(ROW(10:10)/2),3)+1
3	=MOD(INT(ROW(11:11)/2),3)+1
1	=MOD(INT(ROW(12:12)/2),3)+1
1	=MOD(INT(ROW(13:13)/2),3)+1
2	=MOD(INT(ROW(14:14)/2),3)+1
2	=MOD(INT(ROW(15:15)/2),3)+1
3	=MOD(INT(ROW(16:16)/2),3)+1
3	=MOD(INT(ROW(17:17)/2),3)+1

图 16-8　1~3 循环重复 2 次

16.4　案例：保留日期或时间部分

第 10 章讲过，日期和时间就是数字，那么在某些情况下，处理数字的函数也适用于处理日期和时间，如 C48 单元格的数据 2017/8/12 13：28。数据中同时含有日期和时间，我们用什么办法可以把日期和时间分别提取到不同的单元格中呢？

学习了前面的文本函数，有的读者可能会想到 FIND(" ",C48)，找到这个单元格中"空格"的位置，然后提取空格前面和空格后面的内容。这个思路是值得鼓励的，可是这样写返回的结果为"#VALUE!"，因为日期和时间就是数字，2017/8/12 13：28 这个时间相当于数字 42959.5611111111，在这串数字中没有空格。

我们换个思路，根据日期是整数部分，时间是小数部分，我们用一个方法把整数和小数分别提取出来就可以了。如图 16-9 所示，在 D49 和 D50 单元格中分别输入以下公式，提取日期和时间：

```
=INT(C48)
=MOD(C48,1)
```

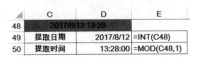

图 16-9　分别提取日期和时间

1 B2 单元格为包含日期和时间的信息"2019/3/20 16：23"，使用 INT 和 MOD 函数从 B2 单元格中分别提取日期和时间。

2 通过函数公式生成有规律的循环与重复。

（1）如练习图 4-1 所示，生成 1，4，7，1，4，7，…的循环序列。

练习图 4-1　生成循环序列

（2）如练习图 4-2 所示，生成 1，1，3，3，5，5，…的重复序列。

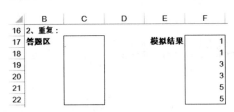

练习图 4-2　生成重复序列

CHAPTER

5

第 5 篇

IF 函数

本篇讲一个功能强大的函数 IF，可以用一句话来描述它：有了 IF 函数，Excel 才拥有了逻辑，拥有了大脑。

假如 Excel 只能留下一个函数，那我选择 IF。单独的一个 IF 函数也不可能完成很多的工作，IF 函数是主旋律，TRUE 和 FALSE 也是我们经常用的两个函数。AND、OR 是用来判断多条件的函数。

IS 类的函数有很多，从实用角度考虑，认识 ISNUMBER 和 ISERROR 就够了。

思维导图

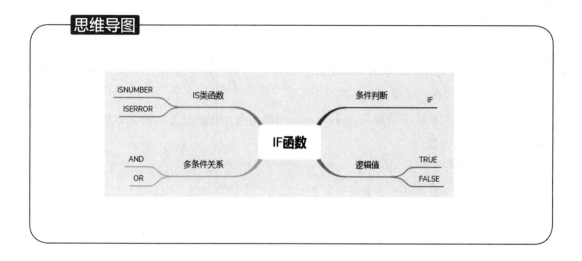

第17章 IF 函数基础应用

IF 函数用来处理逻辑判断的问题，本章从最基础的语法开始，一步步地深入讲解 IF 函数的嵌套、并列等用法。

17.1 基础语法

IF 函数有 3 个参数，它的基础语法为：

```
IF(logical_test, [value_if_true], [value_if_false])
```

IF 用中文翻译过来就是判断是否为对，若判断结果为"对"则执行此命令，若判断结果为"错"则不执行此命令。

17.2 TRUE 和 FALSE 的应用

IF 函数对于逻辑的判断源于 TRUE 和 FALSE。

1. 最基础的结果

我们先简单写两个公式：① =IF(TRUE,"a","b")，它的结果返回 a ；② =IF(FALSE,"a","b")，它的结果返回 b。

先来说说 IF 公式中的第一个参数 TRUE 或 FALSE。上面这两个公式是 IF 函数的根本，所有的条件判断都要返回结果 TRUE 或 FALSE，判断对与错。我们以前见过的条件判断可能是"900>500"这种，它返回结果就是 TRUE。

有了第一个参数判断，于是根据 IF 的语法，当结果为 TRUE 时返回第 2 个参数"a"，若为 FALSE 则返回第 3 个参数"b"。

我们再来看两个公式：① =IF(1,"a","b")，它的结果返回 a；② =IF(0,"a","b")，它的结果返回 b。

第一个参数明明不是 TRUE 和 FALSE，怎么也可以得到计算结果呢？这里要讲一个知识点：在逻辑判断时，所有"非 0 数字"都代表 TRUE，而"数字 0"代表 FALSE，在做数字计算时，TRUE 相当于数字 1，FALSE 相当于数字 0。

那么，IF(1,"a","b") 里面的 1 就相当于 TRUE，而且不仅可以写成 1，还可以写成其他任何非 0 数字。例如，IF(728,"a","b")、IF(3.1415926,"a","b")、IF(-365,"a","b")3 个函数公式的结果都返回 "a"。

2. TRUE 与 FALSE 的结果生成

我们的每一个判断，都会生成一个逻辑结果，如图 17-1 所示。

结果	公式	结果	公式
TRUE	=1500>900	TRUE	=LEFT("abc")="a"
FALSE	=500>900	FALSE	=LEFT("abc")="b"

图 17-1　TRUE 与 FALSE 的结果生成

对于数字大小的判断：

（1）公式 "=1500>900"，返回结果为 TRUE；

（2）公式 "=500>900"，返回结果为 FALSE。

对于文本字符的判断：

（1）公式 "=LEFT("abc")="a""，判断 abc 字符串的第一个字符是否为 a，返回结果为 TRUE。

（2）公式 "=LEFT("abc")="b""，判断 abc 字符串的第一个字符是否为 b，返回结果为 FALSE。

其他还有很多种判断，就像我们平常说话，问 1500 是否大于 900，那么回答一定是 "是" 或 "否"。

17.3　通过逻辑判断是否超出预算

在工作中可能判断是否超出预算，以下将通过分步输入的方式，来演示具体怎样写一个 IF 函数的公式。

1. 案例：超预算判断

前面讲的都是基础，现在用 IF 函数来实战。图 17-2 中，C 列是实际费用，D 列为公司的预算 900 元，那么花费的金额是否超过预算呢？ 我们先做分析。

首先，写下 "=IF("，然后开始判断，如果实际费用大于预算（=IF(C19>D19,），就标注超出预算（=IF(C19>D19,"超出预算"），出现其他情况说明是正常的（=IF(C19>D19,"超出预算","正常"），整个公式的逻辑就是我们判断的逻辑，口中说着就能写出来，最后加上反括号。完整公式如下：

```
=IF(C19>D19,"超出预算","正常")
```

将公式向下复制到 E20 单元格，如图 17-2 所示，第 19 行的 1 500 超预算了，所以返回 "超出预算"，第 20 行的 500 在预算范围内，所以显示 "正常"。

	C	D	E	F
18	实际费用	预算	是否超预算	
19	1500	900	超出预算	
20	500	900	正常	

图 17-2　超预算判断

2. 分数判断

对于考试分数我们做一个简单判断，大于 80 分记为"优"，剩下的记为"其他"。如图 17-3 所示，按照逻辑我们在 D23 单元格中输入公式"=IF(C23>80," 优 "," 其他 ")"。

	C	D	E
22	分数	大于80得优	
23	90	优	
24	70	其他	
25	80	其他	
26	75	优	

图 17-3　分数判断 1

然后将公式向下复制到 D26 单元格，很明显 90 分是优，70、80 都是其他，但 75 分得到的结果也是优！明显不正确。

仔细观察格式，75 所在单元格的左上角有一个"小绿帽子"。"小绿帽子"在这里表示 75 并不是一个纯数字，而是"文本型数字"。在比较大小时，所有的文本都大于数字，所以这个文本型的 75 是大于一切纯数字的。那么，现在该怎么办？

75 既然"化了妆"，我们就让它把"妆"卸掉，回归到数值型。将文本型数字转化成数值型，怎么转？用减负（--）法，如图 17-4 所示，于是公式就变成：

```
=IF(--C23>80," 优 "," 其他 ")
```

	C	D	E
22	分数	大于80得优	
23	90	优	
24	70	其他	
25	80	其他	
26	75	其他	

图 17-4　分数判断 2

修改后，表格中对 75 的判断就正确了，虽然解决了问题，但还是要提醒一下：我们在作基础数据表时，尽量让数据格式保持一致，简化后面的操作。

3. 案例：身份证号信息判断

判断每个人是否是 80 后，出生年份在 1980 年及以后的判定为 80 后，剩下的判定为 80 前。而身份证号码中，第 7~10 位是出生年份，也就是"MID(身份证号 ,7,4)"可以提取出生年份了。

在 E29 单元格中输入公式 "=IF(MID(C29,7,4)>=1980,"80 后 ","80 前 ")"。我们来看看结果，29、30 行的两位同志分别是 80 年和 85 年生人，明显是 80 后，而 31、32 行的同志，都是 79 年生人，应该是 80 前，为什么也显示 80 后？如图 17-5 所示。

图 17-5　80 后判断 1

观察表格可以发现，出现问题的两个单元格的数据为文本型数字。使用 MID 函数提取的数字是文本型，将文本型变成数值型怎么操作？如图 17-6 所示，公式可变为：

=IF(--MID(C29,7,4)>=1980,"80 后 ","80 前 ")

图 17-6　80 后判断 2

我们进一步判断性别，身份证号的倒数第 2 位，也就是正数第 17 位是表示性别的。其中奇数 1、3、5、7、9 表示男性，偶数 2、4、6、8、0 表示女性。使用 IF 函数怎么判断？

再次观察数字的规律，我们可以充分使用之前学过的 MOD 函数。用数字除以 2 取余数，是不是就能得到 1、0 两个数字的循环？如果余数为 1，说明数字是奇数，也就是 1、3、5、7、9，表示男性，其他都是女性。顺着这个思路将公式写下来。

第一步取数字：MID(C29,17,1)。

第二步取余数：MOD(MID(C29,17,1),2)。

第三步判断奇偶性：MOD(MID(C29,17,1),2)=1。

第四步 IF 函数返回结果，如图 17-7 所示，F29 单元格的最终公式为：

=IF(MOD(MID(C29,17,1),2)=1," 男 "," 女 ")

图 17-7　判断性别

将 F29 单元格的公式向下复制到 F32 单元格，可以看到结果完全正确。到这里还没完，我们还可以给它"瘦身"：

```
=IF(MOD(MID(C29,17,1),2),"男","女")
```

把 "=1" 删除，结果仍然完全一致，为什么？本章开始时已经铺垫过了，所有的非 0 数字代表 TRUE，数字 0 代表 FALSE。而 MOD 部分的结果恰好就是 1 和 0，我们可以将其看成 TRUE 和 FALSE，不必再判断是否等于 1，直接就可以返回男和女。

"会用"与"高手"之间，有时就差这两个字符。

17.4 案例：利用 AND、OR 函数计算公司福利发放金额

前面所有的判断都是基于一个条件来完成的，当我们有多个条件约束时怎么办？这时 AND 和 OR 就可以来帮忙。从英文翻译上 AND 表示"和"，OR 表示"或"。

1. 基础语法

AND 函数和 OR 函数的语法分别为：

```
AND(logical1, [logical2], ...)
OR(logical1, [logical2], ...)
```

它们的共同点：其中的参数都是逻辑值，可以是 1~255 个。其实，我们只要知道中间的参数是逻辑值就足够了，因为如果你的判断条件需要 255 个才能分析出来，那么还是放弃用 Excel 吧，太复杂了。

它们的不同点：AND 函数要求每一个逻辑值都为 TRUE，结果才为 TRUE，而 OR 函数则只要求其中的逻辑值有一个为 TRUE，结果就会为 TRUE。

注意一点，AND 函数和 OR 函数返回的结果，一般情况下只能是 TRUE 和 FALSE。当其中的参数不是逻辑值时，会返回错误值"#VALUE!"。

这一点很重要，因为有很多初学者，会按照自己的想法，把 AND 赋予了其他的功能，这是行不通的，我们在第 20.1 节讲条件统计函数时，会具体讲一下原因。

下面演示这两个函数的结果。

（1）公式"=AND(TRUE,TRUE,TRUE)"，结果返回 TRUE，因为条件全是 TRUE。

（2）公式"=AND(TRUE,FALSE,TRUE)"，结果返回 FALSE，条件中有一个 FALSE。

（3）公式"=AND(FALSE,FALSE,FALSE)"，结果返回 FALSE，条件中全 FALSE，所以是 FALSE。

（4）公式"=OR(TRUE,TRUE,TRUE)"，结果返回 TRUE，因为条件全是 TRUE。

（5）公式“=OR(TRUE,FALSE,TRUE)”，结果返回 TRUE，条件中至少有一个 TRUE。

（6）公式“=OR(FALSE,FALSE,FALSE)”，结果返回 FALSE，条件全是 FALSE，所以返回 FALSE。

2. 发放奖励

来看看 AND 和 OR 函数在实际工作中使用的案例，公司在妇女节发放节日奖励，所有的女性或 50 岁以上的员工，每人奖励 200 元。

我们首先要判断条件为女性或 50 岁以上员工，这二者满足其一即可，所以想到了 OR 函数，于是有“OR(C41=" 女 ",D41>50)”，将它作为 IF 函数的第一参数，满足这个条件发 200 元，不满足条件发 0 元，如图 17-8 所示，由此得出 E41 单元格的公式：

```
=IF(OR(C41=" 女 ",D41>50),200,0)
```

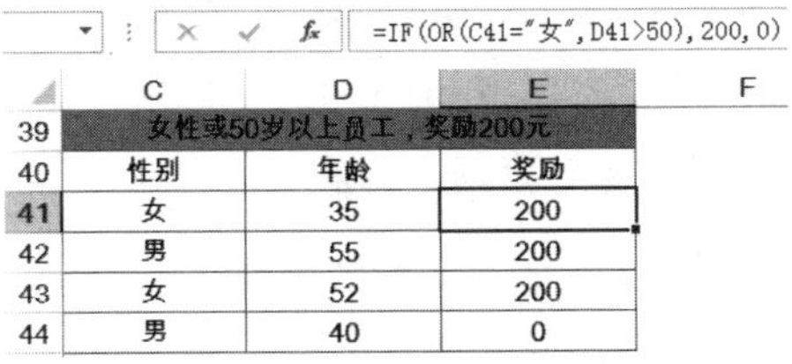
=IF(OR(C41="女",D41>50),200,0)

	C	D	E
39	女性或50岁以上员工，奖励200元		
40	性别	年龄	奖励
41	女	35	200
42	男	55	200
43	女	52	200
44	男	40	0

图 17-8　发放奖励 1

继续看另一种奖励，公司奖励 50 岁以上的男员工每人 200 元。这里就要同时满足 50 岁以上和男员工这两个条件，所以用 AND 函数判断，“AND(C48=" 男 ",D48>50)”，同样把它作为 IF 函数的第一参数，满足这个条件发 200 元，不满足条件发 0 元，如图 17-9 所示，由此得出 E48 单元格的公式：

```
=IF(AND(C48=" 男 ",D48>50),200,0)
```

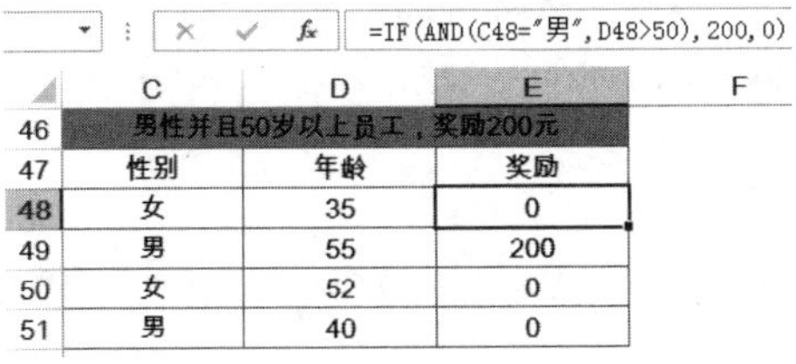
=IF(AND(C48="男",D48>50),200,0)

	C	D	E
46	男性并且50岁以上员工，奖励200元		
47	性别	年龄	奖励
48	女	35	0
49	男	55	200
50	女	52	0
51	男	40	0

图 17-9　发放奖励 2

第18章 IF 函数嵌套与并列

前面讲解的案例中用一个 IF 函数就能解决问题，然而在实际工作中，可能会涉及更多或更复杂的判断条件，这时就需要 IF 函数做一些嵌套操作了。

18.1 案例：使用 IF 的嵌套与并列两种思路计算分数等级

分数等级对照表如图 18-1 所示。C 列是相应的得分情况，现在需要根据每个同学的得分计算他们的等级，在 E13:E15 单元格区域完成，下面将公式一步步写出来。

首先，判断 90 分及以上，我们在 E13 单元格中输入"=IF(C13>=90,"A","。这里先不写 IF 的第 3 个参数，先来厘清思路。

IF 的第三个参数是当第一个参数判断条件为 FALSE 时，才执行的语句，那么对 C13>=90 的判断，如果结果为 FALSE，说明 C13 单元格一定是一个小于 90 的数字，那么后面的判断都是在这个前提的条件下进行的。

分数	等级
90分及以上	A
80分及以上	B
70分及以上	C
60分及以上	D
60分以下	E

图 18-1　分数等级对照表

	C	D	E
12	得分	模拟结果	等级
13	95	A	A
14	70	C	C
15	28	E	E

图 18-2　分数等级

现在开始判断 80 分及以上的情况，公式为：

```
=IF(C13>=90,"A",IF(C13>=80,"B",
```

我们判断 80 分以上，并没有额外判断是否小于 90 分，因为上一步过程都解决了。

以上两步都明白了，就接着完善公式：

```
=IF(C13>=90,"A",IF(C13>=80,"B",IF(C13>=70,"C",IF(C13>=60,"D",
```

在这里停一下，前面的每一个都有单独的判断，那么对于最后一个 60 分以下的，还要多写一步"IF(C13<60,…)"吗？明显不用，前面判断完了，剩下的就都是 60 分以下了：

```
=IF(C13>=90,"A",IF(C13>=80,"B",IF(C13>=70,"C",IF(C13>=60,"D","E"
```

好了，整体结构完成了，现在就剩下写 IF 嵌套了，到底有几个反括号？我们写出来看一下：

```
=IF(C13>=90,"A",IF(C13>=80,"B",IF(C13>=70,"C",IF(C13>=60,"D","E"))))
```

最后将 E13 单元格的公式向下复制到 E15 单元格，即可得到每个分数对应的等级。

多层嵌套最让人头疼的就是最后到底要用多少个反括号？那么有没有方法可以不用数反括号的个数呢？有，方法就是 IF 的并列。

这次还是一步步来，首先写：

```
=IF(C13>=90,"A","")
```

上面的公式中左括号和右括号是齐全的，是一个完整的 IF 函数公式，我们只用它来判断 C13 单元格的得分是否在 90 分以上，如果满足就返回 A，不满足就返回空白（""）。下面接着来判断 80 分以上。

```
=IF(C13>=90,"A","")&IF(AND(C13>=80,C13<90),"B","")
```

公式里对 80 分及以上用了完整的判断 AND(C13>=80,C13<90)，之前写 IF 嵌套公式时，因为有继承的关系，只要判断 C13>=80 就够了，不用额外判断是否小于 90。而这里我们将条件扁平化，不存在任何继承关系，每一个语句都是独立的，并且只做一件事情。另外，表示某个区间范围，要用这种 AND(C13>=80,C13<90) 的形式，分别判断大于谁、小于谁，而不能使用数学的方法"80<=C13<90"表示，根据 Excel 的计算规则，这个判断式的结果恒为 FALSE，因为"80<=C13"是一个逻辑判断，它的结果是逻辑值 TRUE 或 FALSE，无论哪一个与 90 比较形成"逻辑值 <90"都是错的，因为逻辑值大于数字，所以最终结果一定为 FALSE。

然后我们将每一个独立的 IF 语句用"胶水"& 粘在一起，继续完善公式，一直判断到 60 分及以上：

```
=IF(C13>=90,"A","")&IF(AND(C13>=80,C13<90),"B","")&IF(AND(C13>=70,C13<80)
,"C","")&IF(AND(C13>=60,C13<70),"D","")
```

到这里要注意细节，最后对 60 分及以上部分的判断，不能随手写成"IF(AND(C13>=60,C13<70),"D","E")"，这个公式的意思是只要分数不在 60~70 之间，结果就会返回 E，并不是说 60 分以下才返回 E。前面说过条件扁平化，每一个语句只做一个事情。所以最后的完整公式为：

```
=IF(C13>=90,"A","")&IF(AND(C13>=80,C13<90),"B","")&IF(AND(C13>=70,C13<80)
,"C","")&IF(AND(C13>=60,C13<70),"D","")&IF(C13<60,"E","")
```

有人会问："这么写有什么用？比刚才的公式长了很多，还麻烦。"

有没有感觉到，这个公式不会被反括号的数量困扰。我们再给它化个"妆"，在公式中每一个 & 前面都输入一个软回车，即按【Alt+Enter】组合键，最终的效果如图 18-3 所示，有没有感觉逻辑顿时清晰了？

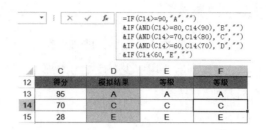

	C	D	E	F
12	得分	模拟结果	等级	等级
13	95	A	A	A
14	70	C	C	C
15	28	E	E	E

图 18-3　IF 公式排版

结合【F9】键，我们分步来看公式的计算结果，以 F14 单元格判断 70 分为例。选中 "IF(C13>=90,"A","")" 部分，按下【F9】键，可以看到返回空。继续选中 "IF(AND(C13>=80,C13< 90),"B","")"，按下【F9】键，同样返回空。然后选中 "IF(AND(C13>=70,C13<80),"C","")" 部分，70 分是在这个范围内的，按下【F9】键，结果返回 "C"。最后分别选中 "IF(AND(C13>=60, C13<70),"D","")" 和 "IF(C13<60,"E","")" 部分，按下【F9】键，结果同样都是空，分步演示过程如图 18-4 所示。

图 18-4　IF 函数分步演示

在写公式时，保持逻辑清晰是一个很好的习惯，毕竟工作不是为了炫耀。一旦你的公式逻辑需要修改，就能直观地看出问题出在哪里，而不是花一上午的时间把自己曾经写的公式读懂。

案例：使用 IF 函数并列的套路计算福利

本节我们介绍一个工作中较为复杂的逻辑判断。

公司发福利，女员工（50 岁及以及下）发 200 元；50 岁以上的男员工发 200 元；50 岁以上的女员工发 400 元，如图 18-5 所示。

	C	D	E	F	G
24	姓名	性别	年龄	模拟结果	直解
25	刘备	男	49	0	0
26	曹操	男	55	200	200
27	孙权	男	28	0	0
28	孙尚香	女	25	200	200
29	吴国太	女	56	400	400

图 18-5　福利发放

分析条件，第一条女员工发 200 元，结合后面的内容可以发现，这句话实际上是指 50 岁及以下女员工发 200 元。

写函数公式的第一步，永远不是直接写公式，而是分析。分析之后，再顺着思路把公式写出来。

先看第一个条件，50 岁及以下女员工福利 200 元，于是 G25 单元格的公式为：

```
=IF(AND(D25="女",E25<=50),200,0)
```

我们还是将每一个条件扁平化，一个语句只做一件事情。这里面有一个细节需要注意，IF 函数的第三个参数并没有写文本的空（""），而是写的数字 0，因为这里面的结果都是数字，0 加上任何数字的结果仍然是该数字，所以写 0。当结果是文本字符时写空（""）。

再来看第二个条件，50 岁以上的男员工，发 200 元：

```
IF(AND(D25="男",E25>50),200,0)
```

第三个条件，50 岁以上的女员工，发 400 元：

```
IF(AND(D25="女",E25>50),400,0)
```

分析完了，把它们组合在一起，用什么连接呢？用"胶水"& 把它们粘到一起？这里用 & 就不合适了，以 G26 单元格为例，如果写 &，那么曹操的对应结果为"02000"。

这里是数字，0 加上任何数字都等于该数字，所以使用加号（+）。最终公式应为：

```
=IF(AND(D25="女",E25<=50),200,0)+IF(AND(D25="男",
E25>50),200,0)+IF(AND(D25="女",E25>50),400,0)
```

我们再调整一下，在加号前面输入软回车【Alt+Enter】，如图 18-6 所示。

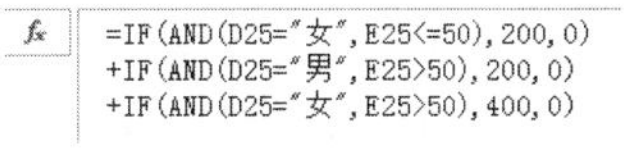

如果不使用这种 IF 并列的方式，而是用嵌套的方式，考虑一下怎么写，逻辑上是否能够比这个更清晰？

我们对公司政策再次解读，会发现一个规律：女员工 200 元，50 岁以上员工再加 200 元。针对这个条件，可以写下公式：

图 18-6 福利发放公式调整

```
=IF(D25="女",200,0)+IF(E25>50,200,0)
```

这样的公式足够短，不过实用性很一般。

> 提示 在 Office 365 和最新的 Excel 2019 中，有新的 IFS 函数可以直接处理并列条件的问题，不过由于版本限制，IFS 函数并不通用。

18.3 案例：IF 函数计算个人所得税

个人所得税的计算是一个常见的问题，最常使用的是减去速算扣除数的方法，如图 18-7 所示，这是 2019 年税收政策的各金额对应的税级。

2019个税对应税额

级数	全年应纳税所得额	税率(%)	速算扣除数
1	不超过36000元的部分	3	0
2	超过36000元至144000元的部分	10	2520
3	超过144000元至300000元的部分	20	16920
4	超过300000元至420000元的部分	25	31920
5	超过420000元至660000元的部分	30	52920
6	超过660000元至960000元的部分	35	85920
7	超过960000元的部分	45	181920

图 18-7　个税计算对照表

这里列出几种计算方式，简单地做下说明，如图 18-8 所示。其中，引用的 A 列是全年应纳税所得额，B~E 列是通过 4 种方法计算个人所得税。F 列是税后年收入，其计算公式为全年应纳税所得额 – 个人所得税 +60000 元。

	A	B	C	D	E	F
12	全年应纳税所得额	IF嵌套	IF并列	MAX	LOOKUP	税后年收入
13	30,000	900	900	900	900	89,100
14	100,000	7,480	7,480	7,480	7,480	152,520
15	150,000	13,080	13,080	13,080	13,080	196,920
16	220,000	27,080	27,080	27,080	27,080	252,920
17	320,000	48,080	48,080	48,080	48,080	331,920
18	460,000	85,080	85,080	85,080	85,080	434,920
19	670,000	148,580	148,580	148,580	148,580	581,420
20	970,000	254,580	254,580	254,580	254,580	775,420
21	1,410,000	452,580	452,580	452,580	452,580	1,017,420

图 18-8　个税计算值

个人所得税的各计算公式如下。

（1）B13 单元格公式，传统的 IF 嵌套，优点就是学会一个 IF 函数就够了，缺点是括号太多。公式如下：

```
=IF(A13<=36000,A13*3%,IF(A13<=144000,A13*10%-2520,IF(A13<=300000,A13*20%-16920,IF(A13<=420000,A13*25%-31920,IF(A13<=660000,A13*30%-52920,IF(A13<=960000,A13*35%-85920,A13*45%-181920))))))
```

（2）C13 单元格公式，IF 函数的并列，优点是逻辑清晰，尤其排版后更是一目了然，缺点是公式编写太长了。公式如下：

```
=IF(A13<=36000,A13*3%,0)+IF(AND(A13>36000,A13<=144000),A13*10%-2520,0)+IF(AND(A13>144000,A13<=300000),A13*20%-16920,0)+IF(AND(A13>300000,A13<=420000),A13*25%-31920,0)+IF(AND(A13>420000,A13<=660000),A13*30%-52920,0)+IF(AND(A13>660000,A13<=960000),A13*35%-85920,0)+IF(A13>960000,A13*45%-181920,0)
```

排版后的公式如图 18-9 所示，全部都一目了然，而且便于以后修改。

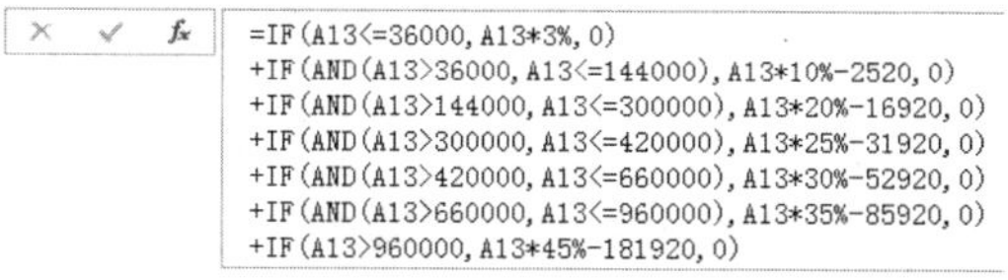

图 18-9　个人所得税 IF 函数排版

（3）D13 单元格公式，目前网络上流行的最简短公式，优点是足够短，缺点是容易写错。公式如下：

```
=MAX(ROUND(A13*5%*{0.6,2,4,5,6,7,9}-120*{0,21,141,266,441,716,1516},2),0)
```

（4）标准的 LOOKUP 查找公式，优点是公式工整，更改也较为简便，缺点是需要额外学习 LOOKUP 的使用原理。公式如下：

```
=LOOKUP(A13,{0,36000,144000,300000,420000,660000,960000}
,A13*{3,10,20,25,30,35,45}%-{0,2520,16920,31920,52920,85920,181920})
```

18.4　案例：使用 IS 类函数判断行业类别

IS 类的函数，都是以 "IS" 开头的函数，在 Excel 中有十几个，如图 18-10 所示。

ISBLANK
ISERR
ISERROR
ISEVEN
ISFORMULA
ISLOGICAL
ISNA
ISNONTEXT
ISNUMBER
ISODD
ISREF
ISTEXT

图 18-10　IS 类函数

在实际工作中，经常用到的主要有两个：ISERROR 函数和 ISNUMBER 函数。下面聊聊这两个函数的用法。

1. 基础语法

ISNUMBER 函数判断数字，它的基础语法为：

```
ISNUMBER(value)
```

ISERROR 函数判断错误值，它的基础语法为：

```
ISERROR(value)
```

所有的 IS 类函数的语法与这两个都一致，意思都是在问"是不是"，我们完全可以从英语的语法的角度来解释它们。例如，ISNUMBER 函数就像在问 value 值"是不是数字"，你只要回答"是"或"不是"就可以了，所以它返回的结果只有 TRUE 和 FALSE。

同样，ISERROR 函数就像在问"是不是错误"，结果也只能是 TRUE 和 FALSE，其他各个 IS 类函数全都类似。

2. 基础示例

语法已经知道了，下面来看不同值的返回结果，先看看 ISNUMBER 对于不同参数的处理。

首先是 100，很明显是数字，所以结果为 TRUE。

其次是加双引号的 100，这就是文本型数字了，所以不是 ISNUMBER 要处理的参数，返回 FALSE。

最后是"你好"和"#N/A"，很明显不是数字，所以返回 FALSE。计算结果如图 18-11 所示。

=ISNUMBER(100)	TRUE
=ISNUMBER("100")	FALSE
=ISNUMBER("你好")	FALSE
=ISNUMBER(#N/A)	FALSE

图 18-11　ISNUMBER 返回结果

再来看看 ISERROR 函数对不同参数的处理。

不管是数值型还是文本型的 100，ISERROR 函数都在问你是不是错误值，如果不是，就返回 FALSE。

即使你说了"你好""我爱你"等，与 ISERROR 套近乎也无济于事，只要都不是错误值，那么结果就是 FALSE。

"#N/A"与"#VALUE!"都是错误值，所以结果为 TRUE。计算结果如图 18-12 所示。

=ISERROR(100)	FALSE
=ISERROR("100")	FALSE
=ISERROR("你好")	FALSE
=ISERROR(#N/A)	TRUE
=ISERROR(#VALUE!)	TRUE

图 18-12　ISERROR 返回结果

注意，错误值不要与 FALSE 搞混，它一般都是以"#"开头的，在计算过程中发生了某种错误，而 FALSE 是一个逻辑值，只是用来表示否定。ISERROR(FALSE) 的结果也是 FALSE。

3. 是否为银行行业

我们来做一个简单示例，使用公式来判断是否为银行行业，如果公司名称中含有"银行"二字，就表示为银行行业，否则表示为非银行行业，如图 18-13 所示。

	C	D	E
21	公司清单	ISNUMBER	ISERROR
22	中国石油化工股份有限公司	非银行行业	非银行行业
23	中国石油天然气股份有限公司	非银行行业	非银行行业
24	中国建筑股份有限公司	非银行行业	非银行行业
25	中国移动有限公司	非银行行业	非银行行业
26	中国工商银行股份有限公司	银行行业	银行行业
27	中国铁建股份有限公司	非银行行业	非银行行业
28	中国建设银行股份有限公司	银行行业	银行行业
29	中国银行股份有限公司	银行行业	银行行业

图 18-13　是否银行行业

判断一个单元格中是否包含“银行”二字，怎么操作？可以用 FIND 函数或 SEARCH 函数。高手一般都用 FIND 函数，因为可以少 2 个字符，公式更短。

首先在 D22 单元格中输入公式“=FIND(" 银行 ",C22)”，并向下复制到 D29 单元格，结果如图 18-14 所示。它的返回结果有两类值：第一类是 C 列对应的单元格中含“银行”二字的，那就返回“银行”在 C 列单元格字符串中所处的位置，不管在哪，只要是一个数字就是对的，如 D26 单元格的结果；第二类是 C 列对应的单元格中不含“银行”二字的，找不到的情况下就会返回错误值“#VALUE!”，如 D22 单元格的结果。

=FIND("银行",C22)

	C	D
21	公司清单	找"银行"
22	中国石油化工股份有限公司	#VALUE!
23	中国石油天然气股份有限公司	#VALUE!
24	中国建筑股份有限公司	#VALUE!
25	中国移动有限公司	#VALUE!
26	中国工商银行股份有限公司	5
27	中国铁建股份有限公司	#VALUE!
28	中国建设银行股份有限公司	5
29	中国银行股份有限公司	3

图 18-14　查找“银行”位置

有了上一步做基础，我们继续判断，如果 FIND 部分返回的是数字，那么说明找到了“银行”二字，那就应该返回“银行行业”，否则返回“非银行行业”。要用公式“ISNUMBER(FIND(" 银行 ",C22))”判断是不是数字，最后用 IF 返回结果，D22 单元格最终的公式为：

```
=IF(ISNUMBER(FIND(" 银行 ",C22)),"银行行业 "," 非银行行业 ")
```

上面的分析已经很清楚了，那是否还有其他思路？我们可以用 ISERROR 针对错误值进行判断，如果 FIND 部分返回的是错误值，说明没有找到“银行”，那么为“非银行行业”，否则为“银行行业”：

```
=IF(ISERROR(FIND(" 银行 ",C22)),"非银行行业 "," 银行行业 ")
```

截至目前，我们一共学了 50 多个函数。本篇是最后一次大批量学习新函数的课程了，从第六篇开始到本书结束，我们只讲十几个函数。但是前面的内容是根基，希望读者能学会分析问题的方法，培养分步写函数公式的习惯。

1. 结合 IF 函数做九九乘法表，如练习图 5-1 所示，在 B2 单元格中输入一个公式，并复制到 B2:J10 单元格区域完成。

	A	B	C	D	E	F	G	H	I	J
1		1	2	3	4	5	6	7	8	9
2	1	1*1=1								
3	2	1*2=2	2*2=4							
4	3	1*3=3	2*3=6	3*3=9						
5	4	1*4=4	2*4=8	3*4=12	4*4=16					
6	5	1*5=5	2*5=10	3*5=15	4*5=20	5*5=25				
7	6	1*6=6	2*6=12	3*6=18	4*6=24	5*6=30	6*6=36			
8	7	1*7=7	2*7=14	3*7=21	4*7=28	5*7=35	6*7=42	7*7=49		
9	8	1*8=8	2*8=16	3*8=24	4*8=32	5*8=40	6*8=48	7*8=56	8*8=64	
10	9	1*9=9	2*9=18	3*9=27	4*9=36	5*9=45	6*9=54	7*9=63	8*9=72	9*9=81

练习图 5-1　九九乘法表

2. 如练习图 5-2 所示，根据 B 列的员工级别及 C 列的销量，计算销售员的提成。

（1）初级员工，销量 >=30 台，每台提成 400 元；不足 30 台，每台提成 220 元。

（2）高级员工，销量 >=30 台，每台提成 500 元；不足 30 台，每台提成 280 元。

（3）资深员工，销量 >=30 台，每台提成 600 元；大于等于 20 台，每台提成 500 元；不足 20 台，每台提成 100 元。

	A	B	C	D	E
1	员工	员工级别	销量	提成	模拟答案
2	罗贯中	资深	21		10500
3	刘备	资深	11		1100
4	法正	高级	12		3360
5	吴国太	初级	32		12800
6	陆逊	高级	45		22500
7	吕布	高级	27		7560
8	张昭	初级	11		2420
9	袁绍	高级	12		3360
10	孙策	初级	47		18800
11	孙权	资深	25		12500
12	庞德	资深	37		22200
13	荀彧	高级	30		15000

练习图 5-2　销售提成

CHAPTER

6

第 6 篇

条件统计函数

本篇会着重讲解 COUNTIFS 函数和 SUMIFS 函数，这两个函数分别表示按条件计数和按条件求和，与这两个函数相似的是 AVERAGEIFS 函数，它与 SUMIFS 函数的语法完全一致，功能是按条件求平均值。

我们可以这样记忆 3 个函数：它们末尾都带有 S，可以称它们为"流氓三兄弟"，因为读起来都是"衣服撕"（IFS），听起来有点像"流氓"。

在英语中带有"S"的一般表示复数，也就是说它们不仅可以对单条件做统计，还可以对多条件做统计。不以"S"结尾的 3 个函数是单条件统计函数，认识即可，COUNTIF 和 SUMIF 这两个函数是属于 Excel 2003 版及以前的，AVERAGEIF 是 Excel 2007 版新增的。Excel 2007 版之后，有了"流氓三兄弟"，这 3 个单条件统计函数就没有必要再使用了，可直接忽略。

思维导图

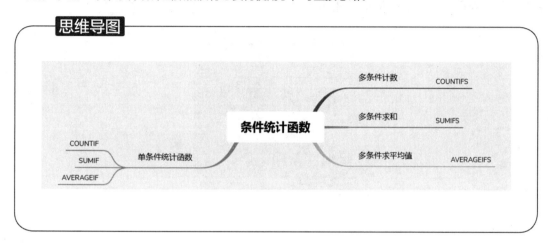

第 **19** 章　COUNTIFS 基础应用

本章讲解 COUNTIFS 函数的按条件计数功能，并分别对字符串、数字、日期等信息进行相应的统计。

19.1　基础语法

COUNTIFS 函数的基础语法为：

```
COUNTIFS(criteria_range1, criteria1, [criteria_range2, criteria2]…)
```

其中，criteria_range 代表要统计的条件区域，criteria 代表要统计的参数，用来定义将对哪些单元格进行计数。

每一个 criteria_range 参数的区域都必须具有相同的行数和列数。这里要注意，它的参数是"成对"出现的。另外，COUNTIFS 支持 127 对条件统计，这个知识点仅作了解即可，日常的工作不会用到这么复杂的条件。

19.2　分别对字符串、数字、日期进行统计

如图 19-1 所示，C11:F24 单元格区域是基础数据源，C 列为组别，D 列为姓名，E 列为销售日期，F 列为销售金额，接下来对这部分数据做相应的统计。

	C	D	E	F
11	组别	姓名	销售日期	销售金额
12	一组	马岱	2016/2/3	4,000
13	一组	黄月英	2016/2/3	3,000
14	一组	黄忠	2016/2/22	3,000
15	一组	黄盖	2016/3/22	6,000
16	二组	孙乾	2016/2/3	8,000
17	二组	许褚	2016/2/24	5,000
18	二组	张飞	2016/3/8	7,000
19	二组	黄承彦	2016/3/9	5,000
20	二组	徐庶	2016/3/10	5,000
21	二组	郭嘉	2016/3/31	4,000
22	三组	黄权	2016/1/3	8,000
23	三组	马超	2016/2/4	4,000
24	三组	庞统	2016/2/5	6,000

图 19-1　数据源区域

1. 案例：统计汉字

首先来统计一组的人数。换成 Excel 的语言，就可以翻译成 C 列有多少个单元格是"一组"。如图 19-2 所示，在 I12 单元格中输入公式：

```
=COUNTIFS(C12:C24," 一组 ")
```

图 19-2　统计汉字 1

在统计汉字的时候，可以直接输入相应的文字，并在文字两侧加上英文状态下的双引号。这是统计一个组的情况，要想统计多个组，不用每个参数都手动输入，可以提前在单元格中输入相应的参数，如图 19-3 所示，H14:H16 单元格区域是需要统计的组别信息，在 I14 单元格中输入以下公式并向下复制到 I16 单元格。

```
=COUNTIFS($C$12:$C$24,H14)
```

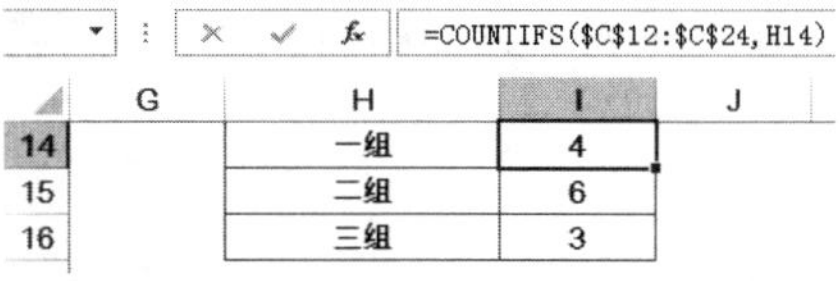

图 19-3　统计汉字 2

它的计算过程：首先，引用 H14 单元格的值，将 H14 变为文本字符串 " 一组 "；其次，公式变为"=COUNTIFS($C$12:$C$24," 一组 ")"；最后，进一步完成统计。

这里再次提示，只要涉及公式复制，就一定要想到"图钉"的问题。以上就是最基础的 COUNTIFS 函数的统计。

2. 案例：统计数字

条件统计函数不仅可以统计汉字，还可以统计数字。下面对数据源中 F 列的销售金额进行统计，分别统计"大于 5 000""等于 5 000""小于等于 5 000"的条件下各有多少人。在 I19 单元格中输入公式：

```
=COUNTIFS($F$12:$F$24,">"&5000)
```

可以看到数据源 F 列中有 5 个是大于 5 000 的。在统计数字的时候，通过添加比较运算符统计数字的范围。注意一个细节，这里 COUNTIFS 的第 2 个参数使用的是 ">"&5000，将比较运算符和数字两部分分开，中间用"胶水"（&）连接。那么，此处是否可以不用 &，直接连在一起呢？

当然可以，公式可以写成"=COUNTIFS($F$12:$F$24,">5000")"，但是在函数公式初学阶段，连在一起写很容易出现错误，本节后面会讲到这个问题。如果碰到比较运算符号，还是建议将它与相应的参数分开写。

在 I20 单元格中输入以下公式，统计等于 5 000 的人数：

```
=COUNTIFS($F$12:$F$24,"="&5000)
```

将比较运算符和参数分开写，当然在统计"等于"的时候可以将等号去掉，变为：

```
=COUNTIFS($F$12:$F$24,5000)
```

在 I21 单元格中输入以下公式，统计小于等于 5 000 的人数：

```
=COUNTIFS($F$12:$F$24,"<="&5000)
```

计算结果如图 19-4 所示。

	G	H	I	J
18		2、统计数字		
19		大于5000元	5	=COUNTIFS($F$12:$F$24,">"&5000)
20		等于5000元	3	=COUNTIFS($F$12:$F$24,"="&5000)
21		小于等于5000元	8	=COUNTIFS($F$12:$F$24,"<="&5000)

图 19-4　统计数字 1

> **提示**　并不是只有统计数字的时候可以使用比较运算符，统计汉字的时候也是可以的，如公式"=COUNTIFS(D12:D24,">"&"徐庶")"，返回结果为2，因为汉字一般是根据每个字的汉语拼音读法，按照 26 个英文字母的顺序从小到大排列的，数据源中比"徐庶"大的有"许褚"和"张飞"，所以结果为2。不过工作中很少会用到这种方式统计汉字。

做数字统计时，不仅可以直接在公式中输入条件，还可以将条件放在单元格中，然后直接引用，如图 19-5 所示，H23:H25 单元格区域分别为">5000""5000""<=5000"。在 I23 单元格中输入以下公式，并向下复制到 I25 单元格，完成相应的数据区间的统计。

```
=COUNTIFS($F$12:$F$24,H23)
```

		✕ ✓	fx	=COUNTIFS($F$12:$F$24,H23)
	G	H		I
23		>5000		5
24		5000		3
25		<=5000		8

图 19-5　统计数字 2

可以看到与之前的统计结果完全一致，这样做有一个好处，以后如果需要修改统计条件，可以不用修改公式，直接在 H23:H25 的相应单元格中修改即可，既直观又快捷。在实际工作中，也尽量把问题考虑全面，做到函数公式一步到位，以后只需在表格相应的参数区域修改就可以。

继续看一种统计数据的方式，如图 19-6 所示，在 H27 单元格中输入统计的分隔点，数字 5 000，然后还是分别统计"大于""等于""小于等于"三组数字。在 I27 单元格中输入公式：

```
=COUNTIFS($F$12:$F$24,">"&H27)
```

	G	H	I	J
27		5000	5	=COUNTIFS($F$12:$F$24,">"&H27)
28			3	=COUNTIFS($F$12:$F$24,"="&H27)
29			8	=COUNTIFS($F$12:$F$24,"<="&H27)

图 19-6　统计数字 3

注意观察，这就涉及之前埋的伏笔，为什么要求大家将比较运算符和参数分开写。很多人会将公式写成"=COUNTIFS($F$12:$F$24,">H27")"。公式乍一看，好像没问题，可是这个公式返回的结果为 0。为什么呢？这就要说一下"活性"的问题了。

H27 没有在双引号中，它保持了自己的"活性"，代表引用的是相应单元格，而一旦把它放在了双引号中，它就变成了一个"木乃伊"，不再具有"活性"。">H27"统计的并不是大于 H27 单元格的那个数字 5 000，而是大于"H27"这 3 个字符的数据。在 COUNTIFS 的统计中，它先判断条件的数据类型，发现数据类型是文本，而 F12:F24 单元格区域中全都是数字，没有文本，所以结果为 0。

我们使用函数是为了减少错误，所以在对函数尚不熟悉的情况下，把比较运算符和参数分开写，中间用"胶水"（&）粘在一起，这样能减少 70% 的错误。

继续完成另外两个统计，在 I28 单元格和 I29 单元格分别输入公式：

```
=COUNTIFS($F$12:$F$24,"="&H27)
=COUNTIFS($F$12:$F$24,"<="&H27)
```

当统计修改为以 3 000 为分隔点的时候，只需将 H27 单元格修改为 3 000，其他公式完全不用改动，就能完成工作，如图 19-7 所示。

	G	H	I	J
27		3000	11	=COUNTIFS($F$12:$F$24,">"&H27)
28			2	=COUNTIFS($F$12:$F$24,"="&H27)
29			2	=COUNTIFS($F$12:$F$24,"<="&H27)

图 19-7　修改参数

3. 案例：统计日期

下面继续看统计日期的方式，为了方便查看页面，我们在 C33:F46 单元格区域建立相同的数据源，如图 19-8 所示。

	C	D	E	F
33	组别	姓名	销售日期	销售金额
34	一组	马岱	2016/2/3	4,000
35	一组	黄月英	2016/2/3	3,000
36	一组	黄忠	2016/2/22	3,000
37	一组	黄盖	2016/3/22	6,000
38	二组	孙乾	2016/2/3	8,000
39	二组	许褚	2016/2/24	5,000
40	二组	张飞	2016/3/8	7,000
41	二组	黄承彦	2016/3/9	5,000
42	二组	徐庶	2016/3/10	5,000
43	二组	郭嘉	2016/3/31	4,000
44	三组	黄权	2016/1/3	8,000
45	三组	马超	2016/2/4	4,000
46	三组	庞统	2016/2/5	6,000

图 19-8　数据源区域

统计销售日期在 2016 年 2 月的人数。先把公式写下来，再慢慢分析，如图 19-9 所示，在 I33 单元格中输入公式：

```
=COUNTIFS($E$34:$E$46,">="&"2016-2-1",$E$34:$E$46,"<"&"2016-3-1")
```

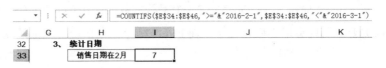

图 19-9　统计日期 1

这个函数需要注意以下几个方面。

（1）回顾下第 10 章讲的日期函数，日期和时间的本质就是数字。统计某一区间日期，就相当于统计两个数字之间的数量，于是用到了"掐头去尾"的方式。

（2）这种快速输入日期的方式，必须用英文状态下的双引号引起来，否则它不表示日期，而只是一个普通的数字减法。如果这种方式掌握不好，那就规规矩矩使用 DATE 函数，如 DATE(2016,2,1)，可以减少错误。

（3）这个数据源中的数据都是日期，不包含时间的部分，所以用 "">"&"2016-1-31"" ""<="&"2016-2-29"" 等不同的固定首、尾的方式都可以。但如果数据源中的数据含有时间，如 "2016-1-31 15：28" "2016-2-29 09：07" 等，则必须采用公式中 ">= 本月的 1 日 < 下个月 1 日" 的日期方式，这样的统计是最准确的。就好像统计分数的时候，80 分到 90 分之间为良，如果大家的得分都是整数，那么 ">79" "<=89" 等方式都可以，但当分数中包括 79.5、89.5 等小数的时候，只能用 ">=80" "<90" 来表达最准确的区间。

（4）COUNTIFS 可以多次对同一区域进行引用。

有人问："统计的公式太长了，可不可以用 MONTH 函数把日期的月份提取出来，然后用 COUNTIFS 函数统计其中有多少月份等于 2？"

我们动手试一下就知道答案了。按照此方法写下公式 "=COUNTIFS(MONTH(E34：E46),2)"，然后按下【Enter】键，系统出现了错误提示，如图 19-10 所示。

图 19-10　公式错误提示

公式的逻辑没有问题，那到底是哪里出错了呢？

MONTH(E34：E46) 的结果是 {2;2;2;3;2;2;3;3;3;3;1;2;2}，这是一个数组，而 COUNTIFS 中的第 1 个参数是 criteria_range。注意，"range"的意思是一个区域，所以 COUNTIFS 的第 1，3，5，7，…参数是不支持数组的，必须是区域，即必须是在 Excel 表格中画出来一片单元格区域。与它有相同要求的参数还有 ref、reference。

有了第一个统计日期的基础，我们继续操作。统计的时候，不可能每一个月份都手动输入，更多的情况是在单元格中输入 1 月、2 月、3 月等内容，然后完成相应的统计，如图 19-11 所示。在 I36 单元格中输入以下公式，并向下复制到 I38 单元格：

```
=COUNTIFS($E$34:$E$46,">="&DATE(2016,LEFTB(H36,2),1),$E$34:$E$46,"<"&DATE
(2016,LEFTB(H36,2)+1,1))
```

	G	H	I
35		月份	人数
36		1月	1
37		2月	7
38		3月	5

图 19-11　统计日期 2

公式看上去很长，我们分步解读。

公式 LEFTB(H36,2) 在 7.5 节中讲过的，从月份中提取左侧 2 个字节，于是只把数字提取出来，得到 "1 "，而这个空格并不影响 DATE 函数的计算。

DATE(2016,"1 ",1) 返回结果"42 370"，这个数字就相当于日期 2016-1-1。

最后使用 COUNTIFS 函数完成相应月份的统计。

在 2003 版本及以前，SUMPRODUCT 函数是多条件统计的神器，因为 SUMIF 和 COUNTIF 在常规状态下只能完成单条件的统计，自 2007 版本有了"流氓三兄弟"后，SUMPRODUCT 就几乎退出历史舞台了，因为计算效率太慢了。在第 7 篇我们就会讲解 SUMPRODUCT 函数。

4．案例：使用通配符

我们再来回忆一下 6.2 节讲过的通配符。

?：代表任意一个字符，注意这是半角问号，不是中文的问号。

*：代表任意 n 个字符，这个 n 是大于等于 0 的，也就是说 * 可以代表 0 个字符。

这两个是常见的，除此之外其实还有一个波浪线 ~，按住【Shift】键的同时按下键盘上的数字"1"左边的那个按键，这个符号的功能是使通配符变成普通的字符，失去通配特性。

那么通配符在这里怎么使用呢？我们根据数据源来写公式，如图 19-12 所示。首先统计姓黄的人数，转化成 Excel 语言就是说要统计第一个字符是"黄"字，后面有 n 个字符的单元格有多少个，进一步翻译成有多少个"黄*"，于是就有公式：

```
=COUNTIFS($D$34:$D$46,"黄*")
```

下面统计姓黄且姓名为两个字的，那就是第一个字符是"黄"，后面还有任意一个字符，即统计"黄?"，注意这里的问号是半角。

```
=COUNTIFS($D$34:$D$46,"黄?")
```

统计姓黄且姓名为 3 个字，公式为：

```
=COUNTIFS($D$34:$D$46,"黄??")
```

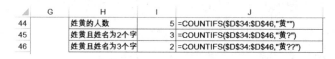

	G	H	I	J
44		姓黄的人数	5	=COUNTIFS($D$34:$D$46,"黄*")
45		姓黄且姓名为2个字	3	=COUNTIFS($D$34:$D$46,"黄?")
46		姓黄且姓名为3个字	2	=COUNTIFS($D$34:$D$46,"黄??")

图 19-12　使用通配符

> **提示**　如果数据源的姓名列中有姓名是"黄*"，要想准确统计共有多少个"黄*"，不可以使用公式"=COUNTIFS($D$34:$D$46,"黄*")"，应该使用"=COUNTIFS($D$34:$D$46,"黄~*")"，其中"~*"的部分代表统计的是"*"这个字符，而不是任意 n 个字符。

图 19-13 所示的是支持通配符的函数。

图 19-13　支持通配符的函数

大家只需记住图中右侧的三类函数。

（1）文本函数 SEARCH、SEARCHB。

（2）"流氓三兄弟" COUNTIFS、SUMIFS、AVERAGEIFS。

（3）"桃园三结义" LOOKUP、VLOOKUP、HLOOKUP，以及后续四弟"赵云"，又称"常胜将军" MATCH。

其他的函数也有支持通配符的，如 COUNTIF、SUMIF、AVERAGEIF，数据库函数 DSUM、DCOUNT，宏表函数 FILES 等，但是在实际工作中基本上都不会用到。

5. 案例：多条件统计

以上是对 COUNTIFS 函数的基础语法的演示，下面展现它做多条件统计的真正功力。

先来统计"一组"姓黄的人数，公式为：

```
=COUNTIFS($C$34:$C$46," 一组 ",$D$34:$D$46," 黄 *")
```

返回结果为 3，其中数据区域 $C$34:$C$46 和 $D$34:$D$46 具有相同的行数和列数，这是 COUNTIFS 的参数最基础的要求。

统计"二组"3 月有销售业绩的人数，公式为：

```
=COUNTIFS($E$34:$E$46,">="&DATE(2016,3,1),$E$34:$E$46,"<"&DATE(2016,4,1),
$C$34:$C$46," 二组 ")
```

返回结果为 4，这里使用了 DATE 函数来表达日期。注意，在做多条件统计的时候，COUNTIFS 中的每一个区域必须大小一致，即具有相同的行数和列数。

第20章 COUNTIFS 拓展用法

第19章讲解的是 COUNTIFS 的基础用法，本章将对 COUNTIFS 进一步分析，同时展示在工作应用中容易犯的错误。

20.1 案例：同时统计一组和二组的人员总数

之前在统计的时候，都是对一个条件做计数，如统计"一组"的人数，如果想对同一个字段做多条件的统计，如同时统计"一组"和"二组"的总人数，要怎么做呢？

如图 20-1 所示，A1:E14 单元格区域是数据源，其中 A:D 列是原有的数据区域，分别是组别、姓名、销售日期和销售金额，E 列是手动增加的辅助列，使用 MONTH 函数提取 C 列日期的月份。

	A	B	C	D	E
1	组别	姓名	销售日期	销售金额	月份
2	一组	马岱	2016/2/3	4,000	2
3	一组	黄月英	2016/2/3	3,000	2
4	一组	黄忠	2016/2/22	3,000	2
5	一组	黄盖	2016/3/22	6,000	3
6	二组	孙乾	2016/2/3	8,000	2
7	二组	许褚	2016/2/24	5,000	2
8	二组	张飞	2016/3/8	7,000	3
9	二组	黄承彦	2016/3/9	5,000	3
10	二组	徐庶	2016/3/10	5,000	3
11	二组	郭嘉	2016/3/31	4,000	3
12	三组	黄权	2016/1/3	8,000	1
13	三组	马超	2016/2/4	4,000	2
14	三组	庞统	2016/2/5	6,000	2

图 20-1　拓展用法数据源

1. 常规方案

现在要计算"一组"和"二组"的人数共有多少人，先写一个常规方案，在 H3 单元格中输入公式：

```
=COUNTIFS(A:A," 一组 ")+COUNTIFS(A:A," 二组 ")
```

这个公式很好理解，就是用两个 COUNTIFS 函数分别对"一组"和"二组"进行统计，然后将统计的人数加在一起就可以了。那么可不可以把公式简化一些呢？

2. 错误方案 1

上面常规方案中的两个公式都是对 A 列统计，那么有没有人想这样写公式：

```
=COUNTIFS(A:A," 一组 ",A:A," 二组 ")
```

来看看上面公式的计算结果，如图 20-2 所示，计算结果为 0，这是为什么？回顾一下第 19.2 节所讲的内容，COUNTIFS 对多条件统计的时候，是要求每个条件"同时"满足。那么这个公式的意思是 A 列等于"一组"的同时又等于"二组"的单元格的个数，很明显是不可能有满足条件的数据的，所以结果为 0。

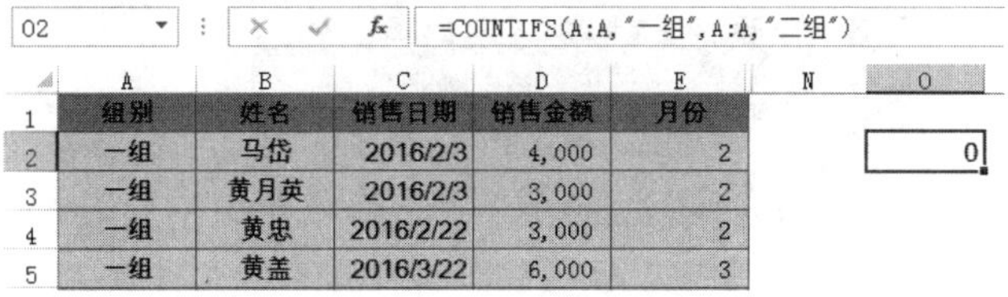

图 20-2　COUNTIFS 错误方案 1

3. 错误方案 2

我们继续思考，A 列同时满足两个条件是不存在的，那么我们把 A 列等于"一组"或等于"二组"作为条件进行判断就可以了，怎么表示或者的关系呢？这时就要用到 OR 函数。于是公式可以写为：

```
=COUNTIFS(A:A,OR(" 一组 "," 二组 "))
```

再查看结果，如图 20-3 所示，结果还是 0，公式还是有问题，我们继续分析。

图 20-3　COUNTIFS 错误方案 2

这里的关键就是 OR 函数，之前在 17.4 节讲过 OR 函数表示或者的关系，是指多个逻辑值如果有一个为 TRUE，返回结果 TRUE，如果全都是 FALSE，返回结果 FALSE，如果区域中包含非逻辑值，返回错误值 #VALUE!。注意！这里只返回 TRUE、FALSE 和 #VALUE!。OR(" 一组 "," 二组 ") 部分的参数都不是逻辑值，所以返回的结果为 #VALUE!，嵌套公式中每个部分都是相对独立的，对于 COUNTIFS 来说，它只看到了返回的结果 #VALUE!，那就只会统计 A 列有多少个 #VALUE!，很明显表格中没有满足条件的，所以结果为 0。

4. 正确方案

介绍了这么多错误的方案，那正确的方案应该怎么写呢？还是一步一步来处理，我们要统计"一组"和"二组"，于是将条件数组化，写成 {"一组","二组"}，大括号代表的是数组，在数组中半角逗号代表横向排列。进一步将公式写为：

```
=COUNTIFS(A:A,{"一组","二组"})
```

如图 20-4 所示，这时候结果为 4，即 A 列一组的人数，并没有统计出一组和二组的总人数。

图 20-4　正确方案步骤 1

在公式编辑栏中将公式整体选中，然后按下【F9】键分步看结果，如图 20-5 所示，结果为 {4,6}。它是对一组和二组的人数分别作了统计。数组在一个单元格中只能显示它的第一个值，所以在单元格中看到的是 4。

图 20-5　分步结果

这该怎么处理呢？其实只需将数组中的 4 和 6 加在一起就可以了，于是在外面套上一个 SUM 函数，如图 20-6 所示，H4 单元格的公式为：

```
=SUM(COUNTIFS(A:A,{"一组","二组"}))
```

图 20-6　正确方案步骤 2

5. 引用单元格条件

在实际工作中，我们不可能在公式中手动输入每一个参数条件，一般都是把条件写在单元格中，然后在公式中引用相应的单元格区域，来动手试一下。

如图 20-7 所示，在 G6 和 H6 单元格中分别输入条件"一组"和"二组"，在 I6 单元格中输入公式：

```
=SUM(COUNTIFS(A:A,G6:H6))
```

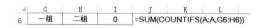

图 20-7　横向条件排列步骤 1

结果为 0，公式的计算逻辑没有问题，那问题出在哪里？

现在双击 I6 单元格进入编辑模式，然后按下【Ctrl+Shift+Enter】组合键（俗称"三键"），以数组公式结束，再来看看结果，如图 20-8 所示，公式的前后自动添加了一对大括号，得到正确的结果 10。

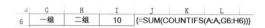

图 20-8　横向条件排列步骤 2

下面具体分析一下。当我们不以数组公式结束的时候，处理的结果是 G6:H6 与 A 列的相对位置问题，它的计算并未深入识别 G6 单元格和 H6 单元格。当以数组公式结束的时候，是明确给 Excel 一个指令，要把 G6:H6 当作数值，进行计算。

什么时候用数组公式三键（【Ctrl+Shift+Enter】）结束，什么时候用普通公式并无标准答案，需要在操作过程中多尝试。

我们在写公式的时候，心里要有一个大概的结果。当公式结果明显与预期不一致的时候就需要查错：公式的逻辑是否有问题；公式的语法和嵌套的层次是否有问题；查查数据源有没有文本、数值的"坑"。如果公式本身和逻辑都没有问题，就试试用三键（【Ctrl+Shift+Enter】）来结束公式，这样基本上就能得到正确的结果。

前面讲的是横向排列的条件，纵向排列是不是也适用。如图 20-9 所示，G8:G9 是条件区域，在 H8 单元格中输入以下公式，返回结果为 4。

```
=SUM(COUNTIFS(A:A,G8:G9))
```

公式结束时没有按三键，所以是根据单元格相对位置进行统计，相当于公式：

```
=SUM(COUNTIFS(A:A,G8))
```

现在双击 H8 单元格进入编辑模式，然后按【Ctrl+Shift+Enter】组合键，便得到正确结果 10。

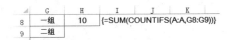

图 20-9　纵向条件排列

再进一步统计 1 月和 3 月共有销售业绩的人数，我们将公式列出来，不再做详细讲解。

常规方案：

```
=COUNTIFS(C:C,">"&DATE(2016,1,0),C:C,"<"&DATE(2016,2,1))+COUNTIFS(C:C,">"
&DATE(2016,3,0),C:C,"<"&DATE(2016,4,1))
```

数组方案：

```
=SUM(COUNTIFS(C:C,">"&DATE(2016,{1,3},0),C:C,"<"&DATE(2016,{1,3}+1,1)))
```

引用横向单元格条件，注意要按【Ctrl+Shift+Enter】组合键结束，其中 G15、H15 单元格中分别为"1 月""3 月"：

```
{=SUM(COUNTIFS(C:C,">="&DATE(2016,LEFTB(G15:H15,2),1),C:C,"<"&DATE(2016,
LEFTB(G15:H15,2)+1,1)))}
```

引用纵向单元格条件，同样按【Ctrl+Shift+Enter】组合键结束，其中 G17、G18 单元格中分别为"1 月""3 月"：

```
{=SUM(COUNTIFS(C:C,">"&DATE(2016,LEFTB(G17:G18,2),0),C:C,"<"&DATE(2016,
LEFTB(G17:G18,2)+1,1)))}
```

后两个引用单元格条件，使用了 LEFTB 函数的技巧，通过提取左侧 2 字节来完成提取月份的目的。回忆一下 7.5 节讲的长度函数，这部分的公式是因为需要提取日期，所以公式变得很长，其实整理好思路后并不难理解。

20.2 增加辅助列简化公式

通过之前的统计操作，尤其是统计日期时，我们发现公式太长会不好理解。这时，我们可以增加一个辅助列来简化公式，在 E2 单元格输入公式"=MONTH(C2)"，然后将公式向下复制到 E14 单元格。

19.2 节讲 COUNTIFS 统计日期的时候，使用 MONTH 函数统计失败了，我们试一下这里是否能用 MONTH？之前的公式为"=COUNTIFS(MONTH(E34:E46),2)"。MONTH(E34:E46) 部分将单元格区域变成了数组，公式结果在单元格中看不见。E2:E14 单元格增加的辅助列 MONTH(C2)，是可以看到的区域，因此可以被 COUNTIFS 引用。下面再统计日期，如图 20-10 所示，在 H22 单元格中输入以下公式即可。

```
=COUNTIFS(E:E,LEFTB(G22,2))
```

	G	H	I	J	K
21	月份	人数			
22	1月	1	=COUNTIFS(E:E,LEFTB(G22,2))		
23	2月	7	=COUNTIFS(E:E,LEFTB(G23,2))		
24	3月	5	=COUNTIFS(E:E,LEFTB(G24,2))		

图 20-10　增加辅助列统计

当需要同时统计 1 月和 3 月有销售业绩的人数，也只需以下公式，并按【Ctrl+Shift+Enter】组合键结束。

```
{=SUM(COUNTIFS(E:E,LEFTB(G27:H27,2)))}
```

使用上述公式后，有效地增加了辅助列。而且此时的公式明显比之前的公式长度大幅度缩短了。在处理工作中的问题时，推荐使用增加辅助列的方法。

20.3 案例：验证身份证号是否重复

在日常工作中，可能会遇到验证身份证号是否重复的情况，如图 20-11 所示，B 列为相应人员的身份证号。验证数据是否重复，可以使用统计函数，数一数每一个身份证号在 B 列中有几个，如果统计结果为 1，那说明不重复，如果大于 1，那就说明重复了。在 C2 单元格中可以输入公式：

```
=COUNTIFS(B:B,B2)
```

	C2	▼	:	×	✓	fx	=COUNTIFS(B:B,B2)

	A	B	C
1	姓名	身份证号	错误方式
2	马岱	530827198003035959	1
3	黄月英	330326198508167286	3
4	黄忠	330326198508167331	3
5	黄盖	330326198508167738	3
6	孙乾	330326198508162856	1
7	许褚	130927198108260950	1
8	张飞	42050119790412529X	1
9	黄承彦	420501197904125070	1
10	徐庶	510132197912179874	1
11	郭嘉	350212198401200533	1
12	黄权	371400198003102970	1
13	马超	620500198102226158	1
14	庞统	211281198511163334	1

图 20-11　验证身份证号是否重复错误方案

向下复制到 C14 单元格，得到最终结果。这个公式能顺利得到我们想要的结果吗？仔细观察 C3:C5 单元格区域会发现此区域的身份证号明明不一致，但统计结果都为 3。这就在于 COUNTIFS 等条件统计函数会将文本数字自动处理为数值型，而在 Excel 中的数字最多只支持 15 位有效数字。所以对于 Excel 来说，B3:B5 单元格区域全都是 "330326198508167000"。

同理，B8:B9 单元格区域中，由于 B8 单元格的最后一位是字母 X，它没办法变成数字，所以这两个单元格的统计结果无误。

那这种情况要怎样处理呢？我们的目的是把 COUNTIFS 的第 2 个参数变成一个不能转变成数字的文本字符串，如图 20-12 所示，在 D2 单元格中输入以下公式并向下复制到 D14 单元格。

```
=COUNTIFS(B:B,B2&"*")
```

D2	:	× ✓ fx	=COUNTIFS(B:B,B2&"*")

	A	B	D
1	姓名	身份证号	正确方式
2	马岱	530827198003035959	1
3	黄月英	330326198508167286	1
4	黄忠	330326198508167331	1
5	黄盖	330326198508167738	1
6	孙乾	330326198508162856	1
7	许褚	130927198108260950	1
8	张飞	420501197904125529X	1
9	黄承彦	420501197904125070	1
10	徐庶	510132197912179874	1
11	郭嘉	350212198401200533	1
12	黄权	371400198003102970	1
13	马超	620500198102226158	1
14	庞统	211281198511163334	1

图 20-12 加通配符统计重复值

公式中星号（*）的意义是什么？第 2 个参数变为 "530827198003035959*"，它是一个字符串，没办法转变为数字。统计的是以 B2 单元格的 530827198003035959 开头，后面有 n 个字符的字符串在 B 列的个数，其中 n 还可以表示 0 个字符。超过 15 位有效数字的情况都可以用这种方式做统计，如银行账号等。

20.4 案例：中国式排名

首先解释一下中国式排名的含义：相同成绩的同学，排名相同，下一个人的名次顺延生成。例如，有 4 名同学，考试分数分别为张三 100，李四 99，王五 99，赵六 98。用 Excel 的 RANK 函数排名为张三 1，李四 2，王五 2，赵六 4。其中，李四和王五并列第 2 名，赵六排在第 4。RANK 的排名规则其实是比自己大的数值共有几个。中国式排名的结果为张三 1，李四 2，王五 2，赵六 3。李四和王五仍然并列第 2 名，而赵六排在第 3 名，并不是第 4 名。中国式排名的特点是名次的数字是连续的。再进一步理一下计算规则，其实就是"不重复"的数值比自己大的有几个。

基础原理明白了，我们来看一个实际案例，如图 20-13 所示，A 列是员工的姓名，B 列为各个员工的销售金额。现在要对员工的销售金额从高到低排名，采用中国式排名的方式。

	A	B	C	D
1	姓名	销售金额	辅助列	方案1
2	马岱	4000	4000	5
3	黄月英	3000	3000	6
4	黄忠	3000	FALSE	6
5	黄盖	6000	6000	3
6	孙乾	8000	8000	1
7	许褚	5000	5000	4
8	张飞	7000	7000	2
9	黄承彦	5000	FALSE	4
10	徐庶	5000	FALSE	4
11	郭嘉	4000	FALSE	5
12	黄权	8000	FALSE	1
13	马超	4000	FALSE	5
14	庞统	6000	FALSE	3

图 20-13　中国式排名

首先需要对 B 列的数据进行处理，B 列中有多个重复的数值。如何才能得到不重复的数据呢？可以这样考虑，从 B1 单元格开始数，看每一个数字在 B1 单元格到当前单元格位置的区域中共出现几次：如果出现 1 次，说明这个数字就是第一次出现，那就保留它；如果出现次数大于 1 次，说明这个数字是第 n 次出现，那就舍弃它。在 C2 单元格中可以输入公式：

```
=IF(COUNTIFS($B$1:B2,B2)=1,B2)
```

COUNTIFS 中的区域选择，是把头按住，尾巴甩开，这样就可以统计从头到当前位置的数量。以 C5 单元格为例，公式变为 "=IF(COUNTIFS($B$1:B5,B5)=1,B5)"，COUNTIFS 统计 B1:B5 单元格区域中有多少个 6 000，统计结果为 1，公式变为 "=IF(1=1,B5)"，于是结果返回 B5 单元格的 6 000。

再以 C10 单元格为例，公式变为 "=IF(COUNTIFS($B$1:B10,B10)=1,B10)"，COUNTIFS 统计 B1:B10 单元格区域中有多少个 5 000，统计结果为 3，公式变为 "=IF(3=1,B5)"，应该返回 IF 函数的第 3 个参数，这里用了一个小技巧，当省略 IF 函数的第 3 个参数的，这个结果返回 FALSE。

这样就可以看出 C 列的数值全部都是非重复的了，于是在 D2 单元格中输入以下公式完成中国式排名：

```
=COUNTIFS(C:C,">="&B2)
```

C 列这些不重复的数字中，大于等于自己的数量就为自己的排名。

本书的素材文件中还写了另一个公式：

```
=RANK(B2,$C$2:$C$14)
```

这个公式的原理就不讲了，读者可以自己体会。

中国式排名最核心的就是公式 COUNTIFS($B$1:B2,B2)，找出那些不重复的值。

第21章 SUMIFS与AVERAGEIFS函数

本章讲解"流氓三兄弟"的老二 SUMIFS 和老三 AVERAGEIFS。

21.1 SUMIFS 基础应用

首先来看看 SUMIFS 函数的语法：

```
SUMIFS(sum_range, criteria_range1, criteria1, [criteria_range2,
criteria2], ...)
```

将 SUMIFS 函数语法与 COUNTIFS 函数语法作对比一下，如图 21-1 所示，会发现 SUMIFS 比 COUNTIFS 多了一个参数 "sum_range"。sum_range 表示求和区域，所以在写 SUMIFS 函数公式的时候，要先将求和区域选出来，剩余的部分就与 COUNTIFS 函数的理念完全一致了。

基础语法
SUMIFS(sum_range, criteria_range1, criteria1, [criteria_range2, criteria2], ...)
COUNTIFS(criteria_range1, criteria1, [criteria_range2, criteria2], ...)

对比COUNTIFS，只多了一个sum_range

图 21-1　SUMIFS 与 COUNTIFS 语法对比

使用与 COUNTIFS 相同的案例，下面写几个公式带大家具体认识一下 SUMIFS，如图 21-2 所示，C12:F25 单元格区域为基础数据源。

	C	D	E	F
12	组别	姓名	销售日期	销售金额
13	一组	马岱	2016/2/3	4,000
14	一组	黄月英	2016/2/3	3,000
15	一组	黄忠	2016/2/22	3,000
16	一组	黄盖	2016/3/22	6,000
17	二组	孙乾	2016/2/3	8,000
18	二组	许褚	2016/2/24	5,000
19	二组	张飞	2016/3/8	7,000
20	二组	黄承彦	2016/3/9	5,000
21	二组	徐庶	2016/3/10	5,000
22	二组	郭嘉	2016/3/31	4,000
23	三组	黄权	2016/1/3	8,000
24	三组	马超	2016/2/4	4,000
25	三组	庞统	2016/2/5	6,000

图 21-2　SUMIFS 数据源

我们分别对各个组别计算销售金额总计，在 I15 单元格中首先输入公式 "=SUMIFS

($F$13:$F$25"，每次写 SUMIFS 公式，务必先把求和的区域写出来。

然后继续完善这个公式，输入条件区域，并向下复制到 I17 单元格，再次提示，只要涉及公式复制，就要想到"图钉"，完整公式为：

```
=SUMIFS($F$13:$F$25,$C$13:$C$25,H15)
```

公式表示 $C$13:$C$25 单元格区域如果等于 H15 单元格的值，则将相应的 $F$13:$F$25 单元格区域的数字进行求和，I15 单元格返回的结果为 16 000，即 F13、F14、F15、F16 这 4 个单元格求和，计算结果如图 21-3 所示。

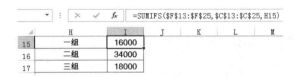

图 21-3　各个组别计算销售金额总计

再举个对数字求和的例子，如图 21-4 所示，在 I20 单元格中输入公式：

```
=SUMIFS($F$13:$F$25,$F$13:$F$25,">"&5000)
```

图 21-4　对数字的条件统计

这里 SUMIFS 的第 1 个参数和第 2 个参数完全一致。这里的第 1 个参数代表的是求和区域，第 2 个参数是条件区域，第 2 个参数中大于 5 000 的，对第 1 个参数相应位置求和，通过这个案例可以看出求和区域和条件区域可以是相同的。记公式时，要先理解后记忆，才能印象深刻。

再来演示对 2 月份销售金额求和的公式：

```
=SUMIFS($F$13:$F$25,$E$13:$E$25,">="&"2016-2-1",
$E$13:$E$25,"<"&"2016-3-1")
```

同样地，不要忘记写 sum_range，后面的条件成对出现就可以了。剩下的基础用法与 COUNTIFS 一致，本书的素材文件中已经写好了公式，读者可以对照练习。

21.2　SUMIFS 拓展用法

与 COUNTIFS 相同，SUMIFS 也支持相同的拓展用法，如图 21-5 所示，A~D 列为基础数据源，E 列为用函数公式"=MONTH(C2)"增加的辅助列。

	A	B	C	D	E
1	组别	姓名	销售日期	销售金额	月份
2	一组	马岱	2016/2/3	4,000	2
3	一组	黄月英	2016/2/3	3,000	2
4	一组	黄忠	2016/2/22	3,000	2
5	一组	黄盖	2016/3/22	6,000	3
6	二组	孙乾	2016/2/3	8,000	2
7	二组	许褚	2016/2/24	5,000	2
8	二组	张飞	2016/3/8	7,000	3
9	二组	黄承彦	2016/3/9	5,000	3
10	二组	徐庶	2016/3/10	5,000	3
11	二组	郭嘉	2016/3/31	4,000	3
12	三组	黄权	2016/1/3	8,000	1
13	三组	马超	2016/2/4	4,000	2
14	三组	庞统	2016/2/5	6,000	2

图 21-5　SUMIFS 拓展用法

现在计算一组和二组的总销售金额，常规方案为：

```
=SUMIFS(D:D,A:A," 一组 ")+SUMIFS(D:D,A:A," 二组 ")
```

使用 SUM 的方案为：

```
=SUM(SUMIFS(D:D,A:A,{" 一组 "," 二组 "}))
```

公式很好理解，但是注意，不要看到后面有 SUMIFS，就认为这个函数是在求和，不用写 SUM 函数了，然后把公式简化为 SUMIFS(D:D,A:A,{" 一组 "," 二组 "})。我们写公式时，一定要了解每个函数在公式中的具体作用，SUMIFS(D:D,A:A,{" 一组 "," 二组 "}) 是分别对一组和二组求和，得到的结果是数组 {16000,34000}，并没有得到两个组别的合计，最后需要使用 SUM 函数完成合计。

SUMIFS 其他的拓展用法也与 COUNTIFS 相似，不再赘述。

21.3　案例：SUMIFS 横向隔三列求和

在 Excel 课程群和论坛中，经常有人问："隔三列求和怎么做？"

这个问题涉及多维引用，解决这个问题所需的技术含量可不低。基础数据如图 21-6 所示，第 1 行为月份标题，第 2 行为每月的小标题，F3：AO10 单元格区域为 1~12 月的基础数据，C3：E10 单元格区域为最终输入公式求和的结果区域。

	A	B	C	D	E	F	G	H	I	J	K	AH	AI	AJ	AK	AL	AM	AN	AO
1				总计			1月			2月		10月			11月			12月	
2	部门	姓名	计划	实际	差值	计划	实际	差值	计划	实际	差值	实际	差值	计划	实际	差值	计划	实际	差值
3	魏国	荀彧	1457	1436	-21	91	115	24	54	26	-28	138	-6	177	167	-10	125	128	3
4	魏国	司马懿	1381	1441	60	190	173	-17	144	134	-10	77	2	127	144	17	41	46	5
5	魏国	张辽	1387	1453	66	88	109	21	94	96	2	24	-12	142	163	21	132	158	26
6	魏国	曹操	1148	1094	-54	116	142	26	42	50	8	65	-11	157	172	15	88	70	-18
7	蜀国	刘备	1397	1431	34	44	69	25	46	57	11	96	-3	63	54	-9	169	190	21
8	蜀国	法正	1347	1234	-113	134	110	-24	175	148	-27	80	-19	41	36	-5	59	66	7
9	蜀国	关羽	1664	1628	-36	51	55	4	163	133	-30	74	-25	114	131	17	168	143	-25
10	蜀国	诸葛亮	1255	1154	-101	113	92	-21	163	133	-30	65	-13	69	48	-21	112	105	-7

图 21-6　隔三列求和数据源

隔三列求和，公式怎么写？在 C3 单元格中输入以下公式，并按【Ctrl+Shift+Enter】组合键结束。

```
{=SUM(N(OFFSET(F3,,COLUMN($A:$L)*3-3)))}
```

这个公式并不像表面上那么简单，其中 N 函数的降维操作就需要花一段时间来学习。

为什么会出现要隔三列求和这样的需求？是因为这些列表示的是同一个系列值。在实际工作中，对于同一系列的值一般会添加上相同的标题，就如图 21-6 中的第 2 行小标题，分别为"计划""实际""差值"。这种情况就需要用到 SUMIFS 函数。

SUMIFS 不仅可以对纵向区域求合，而且还可以对横向区域，甚至多行多列的二维区域求和。我们来看一下横向求和。在 C3 单元格中输入以下公式计算 1~12 月的"计划"合计。

```
=SUMIFS(F3:AO3,F2:AO2,C2)
```

公式表示判断 F2:AO2 标题区域是否等于 C2 单元格的"计划"，如果 F2:AO2 单元格区域为"计划"，则对 F3:AO3 区域中相应位置的数据求和，即完成"隔三列求和"。进一步分析，这个公式需要向右向下复制，F3:AO3 的数据区域，向右复制不能动，向下复制需要变成对第 4、5、6 行的引用，所以放开行标，将列标用图钉按住，变成 $F3:$AO3。F2:AO2 的标题无论向右还是向下复制，始终不能动，所以用图钉按住，变成 $F$2:$AO$2。C2 是统计条件"计划"，向右复制依次变成"实际""差值"，向下复制不能动，还是对第 2 行的引用，于是变成 C$2。所以最终公式为：

```
=SUMIFS($F3:$AO3,$F$2:$AO$2,C$2)
```

一个公式将图钉的 3 种引用方式都练习了，同时在工作中也要多一些细心，找出表格的规律。

21.4 AVERAGEIFS 基础应用

最后看看"流氓三兄弟"的老三 AVERAGEIFS，它的基础语法为：

```
AVERAGEIFS(average_range, criteria_range1, criteria1, [criteria_range2, criteria2], ...)
```

将 AVERAGEIFS 与"流氓三兄弟"的另外两个函数对比一下，如图 21-7 所示。

基础语法
AVERAGEIFS(average_range, criteria_range1, criteria1, [criteria_range2, criteria2], ...)
SUMIFS(sum_range, criteria_range1, criteria1, [criteria_range2, criteria2], ...)
COUNTIFS(criteria_range1, criteria1, [criteria_range2, criteria2], ...)

图 21-7 条件统计函数语法对比

它的语法可以说与 SUMIFS 完全一致，只是第一个参数为 average_range，是对满足条件的相应区域求平均值，而不是求和，它的计算结果相当于 SUMIFS 除以 COUNTIFS。

在工作应用中，与 SUMIFS 有相同的注意事项：首先把要求平均值的区域选出来，然后条件部分成对出现。举例说明一下，如图 21-8 所示，C15:F28 单元格区域是基础数据源。

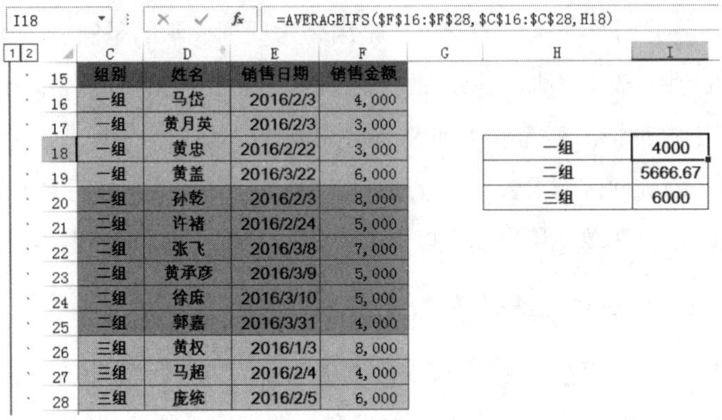
I18 =AVERAGEIFS($F$16:$F$28,$C$16:$C$28,H18)

	C	D	E	F	G	H	I
15	组别	姓名	销售日期	销售金额			
16	一组	马岱	2016/2/3	4,000			
17	一组	黄月英	2016/2/3	3,000			
18	一组	黄忠	2016/2/22	3,000		一组	4000
19	一组	黄盖	2016/3/22	6,000		二组	5666.67
20	二组	孙乾	2016/2/3	8,000		三组	6000
21	二组	许褚	2016/2/24	5,000			
22	二组	张飞	2016/3/8	7,000			
23	二组	黄承彦	2016/3/9	5,000			
24	二组	徐庶	2016/3/10	5,000			
25	二组	郭嘉	2016/3/31	4,000			
26	三组	黄权	2016/1/3	8,000			
27	三组	马超	2016/2/4	4,000			
28	三组	庞统	2016/2/5	6,000			

图 21-8　AVERAGEIFS 基础用法

在 I18 单元格中输入以下公式，并向下复制到 I20 单元格，计算各个组别销售金额的平均值。

```
=AVERAGEIFS($F$16:$F$28,$C$16:$C$28,H18)
```

注意“图钉”的使用，先选择求平均值的区域，剩余内容的用法与 SUMIFS 函数完全一致，此处不再演示了。

第22章 工作日统计

当有人问你 2017 年每个月有多少个工作日时，你是怎么做的？是翻出
2017 年的台历来数一下吗？

22.1 给日期定性

中国工作日的问题，没有任何一个 Excel 函数可以完美解决。因为中国的休假不仅有调增，还有调减。不像其他国家的假日常常是某月最后一个周五，某月第 n 个周日等。

我们可以给每一个日期定义一个名称，并定义它的完整属性，就可以解决中国工作日的计算问题了。

如图 22-1 所示，A 列为日期，B:H 列是给每个日期赋予的不同属性。

	A	B	C	D	E	F	G	H
1	日期	日期性质	星期	财务年份	财务月份	关账日	年份	月份
2	2014/1/1	节日	3	2014	1	否	2014	1
3	2014/1/2	工作日	4	2014	1	否	2014	1
4	2014/1/3	工作日	5	2014	1	否	2014	1
5	2014/1/4	假日	6	2014	1	否	2014	1
6	2014/1/5	假日	7	2014	1	否	2014	1
7	2014/1/6	工作日	1	2014	1	否	2014	1
8	2014/1/7	工作日	2	2014	1	否	2014	1
1455	2017/12/24	假日	7	2017	12	否	2017	12
1456	2017/12/25	工作日	1	2017	12	是	2017	12
1457	2017/12/26	工作日	2	2018	1	否	2017	12
1458	2017/12/27	工作日	3	2018	1	否	2017	12
1459	2017/12/28	工作日	4	2018	1	否	2017	12
1460	2017/12/29	工作日	5	2018	1	否	2017	12
1461	2017/12/30	假日	6	2018	1	否	2017	12
1462	2017/12/31	假日	7	2018	1	否	2017	12

图 22-1　日期定性

下面来说说这个表是怎么制作的。

（1）在 A 列列出每一个日期，这里列出了 2014—2017 年的全部日期。

（2）在 C2 单元格中输入公式 "=WEEKDAY(A2,2)"，并向下复制到最后一行，计算出星期几。

（3）筛选 C 列结果为 6 和 7 的，在 B 列填充 "假日"，然后再在 C 列筛选结果为 1~5 的数据，在 B 列填充 "工作日"。

（4）找出国务院发布的节日安排，手动调整 B 列的属性，修改相应的节假日信息。例如，2014 年 1 月 1 日是元旦假期，就把 B2 单元格的属性修改为 "节日"。再如，2014 年 1 月 26 日原

本是星期日，但由于春节调休，因此将 B27 单元格的属性修改为"工作日"。

以上都是关键步骤，下面的内容是根据自己的工作环境需求进行添加的。

（5）某公司每个月的财务关账日是当月的倒数第 5 个工作日，于是在 F 列对关账日那一天填充"是"，其他日期填充"否"。

（6）在 D、E 列，按照财务属性，分别填充财务的年份与月份。例如，2017 年 12 月 30 日是 2017 年的日期，但是财务关账日是 2017 年 12 月 25 日，从财务统计上在关账日之后的日期都算是 2018 年 1 月。

（7）在 G、H 列分别输入 YEAR 和 MONTH 的函数公式，提取出相应日期的年、月信息。

至此，这个日期定性的表格就制作完成了。熟练之后大约半个小时就可以完成，制作其他年份的表格时都可以用这个表格。

22.2 工作日统计

以下将从工作中的不同方面来对工作日进行相应的统计。

1. 案例：2017 年每月有多少个工作日

2017 年每月有多少个工作日，不用台历的话该怎么计算。先来分析都有哪些条件：2017 年、每月、工作日。我们对这三项条件依次做统计，如图 22-2 所示。

	月份	工作日
一、2017年每月有多少个工作日		
	1	19
	2	19
	3	23
	4	19
	5	21
	6	22
	7	21
	8	23
	9	22
	10	17
	11	22
	12	21

图 22-2　2017 年每月有多少个工作日

首先，在 L3 单元格中输入公式"=COUNTIFS(G:G,2017,"，以此来解决 2017 年的问题。

其次，处理每月的问题，公式完善为"=COUNTIFS(G:G,2017,H:H,K3,"。

最后，处理工作日属性的问题，这时就用到 B 列的属性了，所以最终公式为：

```
=COUNTIFS(G:G,2017,H:H,K3,B:B," 工作日 ")
```

将公式向下复制到 L14 单元格，每月工作日的天数就计算出来了。

2. 案例：2017 年每个季度有多少个工作日

再来看看每个季度有多少个工作日，如图 22-3 所示。

	J	K	L	M
16	二、2017年每个季度有多少个工作日			
17		季度	工作日	
18		1	61	
19		2	62	
20		3	66	
21		4	60	

图 22-3　2017 年每个季度有多少个工作日

还是同样的步骤，先解决 2017 年，于是在 L18 单元格中输入公式 "=COUNTIFS(G:G,2017,"。

之后要求的是每个季度，在这里处理季度的计算有点麻烦，我们先跳过去，做后面的"工作日"部分，于是公式完善为 "=COUNTIFS(G:G,2017,B:B," 工作日 ","。

1~3 月为 1 季度，4~6 月为 2 季度，7~9 月为 3 季度，10~12 月为 4 季度，仔细观察规律，每个季度的起点分别为 1、4、7、10，恰好是一个公差为 3 的等差数列，这样就可以利用数字的关系将 1、2、3、4 扩大 3 倍，也就是乘以 3，然后再做加减的处理变成 1、4、7、10。同样，每个季度的结尾分别为 3、6、9、12，也是一个公差为 3 的等差数列。

生成起点的公式为 "K18*3-2"，生成结尾的公式为 "K18*3"，所以 L18 单元格的公式最终为：

```
=COUNTIFS(G:G,2017,B:B," 工作日 ",H:H,">="&K18*3-2,H:H,"<="&K18*3)
```

然后将公式向下复制到 L21 单元格，可以看出 3 季度工作日最多，有 66 天，而 4 季度工作日只有 60 天。

这个例子是为了向大家展示如何生成等差数列。工作中如果经常需要按照季度统计，可以在基础的属性表中增加一列季度，统计起来就轻松了。

另外要说明的是，大家写公式不用按照文字的描述一板一眼地逐个完善，可以按处理的难易程度和个人习惯适当地调整顺序。

3. 案例：两个日期之间的工作日天数

2017 年 3 月 1 日公司要开始一个项目，到 2017 年 7 月 28 日要完成上线，那么这段时间有多少个工作日呢？

前面讲过日期的本质就是数字，计算两个日期之间的天数无非就是计算两个数字之间的数而已，公式可写为：

```
=COUNTIFS(A:A,">="&"2017-3-1",A:A,"<="&"2017-7-28",B:B," 工作日 ")
```

计算结果为 105，也就是说离上线只有 105 天了。

4. 案例：员工离职薪资计算

某员工 2017 年 9 月 23 日离职，那么这个月要支付给这名员工多少天的工资？如图 22-4 所示，L27 单元格为员工的离职日期。

图 22-4　员工离职薪资计算

一般情况，员工签订的离职日期就是他的最后一个工作日，需要发放当日及之前的工资，所以计薪天数的公式为：

```
=COUNTIFS(A:A,"<="&L27,B:B,"工作日")
```

公式计算结果为 932。要给员工发 932 天的工资明显是错误的。

在计算计薪天数的时候，只想到了在离职日期之前，但实际工作中还包含了一个隐藏条件，那就是"本月"。因为以前的工资已经发过了，所以处理的时候还要限制开始部分，我们结合 EOMONTH 函数操作：

```
=COUNTIFS(A:A,">"&EOMONTH(L27,-1),A:A,"<="&L27,B:B,"工作日")
```

使用 EOMONTH(L27,-1) 来计算上个月月底的日期，整个公式的意思为大于上个月月底日期并小于等于离职日的区间内有多少个工作日。

在工作中一定要注意类似"隐含条件"，并且在设计计算公式的时候，都先用几个数据测试一下，看看得到的结果是否在合理的、预期的范围内，如果偏差太大务必检查公式。

5. 案例：加班计薪计算

假设某人从 2017 年 10 月 1 日到当月 10 日连续工作 10 天，按照假日 2 倍基本工资，节日 3 倍基本工资的要求，应该支付该成员工多少工资。

下面用常规的公式思路来写，首先是正常工作日 1 倍基本工资，公式为：

```
=COUNTIFS(A:A,">="&"2017-10-1",A:A,"<="&"2017-10-10",B:B,"工作日")*1
```

再加上假日的 2 倍基本工资，公式为：

```
=COUNTIFS(A:A,">="&"2017-10-1",A:A,"<="&"2017-10-10",B:B,"工作日")*1+COUNTIFS(A:A,">="&"2017-10-1",A:A,"<="&"2017-10-10",B:B,"假日")*2
```

最后加上节日的 3 倍基本工资，公式为：

```
=COUNTIFS(A:A,">="&"2017-10-1",A:A,"<="&"2017-10-10",B:B,"工作日")*1+COUNTIFS(A:A,">="&"2017-10-1",A:A,"<="&"2017-10-10",B:B,"假日")*2+COUNTIFS(A:A,">="&"2017-10-1",A:A,"<="&"2017-10-10",B:B,"节日")*3
```

计算结果为 22，即该员工可以得到 22 倍基本工资。

但是，这样写公式看上去太乱了，在 18.1 节 IF 函数并列部分讲过函数的排版，这里同样也可以在适当的位置加几个软回车（【Alt+Enter】），如图 22-5 所示。再看排版后的公式，逻辑就清晰了。

```
=COUNTIFS(A:A,">="&"2017-10-1",A:A,"<="&"2017-10-10",B:B,"工作日")*1
+COUNTIFS(A:A,">="&"2017-10-1",A:A,"<="&"2017-10-10",B:B,"假日")*2
+COUNTIFS(A:A,">="&"2017-10-1",A:A,"<="&"2017-10-10",B:B,"节日")*3
```

图 22-5 公式排版

上面的公式写得明显不够"帅气"，我们使用之前在 20.1 节讲的 COUNTIFS 对同一字段多条件计数的方式，将公式改为：

```
=SUM(COUNTIFS(A:A,">="&"2017-10-1",A:A,"<="&"2017-10-10",B:B,{"工作日","假日","节日"})*{1,2,3})
```

6. 某日之后的第 n 个工作日

如果需要计算 2017 年 7 月 28 日之后的第 20 个工作日是哪天，则可以输入以下数组公式，并按【Ctrl+Shift+Enter】组合键完成。

```
{=SMALL(IF(($A$2:$A$1462>--"2017-7-28")*($B$2:$B$1462="工作日"),$A$2:$A$1462),20)}
```

这个公式的具体计算原理在此留一个悬念，将在 38.1 节给读者讲解。

如果对工作日的要求不是那么精确，只需要一个范围，可以了解一下 NETWORKDAYS.INTL 函数和 WORKDAY.INTL 函数的用法。

1️⃣ 如练习图 6-1 所示，A1:G21 单元格区域是基础数据源，按照以下描述，各编写一个公式完成相应统计。

（1）魏国员工的工资总和。

（2）吴国的岗位属性为文的有多少人。

（3）基本工资超过 10 000 元的有多少人。

（4）员工 ID 以 B 开头的有多少人。

（5）在 2000 年 1 月 1 日前入职的武将基本工资总额为多少。

（6）1997—2000 年共入职多少人。

	A	B	C	D	E	F	G
1	员工ID	姓名	参加工作日	员工部门	基本工资	员工级别	岗位属性
2	A9110001	罗贯中	1991/12/6	群雄	15000	1级	文
3	A9410001	刘备	1994/1/9	蜀国	13800	2级	文
4	A9410002	法正	1994/8/1	蜀国	3000	11级	文
5	A9720001	吴国太	1994/5/8	吴国	11400	4级	文
6	A9710002	陆逊	1993/7/28	吴国	10200	5级	文
7	A9710003	吕布	1997/10/23	群雄	11400	4级	武
8	A9910001	张昭	1999/5/31	吴国	4200	10级	文
9	A9910002	袁绍	1999/8/16	群雄	12600	3级	文
10	A9910003	孙策	1999/11/2	吴国	12600	3级	武
11	B0010001	孙权	2000/4/6	吴国	13800	2级	文
12	B0010002	庞德	2000/8/8	群雄	4200	10级	武
13	B0210001	荀彧	2002/10/14	魏国	10200	5级	文
14	B0210002	司马懿	2002/10/17	魏国	10200	5级	文
15	B0210003	张辽	2002/12/21	魏国	4200	10级	武
16	B0310001	董卓	2003/2/23	群雄	12600	3级	武
17	B0310002	曹操	2003/9/25	魏国	13800	2级	文
18	B0320003	孙尚香	2003/11/24	吴国	11400	4级	文
19	B0420001	小乔	1995/1/24	吴国	6600	8级	文
20	B0510001	关羽	2005/9/9	蜀国	7700	7级	武
21	B0510002	诸葛亮	1999/12/27	蜀国	11300	4级	文

练习图 6-1　基础数据源

2 根据上题的基础数据源，可以添加一个合适的辅助列，统计级别高于9级的（1~8级）蜀国文官的工资总额。

3 根据题目1的数据源，使用 SUM+SUMIFS 结构分别完成以下统计。

（1）吴国文官与蜀国武官的工资总和。

（2）吴国和蜀国的员工 ID 以 A 开头的工资总额。

4 根据题目1的数据源，不添加辅助列的情况下，在 J28 单元格输入一个公式并向下复制到 J28：J42 单元格区域，计算从 1991—2005 年每年入职的人数。

CHAPTER

7

第 7 篇

SUMPRODUCT 函数

　　SUMPRODUCT 函数被称为万能的统计函数，是多条件统计的神器。但是这只存在于 Excel 2003 版及以前的版本，Excel 2007 版本之后有了"流氓三兄弟"，基本上可以忽略 SUMPRODUCT 函数。另外 SUMPRODUCT 函数原本的功能并不是做多条件统计，多条件统计的功能是被"大神"们开发出来的。

　　本篇从 SUMPRODUCT 函数的基础语法入手，一步步地看它是怎么被开发出额外功能的。

第23章 SUMPRODUCT函数基础知识

SUMPRODUCT 函数的本意是将对应参数先乘积后求和，本章将讲解 SUMPRODUCT 函数的这一基础知识。

23.1 基础语法

以前对函数有一些了解的人，可能只认为它的作用就是做多条件统计，我们先看一下它的基础语法：

```
SUMPRODUCT(array1, [array2], [array3], ...)
```

函数名称中的 SUM 意为求和，PRODUCT 意为乘积。这个函数的意思就是先乘积再求和。其中的参数 array 代表的是数组，要求每一个 array 都必须具有相同的维数，用通俗的话讲就是"样貌相同"。

23.2 横向、纵向及二维数组的计算

本节对 array 分别为一维和二维的情况进行测试。

1. 纵向相乘

如图 23-1 所示，C11:C13 和 D11:D13 为两个纵向的一维单元格区域。在 G11 单元格中输入公式：

```
=SUMPRODUCT(C11:C13,D11:D13)
```

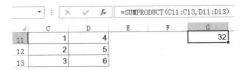

图 23-1 纵向相乘

返回结果为 32，它的计算过程是先分别计算 1×4=4、2×5=10、3×6=18，然后将结果求和 4+10+18=32。由此可以看出，它是将两个数组对应的位置相乘，然后将这些乘积求和。

2. 横向相乘

如图 23-2 所示，C15:E15 和 C16:E16 是两个横向的一维单元格区域。在 G15 单元格中输入公式：

```
=SUMPRODUCT(C15:E15,C16:E16)
```

图 23-2　横向相乘

结果同样返回 32，计算过程与之前的完全一致，仍然是两个数组对应位置相乘，然后再求和。

3. 二维区域相乘

前面两个都是一维区域，现在看看二维区域，如图 23-3 所示，C18:D20 和 C22:D24 是两个二维单元格区域。在 G18 单元格中输入公式：

```
=SUMPRODUCT(C18:D20,C22:D24)
```

图 23-3　二维区域相乘

返回结果为 64，依旧是两个数组先乘积再求和。

那如果两个数组样貌不一致呢，会得到什么结果？我们把公式改为：

```
=SUMPRODUCT(C18:C20,C22:D24)
```

一个 3 行 1 列的数组 C18:C20 和一个 3 行 2 列的数组 C22:D24，这两个数组样貌明显不一致，公式结果为 "#VALUE!"，如图 23-4 所示。

图 23-4　数组不一致

同样，如果公式写为 "=SUMPRODUCT(C11:C14,D11:D13)"，一个 4 行 1 列的数组和一个 3 行 1 列的数组，结果也为 "#VALUE!"。

至此 SUMPRODUCT 的基础语法就全部讲完了，接下来看具体方案。

23.3 演讲比赛打分及销售提成计算

SUMPRODUCT 函数在工作中会用在哪里呢？

1. 案例：项目演讲评分

"三国"公司组织一次演讲比赛，根据选手演讲的创意性、完整性、实用性、可拓展性、现场表达 5 个方面分别打分，这几项的比重依次为 20%、15%、25%、30%、10%。具体打分情况如图 23-5 所示。每一位参赛选手的总分的计算方法是用每一个打分乘以对应的权重，然后加在一起。

	A	B	C	D	E	F	G
1	项目演讲评分						
2	打分项	创意性	完整性	实用性	可拓展性	现场表达	总分
3	比重	20%	15%	25%	30%	10%	100%
4	马岱	70	80	95	95	70	
5	黄月英	70	75	60	90	75	
6	黄忠	95	90	65	65	100	
7	黄盖	85	65	90	80	70	

图 23-5　演讲比赛打分表

于是在 G4 单元格中输入公式：

```
=SUMPRODUCT(B3:F3,B4:F4)
```

返回结果为 85.25，计算过程：(20%×70+15%×80+25%×95+30%×95+10%×70)=85.25。然后将公式向下复制到 G7 单元格，如图 23-6 所示。

G6		:	×	✓	f_x	=SUMPRODUCT(B5:F5,B6:F6)	
	A	B	C	D	E	F	G
1	项目演讲评分						
2	打分项	创意性	完整性	实用性	可拓展性	现场表达	总分
3	比重	20%	15%	25%	30%	10%	100%
4	马岱	70	80	95	95	70	85.25
5	黄月英	70	75	60	90	75	30400
6	黄忠	95	90	65	65	100	30650
7	黄盖	85	65	90	80	70	31975

图 23-6　评分错误计算公式

结果算出来的分数都特别大！我们仔细观察，找一下问题出在哪里。G6 单元格的公式是"=SUMPRODUCT (B5:F5,B6:F6)"，其中的第 1 个参数并不是 B3:F3 单元格区域的比重。所以再次提示大家，只要复制公式，就必须要想到"图钉"。我们将 G4 单元格的公式加上"图钉"，修改为：

```
=SUMPRODUCT($B$3:$F$3,B4:F4)
```

C4 | : × ✓ fx | =SUMPRODUCT($B$3:$F$3,B4:F4)

	A	B	C	D	E	F	G
1	项目演讲评分						
2	打分项	创意性	完整性	实用性	可拓展性	现场表达	总分
3	比重	20%	15%	25%	30%	10%	100%
4	马岱	70	80	95	95	70	85.25
5	黄月英	70	75	60	90	75	74.75
6	黄忠	95	90	65	65	100	78.25
7	黄盖	85	65	90	80	70	80.25

图 23-7　评分正确计算公式

这次的结果就没问题了。对比结果可得，此次排名第一的人是"马岱"。

2. 案例：销售提成计算

之前的演示都是用两个数组解决问题，并不是说 SUMPRODUCT 函数只支持两个，实际上它最多可以支持 255 个数组。下面就来演示一个超过两个数组的案例。

"三国"公司有一个电器销售部门，其中电冰箱单价为 5 000 元，业务员销售一台可以提成 25%，"刘备"本月销售了 4 台。销售的其他产品还有空调、电视、计算机，具体单价、提成比例、销售数量明细，如图 23-8 所示。

	A	B	C	D
12	职务	单价	提成比例	销售数量
13	电冰箱	5000	25%	4
14	空调	4000	20%	3
15	电视	6000	30%	6
16	计算机	3500	15%	6
17				
18	业务员	刘备	销售提成	

图 23-8　销售提成计算

"刘备"本月的总提成是用"单价 × 提成比例 × 销售数量"来计算的，于是在 D18 单元格中输入公式：

```
=SUMPRODUCT(B13:B16,C13:C16,D13:D16)
```

返回结果为 21 350，将对应位置先乘积后求和，分步计算过程，如图 23-9 中 E13：F17 单元格区域所示。

	A	B	C	D	E	F	G
12	职务	单价	提成比例	销售数量	分步计算	公式	
13	电冰箱	5000	25%	4	5000	=B13*C13*D13	
14	空调	4000	20%	3	2400	=B14*C14*D14	
15	电视	6000	30%	6	10800	=B15*C15*D15	
16	计算机	3500	15%	6	3150	=B16*C16*D16	
17					21350	=SUM(E13:E16)	
18	业务员	刘备	销售提成	21350			

图 23-9　分步计算过程

第24章 SUMPRODUCT 多条件统计

SUMPRODUCT 函数原本只是用来做计算的，在 Excel 2003 及之前版本时，为了解决多条件统计的问题，被"大神"开发出多条件统计的功能。

24.1 多条件统计理论基础

多条件统计是对每一个条件做判断，判断的结果为 TRUE 或 FALSE。然后根据这些逻辑值的乘积来判断。在做数值运算的时候，TRUE 相当于数字 1，FALSE 相当于数字 0。反过来，所有的非 0 数字相当于逻辑 TRUE，数字 0 相当于逻辑 FALSE。

所以只有当每一个参数都是 TRUE 的时候，它的乘积才为 1，只要有一个是 FALSE，它的乘积就是 0，如图 24-1 所示。

	B	C	D	E
2	条件1	条件2	条件n	条件相乘
3	TRUE	TRUE	TRUE	1
4	TRUE	TRUE	FALSE	0
5	FALSE	TRUE	TRUE	0
6	TRUE	FALSE	TRUE	0
7	FALSE	FALSE	TRUE	0
8	FALSE	FALSE	FALSE	0

图 24-1　多条件统计

大家可能听过这样的说法：加法（+）相当于 OR，乘法（*）相当于 AND。这种说法的理论基础与多条件统计理论基础类似。

加法相当于 OR：因为 TRUE 相当于 1，FALSE 相当于 0，n 个逻辑值相加，其中至少有 1 个 TRUE。例如，TRUE+FALSE+TRUE+FALSE=2，最终的结果就会大于 0，是一个非 0 的数字，于是逻辑判断上就相当于 TRUE 了。

乘法相当于 AND：因为 n 个逻辑值相乘，其中有至少 1 个 FALSE。例如，TRUE*FALSE*TRUE*FALSE=0，最终的结果就为 0，数字 0 相当于逻辑值 FALSE。

24.2 SUMPRODUCT 条件统计

如图 24-2 所示，B11:F24 单元格区域是基础的数据源，其中 B 列是组别，C 列是员工姓名，D 列是岗位属性，E 列是销售日期，F 列是销售金额。根据这个数据源做一些相应的统计。

组别	姓名	岗位属性	销售日期	销售金额
一组	马岱	武	2016/2/3	4,000
一组	黄月英	武	2016/2/3	3,000
一组	黄忠	武	2016/2/22	3,000
一组	黄盖	武	2016/3/22	6,000
二组	孙乾	文	2016/2/3	8,000
二组	许褚	武	2016/2/24	5,000
二组	张飞	武	2016/3/8	7,000
二组	黄承彦	文	2016/3/9	5,000
二组	徐庶	文	2016/3/10	5,000
二组	郭嘉	文	2016/3/31	4,000
三组	黄权	武	2016/1/3	8,000
三组	马超	武	2016/2/4	4,000
三组	庞统	文	2016/2/5	6,000

图 24-2 SUMPRODUCT 条件统计数据源

1. 案例：分组统计人数和销售金额

我们根据数据源，分别统计一组到三组的人数和销售金额。跳过人数环节，先来统计销售金额，在 J13 单元格中输入公式：

```
=SUMPRODUCT(B12:B24=H13,F12:F24)
```

我们分析一下公式。

首先，用 B12:B24 单元格区域分别和 H13 单元格的"一组"作比较，如果相等则返回 TRUE，不相等则返回 FALSE，得到结果为：

```
=SUMPRODUCT({TRUE;TRUE;TRUE;TRUE;FALSE;FALSE;FALSE;FALSE;FALSE;FALSE;FALSE;FALSE;FALSE},F12:F24)
```

然后，和 F12:F24 单元格区域的销售金额进行对应位置相乘并求和，TRUE 相当于 1，FALSE 相当于 0，就能得到所有一组的销售金额合计了。

我们按上述思路操作后结果为 0，将此公式向下复制到 J15 单元格，如图 24-3 所示，复制后的结果也全部都是 0，哪里出问题了？

	人数	销售金额
一组		0
二组		0
三组		0

图 24-3 分组统计销售金额错误方法

我们之前强调过的一个问题，公式复制，要加"图钉"！公式中缺"图钉"，调整公式为"=SUMPRODUCT($B$12:$B$24=H13,$F$12:$F$24)"，结果还是 0，说明公式还有其他问题。

打开 Excel 的帮助信息，会发现这么一句话，函数 SUMPRODUCT 将非数值型的数组元素作为 0 处理。这句话怎么理解？简单说，就是"文本"和"逻辑值"等不是纯数字的内容对 SUMPRODCUT 函数来说都是数字 0。那么我们需要将逻辑值变为数字才可以计算，那怎样修改呢？对逻辑值"减负"即可。

将公式改为"=SUMPRODUCT(--$B$12:$B$24=H13,$F$12:$F$24)"，结果为"#VALUE!"，公式依然存在问题。我们进行减负要知道减负减在哪里。公式的计算顺序是从左到右的，所以先计算的是"--$B$12:$B$24"部分，将 B 列的一组、二组等内容变成数字，得到的就是错误值。在无法完全掌握计算顺序的时候，不要犹豫，多加括号，计算顺序的规则永远都是先算括号内再算括号外。于是 J13 单元格的公式为：

```
=SUMPRODUCT(--($B$12:$B$24=H13),$F$12:$F$24)
```

将此公式向下复制到 J15 单元格，至此第一个公式完成了，如图 24-4 所示。

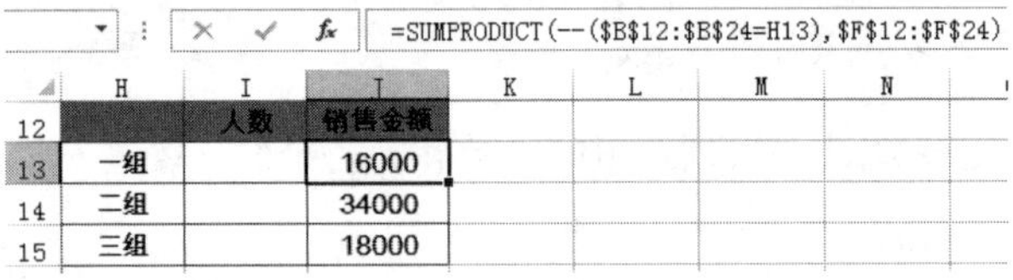

图 24-4　分组统计销售金额正确方法

我们在论坛上，经常会看到"大神"们写的 SUMPRODUCT 函数公式是使用乘号（*）连接的，我们在 K13 单元格将公式变为：

```
=SUMPRODUCT(($B$12:$B$24=H13)*$F$12:$F$24)
```

图 24-5　分组统计销售金额乘号连接

这里没用到"减负"，同样得到了正确的结果。这是为什么？

逻辑值和文本型数字，在经过一次四则混合运算之后就可以变为纯数字，而"($B$12:$B$24=H13)*$F$12:$F$24"部分，因为中间是乘号（*），所以先执行的是两个数组之间的乘法。这一步与 SUMPRODUCT 函数完全没有关系，它就像一个爱看热闹的"老大爷"挤在"人群"中"观架"一样。计算过程为：

> {TRUE;TRUE;TRUE;TRUE;FALSE;FALSE;FALSE;FALSE;FALSE;FALSE;FALSE;FALSE;FAL
> SE}*{4000;3000;3000;6000;8000;5000;7000;5000;5000;4000;8000;4000;6000}

然后将这两个数组相乘，TRUE 就可以名正言顺地当作数字 1 了，结果为：

> {4000;3000;3000;6000;0;0;0;0;0;0;0;0;0}

等里面热火朝天地"打完架"了，SUMPRODUCT 这位"老大爷"也看过瘾了，这时才会挤进来"劝架"。因为公式里只有一个参数 array1，不需要乘积，所以只执行求和操作。

两种方法都了解了，那么究竟用哪个公式更好呢？这里推荐用第一个公式，为什么？改一下数据源就知道原因了。假设有人休假，如图 24-6 所示，F14 和 F19 单元格记录为"休假"，会发现 J 列写的第一个公式还能得到正确的值，K 列乘号连接的第二个公式却全部变为了错误值"#VALUE!"。

	B	C	D	E	F	G	H	I	J	K
11	组别	姓名	岗位属性	销售日期	销售金额		一、分组统计			
12	一组	马岱	武	2016/2/3	4,000			人数	销售金额	销售金额
13	一组	黄月英	武	2016/2/3	3,000		一组		13000	#VALUE!
14	一组	黄忠	武	2016/2/22	休假		二组		29000	#VALUE!
15	一组	黄盖	武	2016/3/22	6,000		三组		18000	#VALUE!
16	二组	孙乾	文	2016/2/3	8,000					
17	二组	许褚	武	2016/2/24	5,000					
18	二组	张飞	武	2016/3/8	7,000					
19	二组	黄承彦	文	2016/3/9	休假					
20	二组	徐庶	文	2016/3/10	5,000					
21	二组	郭嘉	文	2016/3/31	4,000					
22	三组	黄权	武	2016/1/3	8,000					
23	三组	马超	武	2016/2/4	4,000					
24	三组	庞统	文	2016/2/5	6,000					

图 24-6　数据源中包含文本字符

我们曾讲过，函数 SUMPRODUCT 会将非数值型的数组元素作为 0 处理，所以在公式"=SUMPRODUCT(--($B$12:$B$24=H13),$F$12:$F$24)"的第 2 个参数 $F$12:$F$24 中，把"休假"当作 0 来处理，不会影响计算的过程。

公式"=SUMPRODUCT(($B$12:$B$24=H13)*$F$12:$F$24)"是先做数组乘法的步骤：

> {TRUE;TRUE;TRUE;TRUE;FALSE;FALSE;FALSE;FALSE;FALSE;FALSE;FALSE;FALSE;FAL
> SE}*{4000;3000;"休假";6000;8000;5000;7000;"休假";5000;4000;8000;4000;6000}

逻辑值与文本字符串相乘得到数字几？它自己也不知道，所以进一步就出现了错误值"{4000;3000;#VALUE!;6000;0;0;0;#VALUE!;0;0;0;0;0}"，SUMPRODUCT 函数执行求和，最终结果为"#VALUE!"。

那既然第一个公式好，为什么平常见到更多的却是乘号连接的第二种方法呢？可以来看看公式长度，如图 24-7 所示，第一个公式 44 字符，第二个公式 42 个字符。相比之下，第二个公式的好处就是可以少两个字符。初学者往往只追求缩短公式，并没有参透短公式的奥义，以为只能用乘号连接。

公式长度	公式
44	=SUMPRODUCT(--($B$12:$B$24=H13),$F$12:$F$24)
42	=SUMPRODUCT(($B$12:$B$24=H13)*$F$12:$F$24)

图 24-7　公式长度比较

既然可以用乘号连接公式，那么用 SUM 函数是不是也可以？是的，因为用 SUMPRODUCT 函数只是执行了求和这一个步骤，两者不同点在于 SUMPRODUCT 函数自带数组运算方式，所以我们可以按【Enter】键完成输入，将它换成 SUM 函数的话，需要按【Ctrl+Shift+Enter】组合键完成输入，公式变为：

```
{=SUM(($B$12:$B$24=H13)*$F$12:$F$24)}
```

本章后面的公式都将采用乘号连接的方式来写。

第一个公式已经讲解得很全面了。下面继续其他的统计内容，统计不同组别的人数，在 I13 单元格中输入公式：

```
=SUMPRODUCT($B$12:$B$24=H13)
```

这个公式结果为 0，因为其中的参数全部都为逻辑值 TRUE 和 FALSE，所以要将它们转化为数值，那就需要"减负"，如图 24-8 所示，I13 单元格的公式变为：

```
=SUMPRODUCT(--($B$12:$B$24=H13))
```

图 24-8　分组统计人数

2. 案例：统计二组文官销售金额

是时候显示 SUMPRODUCT 函数多条件统计的功力了，我们依次需要判断 B 列是"二组"，D 列是"文"的情况，在 I18 单元格中输入公式：

```
=SUMPRODUCT(B12:B24="二组"*D12:D24="文"*F12:F24)
```

输入公式后，结果出现错误值"#VALUE!"，下面通过【公式】选项卡【公式审核】组中的【公式求值】按钮来检查公式，如图 24-9 所示。

图 24-9　【公式】选项卡

单击【公式求值】按钮后会弹出【公式求值】对话框，在该对话框中的公式下加了下划线的部分是即将要计算的部分，如 ""二组 "*D12:D24"，如图 24-10 所示。我们应该计算的是 "B12:B24=" 二组 ""部分。如果搞不清公式计算顺序，就要加上括号。

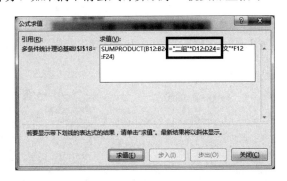

图 24-10 【公式求值】对话框

如图 24-11 所示，将 I18 单元格的公式修改为：

```
=SUMPRODUCT((B12:B24=" 二组 ")*(D12:D24=" 文 ")*F12:F24)
```

图 24-11 二组文官销售金额

上面公式还有一种新的写法：

```
=SUMPRODUCT((B12:B24=" 二组 ")*(D12:D24=" 文 "),F12:F24)
```

将第二个乘号（*）改为逗号（,），这是将所有的逻辑判断（即结果为 TRUE 和 FALSE 的部分）留在一起，让它们直接进行数组相乘，然后把数字部分放在逗号后面作为 SUMPRODUCT 的 array2 参数，这既能满足节约字符的要求，又兼顾了容错性。

3. 案例：姓黄人员的销售金额

现在继续统计姓黄人员的销售金额，我们在 19.2 节学过，用"黄 *"来表示姓黄的人员，于是在 I20 单元格中输入公式：

```
=SUMPRODUCT((C12:C24=" 黄 *")*F12:F24)
```

图 24-12 姓黄人员的销售金额 1

结果为 0，说明公式是错误的。之前讲通配符使用的时候，还记得哪些函数支持通配符吗？再来回忆一遍，如图 24-13 所示。

（1）文本函数 SEARCH、SEARCHB。

（2）"流氓三兄弟" COUNTIFS、SUMIFS、AVERAGEIFS。

（3）"桃园三结义" LOOKUP、VLOOKUP、HLOOKUP，以及后续四弟"赵云"，又称"常胜将军" MATCH。

支持通配符的函数

文本函数	"流氓三兄弟"	"桃园三结义"
SEARCH	COUNTIFS	LOOKUP
SEARCHB	SUMIFS	VLOOKUP
	AVERAGEIFS	HLOOKUP
		MATCH

图 24-13　支持通配符的函数

其他的函数也有支持通配符的，如 COUNTIF、SUMIF、AVERAGEIF，数据库函数 DSUM、DCOUNT，宏表函数 FILES 等，但是在实际工作中基本上都不会用到。

SUMPRODUCT 函数不支持通配符，另外，如 "C12:C24=" 黄 *""这种用等号（=）连接的也是不支持通配符的，而是直接判断等号左右两侧是否相等，即 C 列有没有等于"黄*"的人。

那么如何统计姓黄的人员呢？我们来换个思路，姓黄的人员，必然姓名中的第一个字是"黄"，那就把它们的第一个字取出来。这里要用到 LEFT 函数，修改 I20 单元格的公式为：

```
=SUMPRODUCT((LEFT(C12:C24,1)=" 黄 ")*F12:F24)
```

首先，提取 C12:C24 单元格区域的第一个字符，结果为 "{"马";"黄";"黄";"黄";"孙";"许";"张";"黄";"徐";"郭";"黄";"马";"庞"}"，其次，将结果分别和"黄"进行比较，返回逻辑值数组"{FALSE;TRUE;TRUE;TRUE;FALSE;FALSE;FALSE;TRUE;FALSE;FALSE;TRUE;FALSE;FALSE}"，最后，与销售金额相乘并用 SUMPRODUCT 函数完成求和，返回结果为 25 000，如图 24-14 所示。

	G	H	I	J	K	L	M
19		三、姓黄人员的销售金额					
20			25000				

图 24-14　姓黄人员的销售金额 2

4. 案例：武官 3 月份销售金额

下面来计算武官 3 月份的销售金额，统计日期区间，之前在 19.2 节学到的方法是大于头小于尾，如图 24-15 所示，在 I22 单元格中输入公式：

```
=SUMPRODUCT((D12:D24=" 武 ")*(E12:E24>="2016-3-1")*(E12:E24<"2016-4-1")*F12:F24)
```

图 24-15 武官 3 月份销售金额 1

结果又是 0，我们检查一下，括号加了，日期也加引号了，看着好像没有问题。但问题就出在日期的引号上。虽然之前说过，以这种快速输入的方式表示日期或时间时，要加双引号。但是这里有一个"坑"。日期的本质是数字，基础数据源中的 E 列都是日期，也就是说都是数字。后面作比较的"2016-3-1""2016-4-1"都加了双引号，从类型上看都是文本，即文本型数字。在比较大小的时候，逻辑值 > 文本 > 数字，这是恒定的，所以"E12:E24>="2016-3-1""用数字和文本比较大小一定会返回 FALSE。那要怎么办呢？

既然是文本型数字，那就转化成数值，进行"减负"操作，I22 单元格的公式改为：

```
=SUMPRODUCT((D12:D24=" 武 ")*(E12:E24>=--"2016-3-1")*(E12:E24<--"2016-4-1")*F12:F24)
```

结果为 13 000，数据正确，如图 24-16 所示。

图 24-16 武官 3 月份销售金额 2

如果掌握不好这种日期的表示方式，那就规规矩矩使用 DATE 函数，将公式改为：

```
=SUMPRODUCT((D12:D24=" 武 ")*(E12:E24>=DATE(2016,3,1))*(E12:E24<DATE(2016,4,1))*F12:F24)
```

这个公式太长了，我们将它缩短一些。之前在讲 COUNTIFS 函数时，为什么要用大于头小于尾的方式？因为 COUNTIFS 的参数是 range，只能代表表格的一片区域，而 SUMPRODUCT 没有这个要求，它的参数是 array，直接把日期中的月份提取出来作比较就可以了。公式可缩短为：

```
=SUMPRODUCT((D12:D24="武 ")*(MONTH(E12:E24)=3)*F12:F24)
```

MONTH(E12:E24) 部分用 MONTH 函数将 E12:E24 单元格区域的月份分别提取出来得到数组 {2;2;2;3;2;2;3;3;3;3;1;2;2}，然后分别与 3 比较得到逻辑值数组 {FALSE;FALSE;FALSE;TRUE;FALSE;FALSE;TRUE;TRUE;TRUE;TRUE;FALSE;FALSE;FALSE}。

5. 复杂条件统计

现在来做一个各种因素掺杂在一起的统计，计算姓黄的文官在 2 月的销售金额，如图 24-17 所示，于是在 I25 单元格中输入公式：

```
=SUMPRODUCT((LEFT(C12:C24,1)=" 黄 ")*(D12:D24=" 文 ")*(MONTH(E12:E24)
=2)*F12:F24)
```

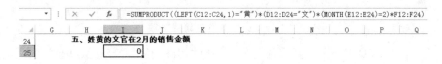

图 24-17　复杂条件统计

结果是 0。仔细检查，公式好像都没错，再看看数据源，发现真的没有符合这个条件的，结果就应该是 0。碰到结果为 0 的情况时，保持警惕性是正确的，但是检查完公式之后还是确定不了是否正确，那就修改一下数据源，看看修改后能否统计出数字来。

24.3　SUMPRODUCT 横向统计

之前讲的都是 SUMPRODUCT 的纵向条件统计，它的本质是对各个数组对应位置先乘积后求和，所以可以用它做横向统计。

如图 24-18 所示，A 列是各个部门名称，B 列是相应的员工姓名，F~AO 列是 1~12 月的计划、实际、差值的实际数字，在 C~E 列完成对各员工全年数据的总计。在 C3 单元格中输入以下公式完成横向的条件统计，并将公式复制到 C3:E10 单元格区域。

```
=SUMPRODUCT(($F$2:$AO$2=C$2)*$F3:$AO3)
```

	A	B	C	D	E	AE	AF	AG	AH	AI	AJ	AK	AL	AM	AN	AO
1				总计			9月		10月			11月			12月	
2	部门	姓名	计划	实际	差值	实际	差值	计划	实际	差值	计划	实际	差值	计划	实际	差值
3	魏国	荀彧	1457	1436	-21	31	-27	144	138	-6	177	167	-10	125	128	3
4	魏国	司马懿	1381	1441	60	175	18	75	77	2	127	144	17	41	46	5
5	魏国	张辽	1387	1453	66	149	-8	36	24	-12	142	163	21	132	158	26
6	魏国	曹操	1148	1094	-54	156	-14	76	65	-11	157	172	15	88	70	-18
7	蜀国	刘备	1397	1431	34	208	20	99	96	-3	63	54	-9	169	190	21
8	蜀国	法正	1347	1234	-113	119	6	99	80	-19	41	36	-5	59	66	7
9	蜀国	关羽	1664	1628	-36	201	16	99	74	-25	114	131	17	168	143	-25
10	蜀国	诸葛亮	1255	1154	-101	134	0	78	65	-13	69	48	-21	112	105	-7

图 24-18　SUMPRODUCT 横向统计

计算思路与 21.3 节 SUMIFS 函数的横向隔三列求和一致，在此不再赘述。

24.4　计算效率说明

本章所写的公式，都是选用的固定区域，并没有 A:A、B:B 这种整列的引用，这是因为

SUMPRODUCT 函数的计算是将每一个数组先乘积后求和, 2007 以上版本的 Excel 有 1 048 576 行, 当整列引用时, 它的每一次判断大约需要 104 万次计算量, 当在多个单元格中应用的时候, 计算效率可想而知。

但数据源大多是动态的, 怎么办? 可以使用 OFFSET 函数制作动态区域, 或者使用 COUNTIFS 函数进行整列引用。

所以在统计中, 如果可以使用数据透视表, 就不要使用 "流氓三兄弟", 能使用 "流氓三兄弟" 就不要使用 SUMPRODUCT 函数。

我们可能会在网上看到如下公式:

```
=SUMPRODUCT((B:B=" 二组 ")*(D:D=" 文 "),F:F)
```

公式是正确的, 感兴趣的读者可以在自己的计算机上操作试试, 可以多复制到几个单元格中, 测试一下计算机会不会直接死机。

盲目删减字数以求公式简短毫无意义, 最重要的还是要了解计算原理以提升工作效率。

1 如练习图 7-1 所示, A1:G21 单元格区域是基础数据源, 按照以下描述, 使用 SUMPRODUCT 函数编写公式, 完成相应统计。

	A	B	C	D	E	F	G
1	员工ID	姓名	参加工作日	员工部门	基本工资	员工级别	岗位编制
2	A9110001	罗贯中	1991/12/6	群雄	15000	1级	文
3	A9410001	刘备	1994/1/9	蜀国	13800	2级	文
4	A9410002	法正	1994/8/1	蜀国	3000	11级	文
5	A9720001	吴国太	1994/5/8	吴国	11400	4级	文
6	A9710002	陆逊	1993/7/28	吴国	10200	5级	文
7	A9710003	吕布	1997/10/23	群雄	11400	4级	武
8	A9910001	张昭	1999/5/31	吴国	4200	10级	文
9	A9910002	袁绍	1999/8/16	群雄	12600	3级	文
10	A9910003	孙策	1999/11/2	吴国	12600	3级	武
11	B0010001	孙权	2000/4/6	吴国	13800	2级	文
12	B0010002	庞德	2000/8/8	群雄	4200	10级	武
13	B0210001	荀彧	2002/10/14	魏国	10200	5级	文
14	B0210002	司马懿	2002/10/17	魏国	10200	5级	文
15	B0210003	张辽	2002/12/21	魏国	4200	10级	武
16	B0310001	董卓	2003/2/23	群雄	12600	3级	武
17	B0310002	曹操	2003/9/25	魏国	13800	2级	文
18	B0320003	孙尚香	2003/11/24	吴国	11400	4级	文
19	B0420001	小乔	1995/1/24	吴国	6600	8级	文
20	B0510001	关羽	2005/9/9	蜀国	7700	7级	武
21	B0510002	诸葛亮	1999/12/27	蜀国	11300	4级	文

练习图 7-1 基础数据源

(1) 魏国员工的工资总和。

(2) 吴国的岗位属性为文的有多少人。

(3) 基本工资超过 10 000 元的有多少人。

（4）员工 ID 以 B 开头的有多少人。

（5）在 2000 年 1 月 1 日前入职的武将基本工资总额为多少。

（6）以 1997 年到 2000 年，4 年的时间共入职多少人。

2 根据上题的基础数据源，可以添加一个合适的辅助列，使用 SUMPRODUCT 函数统计级别高于 9 级的（1~8 级）蜀国文官的工资总额。

3 根据题目 1 的基础数据源，在 J23 单元格输入一个公式并向下复制到 J23:J34 单元格区域，计算出 1~12 月每月入职的人数。

CHAPTER

第 8 篇

——

INDEX加MATCH函数

　　从本篇开始我们学习查找匹配函数部分。很多人把 VLOOKUP 函数当作"大众情人",我们先不讲它,先讲两个最基础的函数组合——INDEX 函数与 MATCH 函数。

INDEX 函数

INDEX 函数用来在某个区域中提取相应位置的值。

25.1 基础语法

INDEX 函数有两个基础语法，分别为：

```
INDEX(array, row_num, [column_num])
INDEX(reference, row_num, [column_num], [area_num])
```

参数 row_num，row 是行的意思，表示行号，同理，column_num 表示列号。

第一个语法：对于一个多行多列的数组或区域，指定它的行号、列号，即可提取它对应的位置。

第二个语法：第一个参数有多个区域，可以通过第 4 个参数来选定其中的第几个区域，然后再在这个区域中指定行列信息。公式如下：

```
=INDEX((A1:B3,D2:G8,B6:B20),4,3,2)
```

这个公式表示从 (A1:B3,D2:G8,B6:B20) 这 3 个区域中选择第 2 个区域，即 D2:G8 区域，然后提取此区域的第 4 行第 3 列的值，也就是 F5 单元格的信息。

25.2 提取纵向、横向及二维区域中的值

本节将讲解 INDEX 函数在一维和二维区域中的引用方式。

1. 对于纵向区域引用

如图 25-1 所示，D11:D18 单元格区域为基础数据源。在 F12 单元格中输入公式：

```
=INDEX(D11:D18,3)
```

图 25-1　对于纵向区域引用

得到 D11:D18 单元格区域中的第 3 行的值，结果为 D13 单元格的"黄承彦"。

注意，INDEX 是提取第 1 个参数中的第 n 个值，而不是提取第 1 个参数中不为空部分的第 n 个值。例如，公式"=INDEX(D9:D18,5)"，虽然 D9、D10 单元格全都是空值，但它的结果不会从 D11 单元格开始往下数第 5 个值。而是从选取的区域 D9:D18 中取第 5 个值，也就是返回 D13 单元格的值。

前面是对于单元格区域的引用，当第 1 个参数是数组时是否也可以呢？在 G12 单元格中输入公式：

=INDEX({"许褚";"张飞";"黄承彦";"徐庶";"郭嘉";"黄权";"马超";"庞统"},2)

在一个数组中，英文状态下的分号分隔表示纵向排列，英文状态下的逗号分隔表示横向排列。我们可以看到，最终的结果是提取该数组中的第 2 行的值，返回结果为"张飞"。

> **提示** 当需要从单元格区域中引用值，并把它们变成数组形式的时候，不需要一个个手动输入，尤其在数据量多的时候。可以先引用单元格区域，然后选中该参数后按【F9】键执行一次计算，如图 25-2 所示。

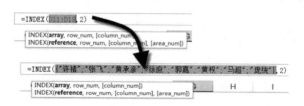

图 25-2　将区域转化为数组

2. 对于横向区域引用

如图 25-3 所示，D21:K21 单元格区域为一个横向的基础数据源。在 F24 单元格中输入公式：

=INDEX(D21:K21,1)

图 25-3　对于横向区域引用

返回结果为"许褚"，是这个区域中的第一个值，现在一切正常，我们继续计算，在 F25 单元格中输入公式：

```
=INDEX(D21:K21,7)
```

返回结果为"马超"，计算到这里，发现问题了吗？

INDEX 的第 2 个参数明明是 row_num，表示的是第几行，而 D21:K21 这个区域只有 1 行，我们提取第 7 行的结果应该得到错误值。

我们再看一下 Excel 的帮助文件，其中有这么一句话："如果数组只包含一行或一列，则相对应的参数 row_num 或 column_num 为可选参数。"

这句话可以换个角度理解，如果只有一行或一列，我们可以只指定一个参数，而这个参数代表的是一个序列数。就像上体育课站队，如果只站成一列纵队，老师会说第 3 位同学出来，那么"黄承彦"就走出来了。没有必要说第 1 列第 3 位同学，因为只有一列。同样，如果站成一行横队，老师喊第 7 位同学出来，那么"马超"就走出来了，而没必要说第 1 行第 7 位同学。

横向的数组是否也可以使用同样的引用？我们操作试试，在 G24 单元格中输入公式：

```
=INDEX({"许褚","张飞","黄承彦","徐庶","郭嘉","黄权","马超","庞统"},4)
```

返回的结果是横向数组中的第 4 个值"徐庶"，操作正确。

3. 对于二维区域引用

如图 25-4 所示，D28:G36 单元格区域是二维数据区域。在 I29 单元格中输入公式，即可得到数据区域中的第 2 行第 4 列的值，即 3 000。

```
=INDEX($D$29:$G$36,2,4)
```

	D	E	F	G	H	I	J
28	组别	姓名	销售日期	销售金额		引用区域	引用数组
29	一组	马岱	2016/2/3	4,000		3000	一组
30	一组	黄月英	2016/2/3	3,000		许褚	2016/3/22
31	一组	黄忠	2016/2/22	3,000			
32	一组	黄盖	2016/3/22	6,000			
33	二组	孙乾	2016/2/3	8,000			
34	二组	许褚	2016/2/24	5,000			
35	二组	张飞	2016/3/8	7,000			
36	二组	黄承彦	2016/3/9	5,000			

图 25-4　对于二维区域引用

INDEX 还可以引用多行多列的数组，在 J29 单元格中输入公式：

```
=INDEX({" 一组 "," 马岱 ",42403,4000;" 一组 "," 黄月英 ",42403,3000;" 一组 "," 黄忠
",42422,3000;" 一组 "," 黄盖 ",42451,6000;" 二组 "," 孙乾 ",42403,8000;" 二组 "," 许褚
",42424,5000;" 二组 "," 张飞 ",42437,7000;" 二组 "," 黄承彦 ",42438,5000},3,1)
```

从这个数组中提取第 3 行第 1 列的数据是"一组"。

一个多行多列的数组是先按行来排列，一行排列完再排列下一行，所以看到的都是先逗号后分号。

4. 对于整行或整列的引用

这时再仔细读读 Excel 的帮助信息，其中有一句话是"如果将 row_num 或 column_num 设置为 0（零），函数 INDEX 则分别返回整个列或行的数组数值"。

还以图 25-4 中的数据为例，编写公式：

```
=SUM(INDEX(D29:G36,0,4))
```

公式返回结果为"41 000"，INDEX 函数中 row_num 参数为 0，说明选择了第 0 行。第 0 行到底是第几行呢？这里没有明确的指定，所以 INDEX 就把全部的行都引用过来。column_num 参数为 4，所以返回结果为 D29:G36 单元格区域的第 4 列，即 G29:G36 的销售金额列。

在引用时，一整列的内容无法在一个单元格中完整地展示出来，但这并不影响在公式最外面套一个 SUM 函数，因此整个公式表示对销售金额的求和，即"41 000"。这个 SUM 函数仅用于辅助大家理解公式的结果。

公式可编写为：

```
=SUM(INDEX(D29:G36,5,0))
```

公式返回结果为"50 403"，表示对区域中的第 5 行的引用，即 D33:G33 区域。由于日期的本质就是数字，2016/2/3 相当于数字 42 403，因此该区域求和为 42 403+8 000=50 403。

对整行或整列引用的知识了解即可，构造区域一般习惯性地使用 OFFSET 函数，有时会用到 INDIRECT 函数。

25.3 案例：制作工资条

下面使用 INDEX 函数来做一个工资条。在实际工作中，如学生分数、员工工资等都是对他人保密的，所以发纸质明细时，需每个人一条信息。如果用 A4 纸打印，每人一张，明显太浪费，每个工资条只需两行就够了。我们把所有人的信息都打印在一张纸上，中间留出空行，打印出来之后分别裁剪就行了，如图 25-5 所示，A1:G9 单元格区域是基础数据，我们根据此基础数据信息变成右侧打印版的形式。

	A	B	C	D	E	F	G	H	I	J	K	L	M	N	O	P
1	部门	员工号	姓名	基本工资	绩效奖	加班费	总工资		效果	部门	员工号	姓名	基本工资	绩效奖	加班费	总工资
2	蜀国	201	马岱	8500	1360	180	10040			蜀国	201	马岱	8500	1360	180	10040
3	蜀国	202	黄月英	6200	1820	380	8400									
4	蜀国	203	黄忠	5600	520	770	6890			部门	员工号	姓名	基本工资	绩效奖	加班费	总工资
5	吴国	204	黄盖	7800	2000	510	10310			蜀国	202	黄月英	6200	1820	380	8400
6	蜀国	205	孙乾	4500	650	440	5590									
7	吴国	206	许褚	8200	900	620	9720			部门	员工号	姓名	基本工资	绩效奖	加班费	总工资
8	蜀国	207	张飞	7900	1520	250	9670			蜀国	203	黄忠	5600	520	770	6890
9	蜀国	208	黄承彦	6600	910	170	7680									
10										部门	员工号	姓名	基本工资	绩效奖	加班费	总工资
11										吴国	204	黄盖	7800	2000	510	10310

图 25-5　工资条效果

工资条具体怎么制作呢？

有的人利用重复编号然后排序的方案，这种操作方法每次都要做一遍，会重复工作。

有的人使用 VBA 的技术，能一键完成，那没有 VBA 基础的人要怎样制作呢？我们用函数的方法来搞定。

首先观察规律：右侧的第 1，4，7，10，…行都是引用基础数据源的第 1 行数据，可以在 I 列的相应行位置标注上数字 1；右侧的第 3，6，9，12，…行都是空白行，可以在 I 列相应行位置放一个较大的数字，如 999，这个数字大于原始数据的总行数即可；右侧的第 2，5，8，11，…行分别引用基础数据源的第 2，3，4，5，…行，可以在 I 列相应行位置依次输入数字 2，3，4，5，…

至此在 I 列各单元格依次输入数字：1，2，999，1，3，999，1，4，999，1，5，999，…

这些数字有什么作用呢？它们实际就是即将引用的基础数据的第几行。在 J1 单元格中输入公式：

```
=INDEX(A:A,$I1)
```

并将公式向右向下复制，如图 25-6 所示。

	I	J	K	L	M	N	O	P
1	1	部门	员工号	姓名	基本工资	绩效奖	加班费	总工资
2	2	蜀国	201	马岱	8500	1360	180	10040
3	999	0	0	0	0	0	0	0
4	1	部门	员工号	姓名	基本工资	绩效奖	加班费	总工资
5	3	蜀国	202	黄月英	6200	1820	380	8400
6	999	0	0	0	0	0	0	0
7	1	部门	员工号	姓名	基本工资	绩效奖	加班费	总工资
8	4	蜀国	203	黄忠	5600	520	770	6890
9	999	0	0	0	0	0	0	0
10	1	部门	员工号	姓名	基本工资	绩效奖	加班费	总工资
11	5	吴国	204	黄盖	7800	2000	510	10310
12	999	0	0	0	0	0	0	0

图 25-6　基础思路分解

至此整个思路都讲完了，此时对公式是否有了基本的理解？我们开始实质性地构造 I 列的数字列，取代刚才的手工输入。

首先是处理 1，4，7，10，…行，它们是公差为 3 的等差数列。进一步说，它们除以 3 的余数都是 1，那么 I1 单元格的公式为：

```
=IF(MOD(ROW(),3)=1,1,0)
```

利用之前讲的 IF 函数并列的思路,让每一个 IF 公式只做一件事情,这里判断当前行是否为 1,4,7,10,…行,如果是就标记为 1,不是就为 0。

其次第 3,6,9,12,…行的特点是除以 3 的余数都为 0,于是完善公式:

```
=IF(MOD(ROW(),3)=1,1,0)+IF(MOD(ROW(),3)=0,999,0)
```

最后处理第 2,5,8,11,…行,先输入公式:

```
=IF(MOD(ROW(),3)=1,1,0)+IF(MOD(ROW(),3)=0,999,0)+IF(MOD(ROW(),3)=2,???,0)
```

整体的结构是和前面一致的,我们在最关键的部分暂时先写上 "???",如何从 2,5,8,11,…变成 2,3,4,5,…呢?

日常工作中,大家也会遇到这种处理有规律的数字的情况,这里教大家一个放之四海皆准的秘籍:无论你的数字序列是什么样的,都先把它还原到 1,2,3,4,…的基准序列。

实际操作一下。2,5,8,11,…它们的公差是 3,要变成 1,2,3,4,…首先要缩小 3 倍,我们先写下 "=???/3"。

那么几除以 3 等于 1 呢?当然是 3 除以 3 等于 1,所以公式变为 "=3/3"。

继续操作。被除数 3 是怎么得出的?当前行位于第 2 行,所以 2+1=3,即 "=(ROW()+1)/3"。

上一步我们可以进行验证,当位于第 5 行时,=(5+1)/3=2,当位于第 8 行时,=(8+1)/3=3。

成功变成 1,2,3,4,…了,那怎么变成 2,3,4,5,…呢?可以直接 +1,所以这部分的公式合成为:

```
=(ROW()+1)/3+1
```

将它组合进最终的公式:

```
=IF(MOD(ROW(),3)=1,1,0)+IF(MOD(ROW(),3)=0,999,0)+IF(MOD(ROW(),3)=2,
(ROW()+1)/3+1,0)
```

为了增加公式的可读性,将它进行适当的换行排版,如图 25-7 所示。

```
=IF(MOD(ROW(),3)=1,1,0)
+IF(MOD(ROW(),3)=0,999,0)
+IF(MOD(ROW(),3)=2,(ROW()+1)/3+1,0)
```

图 25-7 公式排版

下面就可以套入 INDEX 函数完成最后的步骤了,在 J1 单元格中输入以下公式,并向右复制到 P1 单元格,向下复制到第 *n* 行,得到的效果如图 25-8 所示。

```
=INDEX(A:A,IF(MOD(ROW(),3)=1,1,0)+IF(MOD(ROW(),3)=0,999,0)+IF(MOD(ROW(),
3)=2,(ROW()+1)/3+1,0))
```

	J	K	L	M	N	O	P
1	部门	员工号	姓名	基本工资	绩效奖	加班费	总工资
2	蜀国	201	马岱	8500	1360	180	10040
3	0	0	0	0	0	0	0
4	部门	员工号	姓名	基本工资	绩效奖	加班费	总工资
5	蜀国	202	黄月英	6200	1820	380	8400
6	0	0	0	0	0	0	0
7	部门	员工号	姓名	基本工资	绩效奖	加班费	总工资
8	蜀国	203	黄忠	5600	520	770	6890
9	0	0	0	0	0	0	0
10	部门	员工号	姓名	基本工资	绩效奖	加班费	总工资
11	吴国	204	黄盖	7800	2000	510	10310
12	0	0	0	0	0	0	0

图 25-8　完成效果 1

这里发现第 3，6，9，12，…行的结果并不是空白，都是数字 0。这是因为引用的相应单元格，如 A999 单元格是空白的，所以为 0。屏蔽掉所以这些行的数字 0，将原来的公式稍微变化一下：

```
=INDEX(A:A,IF(MOD(ROW(),3)=1,1,0)+IF(MOD(ROW(),3)=0,999,0)+IF(MOD(ROW(),3)=2,(ROW()+1)/3+1,0))&""
```

只是在原有公式的最后增加了"&""""，将原来公式的结果连接一个空文本，3，6，9，12，…行就变成空白了，如图 25-9 所示。

	J	K	L	M	N	O	P
1	部门	员工号	姓名	基本工资	绩效奖	加班费	总工资
2	蜀国	201	马岱	8500	1360	180	10040
3							
4	部门	员工号	姓名	基本工资	绩效奖	加班费	总工资
5	蜀国	202	黄月英	6200	1820	380	8400
6							
7	部门	员工号	姓名	基本工资	绩效奖	加班费	总工资
8	蜀国	203	黄忠	5600	520	770	6890
9							
10	部门	员工号	姓名	基本工资	绩效奖	加班费	总工资
11	吴国	204	黄盖	7800	2000	510	10310
12							

图 25-9　完成效果 2

这是否意味着只要是 0&"" 结果就返回空白？我们来做个试验，如图 25-10 所示。

	A	B	C
1	结果	公式	
2	0	=0&""	
3		=C3&""	
4	0	=C4	

图 25-10　空白连接示意

在 A2 单元格中输入公式"=0&""""，可以看到结果为 0，而且在单元格中是默认左对齐的，说明这个结果是文本型的数字 0，所以 0&"" 返回空白的想法是错的。

在 A3 单元格中输入公式"=C3&""""，其中 C3 是空单元格，这时候连接上一个空文本，得到的结果也就是空。

在 A4 单元格中输入公式"=C4"，C4 也是空单元格，返回结果为数字 0，这并不是说 C4 单元格是 0，而是说它是空白的。

> **提示**
>
> 　　使用"&"""方式屏蔽空白的方法诞生于 Excel 2003 及之前版本，那时候没有 IFERROR 函数，很多时候需要通过 ISERROR 等函数做出判断后再二次返回结果，导致公式很长。高手们就在摸索中发现了这种连接空白的方式减少字符。
>
> 　　只是通过这种方式得到的结果，都是文本型的值，包括文本型数字，在需要二次计算的时候会有一定的麻烦，请谨慎使用。

公式都完成了，最后利用"格式刷"做一下整体的格式调整。

（1）选择原始数据的 A1:G2 单元格区域，单击一下【格式刷】按钮。

（2）单击一下 J1 单元格，这时候 J1:P2 单元格区域便调整完成，与 A1:G2 单元格区域一致了。

（3）选择 J1:P3 单元格区域，单击一下【格式刷】按钮，然后向下刷 *n* 行，完成格式设置。

本文中所使用的公式并不是最短的，而是我认为逻辑操作上比较简单的，如果想让公式更加简短，可以使用 IF 函数嵌套：

```
=INDEX(A:A,IF(MOD(ROW(),3)=1,1,IF(MOD(ROW(),3)=0,999,(ROW()+1)/3+1)))&""
```

或者借用 CHOOSE 函数：

```
=INDEX(A:A,CHOOSE(MOD(ROW(),3)+1,999,1,(ROW()+1)/3+1))&""
```

第26章 MATCH 函数精确匹配

MATCH 函数的作用是查找位置，它有精确匹配和模糊匹配两种方式，其中模糊匹配又可以分为升序查找和降序查找。本章将着重讲解 MATCH 函数的精确匹配。

26.1 基础语法

MATCH 函数的作用是查找某目标值在一行或一列区域中的位置，它的基础语法如下。

```
MATCH(lookup_value, lookup_array, [match_type])
```

参数 lookup_value 代表的是要查找的目标值，参数 lookup_array 代表的是查找的区域或数组，注意只可以是一行或一列，不可是多行或多列的情况。参数 match_type 指定的是查找方式，MATCH 有以下 3 种查找方式。

（1）数字 0 代表精确匹配，本篇着重讲这个参数。

（2）数字 1 代表模糊匹配，要求查找区域必须升序排列，查找的时候执行"二分法"策略，本书第 9 篇会专门介绍。

（3）数字 -1 代表模糊匹配，要求查找区域必须降序排列，查找时是按照从上到下或从左到右的遍历查找方式。在实际工作中，基本上不会用到 -1 这个参数，所以本章不讲这个参数，大家仅做了解即可。

26.2 查找目标值在一列或一行中的位置

MATCH 函数可以查找目标值在一维区域中的位置。

1. 对于纵向区域查找

如图 26-1 所示，D13:D20 是数据区域。

在 F14 单元格中输入公式：

```
=MATCH(" 黄承彦 ",$D$13:$D$20,0)
```

图 26-1　纵向区域查找

这是查找目标值"黄承彦"在 D13:D20 单元格区域的位置，返回结果为 3。

在 G14 单元格中输入公式：

=MATCH("郭嘉",{"许褚";"张飞";"黄承彦";"徐庶";"郭嘉";"黄权";"马超";"庞统"},0)

查找"郭嘉"在数组中的位置，返回结果为 5。MATCH 函数的第 2 个参数不仅支持单元格区域，还支持数组的查找。

　　注意，第 3 个参数数字 0，表示精确匹配。大家在函数初学阶段，千万不要盲目地省略参数、字符，我们在工作中运用函数的目的是"偷懒"，但前提要准确。

2. 对于横向区域查找

MATCH 函数的查找区域不仅可以是一列纵向数据，还可以是一行横向数据，如图 26-2 所示，D23:K23 是数据区域。

图 26-2　横向区域查找

在 F26 单元格中输入公式：

=MATCH("张飞",D23:K23,0)

查找"张飞"在这个横向区域的位置，返回结果为 2，同样别忘了 MATCH 函数的第 3 个参数写数字 0。

在 G26 单元格中输入公式：

=MATCH("马超",{"许褚","张飞","黄承彦","徐庶","郭嘉","黄权","马超","庞统"},0)

数组中用逗号分隔表示横向排列，查找"马超"在数组中的位置，返回结果为 7。

总结：MATCH 查找的是位置，返回的结果是数字。

那么 MATCH 函数有没有返回结果不是数字的情况？有。例如，第 2 个参数是一个多行多列的区域：

```
=MATCH(" 张飞 ",D23:K24,0)
```

这里第 2 个参数是一个 2 行 8 列的区域，所以返回结果为 #N/A。当查找区域中不包含查找值的情况下，也会返回错误值 #N/A。例如：

```
=MATCH(" 宋江 ",D23:K23,0)
```

26.3 INDEX 加 MATCH 组合完成各种方式的查找

通过之前的学习，我们发现 INDEX 函数的第 2 个、第 3 个参数都是数字，而 MATCH 的结果恰好是数字，把它们有效地结合在一起，可以完成很多事情。现在就让它们来完成各种查询操作，如图 26-3 所示，A1:G9 单元格区域是基础数据源，其中 A 列是部门，B 列是员工号，C 列是姓名，D~G 列是基本工资、绩效奖、加班费及总工资。

	A	B	C	D	E	F	G
1	部门	员工号	姓名	基本工资	绩效奖	加班费	总工资
2	蜀国	201	马岱	8500	1360	180	10040
3	蜀国	202	黄月英	6200	1820	380	8400
4	蜀国	203	黄忠	5600	520	770	6890
5	吴国	204	黄盖	7800	2000	510	10310
6	蜀国	205	孙乾	4500	650	440	5590
7	吴国	206	许褚	8200	900	620	9720
8	蜀国	207	张飞	7900	1520	250	9670
9	蜀国	208	黄承彦	6600	910	170	7680

图 26-3　查找数据源

1. 案例：常规查找

根据不同的员工号，查找每个员工号对应的姓名，首先在 K3 单元格中输入以下公式，查找各个学号在数据源中的位置。

```
=MATCH(J3,B:B,0)
```

做精确匹配，千万不要忘记写 MATCH 的第 3 个参数 0。返回结果为 2，说明员工号 201 位于表格 B 列的第 2 行，然后就可以利用 INDEX 函数来引用这个数字，得到相应姓名，于是将公式写成：

```
=INDEX(C:C,MATCH(J3,B:B,0))
```

返回结果为"马岱"，将 K3 单元格的公式向下复制到 K5 单元格。利用 MATCH 函数找到位置，然后用 INDEX 函数去提取相应位置的信息，这就是我们常用的"套路"，计算过程如图 26-4 所示。

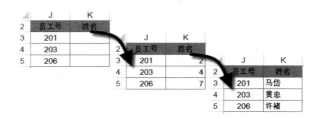

图 26-4　常规查找

2. 案例：文本数字查找

根据员工号查找对应人员的总工资，J8:J10 单元格区域是相应的员工号信息。在 K8 单元格中输入公式"=INDEX(G:G,MATCH(J8,B:B,0))"，然后将公式向下复制到 K10 单元格。在 K8 单元格中很顺利的查找到相应的结果，而 K9、K10 都是错误值 #N/A，如图 26-5 所示。

	J	K
7	员工号	总工资
8	201	10040
9	204	#N/A
10	207	#N/A

图 26-5　文本数字查找错误方式

接下来仔细检查一下公式上有没有编写错误。在 J9、J10 单元格的左上角都有个小的"绿帽子"，这种"绿帽子"的错误提示通常表示单元格数据是文本型数字，我们打开【公式求值】分步计算看看结果，如图 26-6 所示。

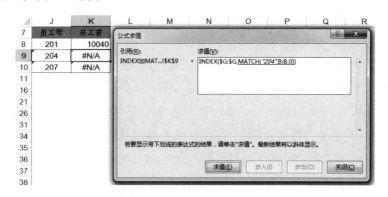

图 26-6　公式求值步骤

在求值的步骤中，可以看到 MATCH 函数的第一个参数为 "204"，带了双引号，说明是文本型数字。在 MATCH 匹配的过程中，要求数据类型一致，基础数据源的员工号列都是数字，所以查找不到这个文本值。把文本型转化为数值型，减负就可以了，如图 26-7 所示，于是 K8 单元格的公式变为：

	J	K
7	员工号	总工资
8	201	10040
9	204	10310
10	207	9670

图 26-7　文本数字查找正确方式

```
=INDEX(G:G,MATCH(--J8,B:B,0))
```

虽然可以通过公式处理这种特殊的情况，但尽量还要保证数据类型的一致性。一个好的数据源，可以为以后的统计省去很多麻烦。

3. 案例：查无此人

同样是根据员工号查找姓名，J13:J15 单元格区域是查找的数据
源。在 K13 单元格中输入公式 "=INDEX(C:C,MATCH(J13,B:B,0))"，
并向下复制到 K15 单元格，看到 K15 单元格得到错误值 #N/A，如图
26-8 所示。

图 26-8　查无此人步骤 1

通过检查，发现基础数据源中员工号是 201~208，没有 209 这个
员工号，所以"查无此人"，具体的函数公式怎么写呢？K15 单元格是错误值，如果（IF）错误
（ERROR）了，怎么办？刚好有一个函数是 IFERROR，于是，函数公式完善为：

```
=IFERROR(INDEX(C:C,MATCH(J13,B:B,0))," 查无此人 ")
```

IFERROR 函数的语法为：

```
IFERROR(value, value_if_error)
```

IFERROR 函数的作用是当第 1 个参数 value 为错误值的时候，就
执行第 2 个参数 value_if_error 语句，如果 value 不是错误值，结果就
返回 value 本身。所以对于原 K15 单元格的错误值，就返回相应的结
果"查无此人"，效果如图 26-9 所示。

图 26-9　查无此人步骤 2

有人对于 ISERROR 函数和 IFERROR 函数总是弄混。其实我们不
用死记硬背它们的语法，从英文翻译上理解即可。

ISERROR 中，IS 英文意思为"是"，放在前面表达疑问语态"是不是"，后面跟一个 ERROR，就
是在问"是不是错误"，只需要回答"是"或"不是"就可以，所以它的结果就是 TRUE 或 FALSE。

IFERROR 中，IF 表示"如果"，整个意思就是"如果错误"，如果错误的，一般都隐含一
句话"怎么办"，所以这个时候就不能只回答"是"或"不是"，而要拿出解决方案，也就是
IFERROR 的第 2 个参数。

4. 案例：查找一系列值

前面都是根据目标值返回一个对应结果，我们想根据一个查找目标值，返回它的一系列对应
值时怎么办，如图 26-10 所示，根据 J18:J20 单元格区域的姓名，返回他们的各项工资明细。

	J	K	L	M	N
17	姓名	基本工资	绩效奖	加班费	总工资
18	黄月英	6200	1820	380	8400
19	许褚	8200	900	620	9720
20	张飞	7900	1520	250	9670

图 26-10　查找一系列值

写公式还是需要一步步来完成，在 K18 单元格中输入公式：

```
=INDEX(D:D,MATCH(J18,C:C,0))
```

可以得到黄月英的基本工资为 6 200 元，然后将公式向右向下复制。注意，只要涉及公式复制就必须想到"图钉"的问题。

首先是 D:D，向右复制需要变成 E:E、F:F，以引用不同的工资科目，所以不加"图钉"。然后是 J18，向右复制始终要引用 J 列的姓名，而向下复制则要变成 J19、J20，所以要把 J 用"图钉"按住，变成 $J18。最后是 C:C，是数据源中的姓名列，要用"图钉"按住，所以完善公式为：

```
=INDEX(D:D,MATCH($J18,$C:$C,0))
```

最后将公式复制到 K18:N20 单元格区域。其实公式没有脱离原来最初的结构，只是巧用了"图钉"来完成一系列值的查找，这样就不用在每一列单独写一个公式了。

5. 案例：逆向查找

可能很多人都用过 VLOOKUP 函数，它的强大功能使它几乎成了 Excel 函数的代名词，然而它的缺陷是只能正向查找。后来被高手开发出了 VLOOKUP+IF 的逆向查找方式，但是这种方式不适合日常的使用，具体用法我们会在 30.3 节讲解。

本章讲的 INDEX+MATCH 是解决逆向查找的好方法，如图 26-11 所示，根据 J23:J25 单元格区域的姓名，查询每个人对应的部门及员工号。

	J	K	L
22	姓名	部门	员工号
23	黄月英	蜀国	202
24	许褚	吴国	206
25	张飞	蜀国	207

图 26-11 逆向查找

在 K23 单元格中输入公式"=INDEX(A:A,MATCH(J23,C:C,0))"，按上"图钉"，将公式完善为：

```
=INDEX(A:A,MATCH($J23,$C:$C,0))
```

然后将 K23 单元格的公式复制到 K23:L25 单元格区域。通过仔细观察会发现，本案例的公式与上一案例的公式基本一致，看着很难的逆向查找操作，用了 INDEX+MATCH 函数公式后完全零难度。

6. 案例：查找指定列

如图 26-12 所示，根据 J 列的姓名，查找指定工资科目的明细，具体是哪科，完全取决于 K27:L27 单元格区域的工资科目名称。

	J	K	L
27	姓名	基本工资	总工资
28	黄月英	6200	8400
29	许褚	8200	9720
30	张飞	7900	9670

图 26-12 查找指定列

之前的取值都知道在哪列取，于是就用 INDEX 指定到相应的列，然后 MATCH 返回相应行的序号即可。不知道在哪列取值也没关系，INDEX 不仅可以指定行号，还可以指定列号，可以选定整个 A:G 列区域，然后用两个 MATCH 分别计算行、列号，公式为：

```
=INDEX(A:G,MATCH(J28,C:C,0),MATCH(K27,1:1,0))
```

MATCH(J28,C:C,0) 返回姓名对应的行号，MATCH(K27,1:1,0) 返回相应工资科目对应的列号。公式要进行复制，"图钉"不能少，于是公式完善为：

```
=INDEX($A:$G,MATCH($J28,$C:$C,0),MATCH(K$27,$1:$1,0))
```

更换标题看看效果，如图 26-13 所示，更换 K27:L27 的标题就可以得到不同列的信息，而且还可以包含逆向查找和正向查找的混合效果。

	J	K	L		J	K	L
27	姓名	部门	绩效奖	27	姓名	员工号	加班费
28	黄月英	蜀国	1820	28	黄忠	203	770
29	许褚	吴国	900	29	黄盖	204	510
30	张飞	蜀国	1520	30	黄承彦	208	170

图 26-13　查找指定列效果

7. 案例：通配符查找

我们前面讲过支持通配符的函数：文本函数 SEARCH、SEARCHB，"流氓三兄弟""桃园三结义"及后续常胜将军"赵云"。

MATCH 函数就是之前说的"常胜将军"，查找第一个姓黄人员的总工资，于是可以写公式：

```
=INDEX(G:G,MATCH("黄*",C:C,0))
```

第27章 INDEX加MATCH扩展应用

本章将进一步讲解 INDEX 和 MATCH 的配合使用，完成更复杂的查找。

27.1 案例：多条件查找

第 26 章讲的 INDEX 加 MATCH 查找，都是根据单一目标值进行查找，而当目标值和查找区域都不是唯一时怎么办？图 27-1 所示的是"三国学校"的学习成绩记录表，B、C、D 列分别为姓名、学期、科目，这三列每一列的信息都不是唯一的。这时候需要进行相应条件的查询，如图中 I2:K7 单元格区域的条件，要怎么处理呢？

	A	B	C	D	E	F
1	序号	姓名	学期	科目	分数	分数等级
2	1	汉献帝	第一学期	语文	95	A
3	2	汉献帝	第一学期	数学	62	D
4	3	汉献帝	第一学期	英语	52	E
5	4	汉献帝	第二学期	语文	98	A
6	5	汉献帝	第二学期	数学	74	C
7	6	汉献帝	第二学期	英语	93	A
8	7	刘备	第一学期	语文	79	C
9	8	刘备	第一学期	数学	59	E
10	9	刘备	第一学期	英语	64	D
11	10	刘备	第二学期	语文	55	E
12	11	刘备	第二学期	数学	51	E
13	12	刘备	第二学期	英语	98	A
14	13	曹操	第一学期	语文	85	B
15	14	曹操	第一学期	数学	82	B
16	15	曹操	第一学期	英语	52	E

姓名	学期	科目	分数	分数等级
汉献帝	第一学期	数学		
刘备	第二学期	语文		
曹操	第二学期	英语		
孙权	第一学期	数学		
汉献帝	第一学期	英语		

图 27-1 多条件查找数据源

观察数据，B~D 列每一列的值都有重复，但是，将三列的数据粘在一起，得到的值就是唯一了，查询的时候也将 I~K 列的数据粘在一起作为查找值就可以了。先在 G 列添加辅助列，G2 单元格的公式为：

```
=B2&C2&D2
```

然后将公式向下复制到 G25 单元格，之后在 L3 单元格中输入查找公式：

```
=INDEX(E:E,MATCH(I3&J3&K3,G:G,0))
```

注意此处需要"图钉",公式进一步完善为:

```
=INDEX(E:E,MATCH($I3&$J3&$K3,$G:$G,0))
```

将 L3 的公式复制到 L3:M7 单元格区域,结果如图 27-2 所示,其中 G 列是添加的具有唯一值的辅助列。

L3	▼	:	×	✓	*fx*	=INDEX(E:E,MATCH($I3&$J3&$K3,$G:$G,0))						
	A	B	C	D	E	F	G	H	I	J	K	L	M
1	序号	姓名	学期	科目	分数	分数等级	辅助列		姓名	学期	科目	分数	分数等级
2	1	汉献帝	第一学期	语文	95	A	汉献帝第一学期语文		汉献帝	第一学期	数学	62	D
3	2	汉献帝	第一学期	数学	62	D	汉献帝第一学期数学		刘备	第二学期	语文	55	E
4	3	汉献帝	第一学期	英语	52	E	汉献帝第一学期英语		曹操	第二学期	英语	84	B
5	4	汉献帝	第二学期	语文	98	A	汉献帝第二学期语文		孙权	第一学期	数学	61	D
6	5	汉献帝	第二学期	数学	74	C	汉献帝第二学期数学		汉献帝	第一学期	英语	52	E
7	6	汉献帝	第二学期	英语	93	A	汉献帝第二学期英语						
8	7	刘备	第一学期	语文	79	C	刘备第一学期语文						
9	8	刘备	第一学期	数学	59	E	刘备第一学期数学						
10	9	刘备	第一学期	英语	64	D	刘备第一学期英语						
11	10	刘备	第二学期	语文	55	E	刘备第二学期语文						
12	11	刘备	第二学期	数学	51	E	刘备第二学期数学						
13	12	刘备	第二学期	英语	98	A	刘备第二学期英语						
14	13	曹操	第一学期	语文	85	B	曹操第一学期语文						
15	14	曹操	第一学期	数学	82	B	曹操第一学期数学						
16	15	曹操	第一学期	英语	52	E	曹操第一学期英语						

图 27-2 多条件查找结果

可以不用辅助列吗?当你在论坛或某些办公群里求助时,高手们会怎么给你写公式?

```
{=INDEX(E:E,MATCH($I3&$J3&$K3,$B:$B&$C:$C&$D:$D,0))}
```

这是一个数组公式,要按三键(【Ctrl+Shift+Enter】)结束。当你在表格中试验公式时,会发现 Excel 会很卡,这是为什么?

$B:$B&$C:$C 是将 B 列和 C 列的值粘在一起,而每一列有 1 048 576 行,将 B、C 列数据粘在一起后,又粘上了 D 列,再将公式向右向下复制,此时的计算量对于计算机来说是个灾难。

那什么时候可以用整列呢?一般来讲,"流氓三兄弟""桃园三结义"及后续常胜将军"赵子龙",它们直接引用的查找区域可以是整列的,但绝对不允许出现"A:A&B:B""A:A=1"这种对整列做判断计算的形式。

多条件查找,如果返回的结果是数字的话,还可以借用另一个函数,在 L3 单元格中输入公式:

```
=SUMIFS(E:E,B:B,I3,C:C,J3,D:D,K3)
```

SUMIFS 是多条件求和函数,本案例有一个特点,每一组多条件都是唯一的,所以多条件的求和也就是最终对于一个值求和,间接达到了查找的目的。

27.2 案例：制作人事工作中的动态员工信息卡

图 27-3 所示的是模拟 HR 工作中的员工信息卡制作的一个表，其中通过更换 C2 单元格的姓名，可以更新查找不同人员的信息，同时对应的头像也会自动变化，下面来看一下操作步骤。

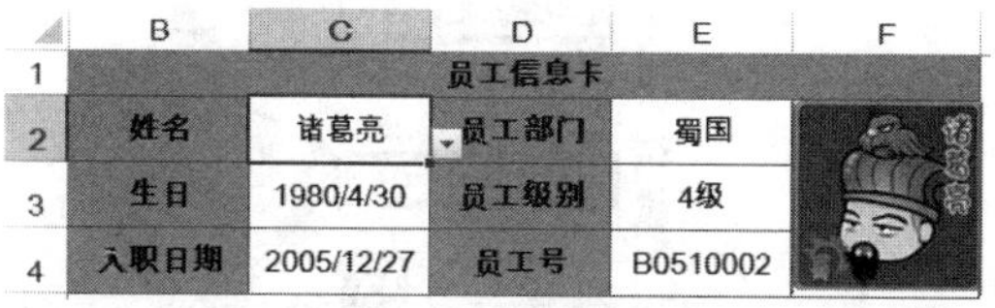

	B	C	D	E	F
1	员工信息卡				
2	姓名	诸葛亮	员工部门	蜀国	
3	生日	1980/4/30	员工级别	4级	
4	入职日期	2005/12/27	员工号	B0510002	

图 27-3 员工信息卡展示

首先了解一下基础信息，如图 27-4 所示，基础信息工作表的 A2:H14 单元格区域是每个员工的基础信息，包括姓名、照片、生日、员工号等。

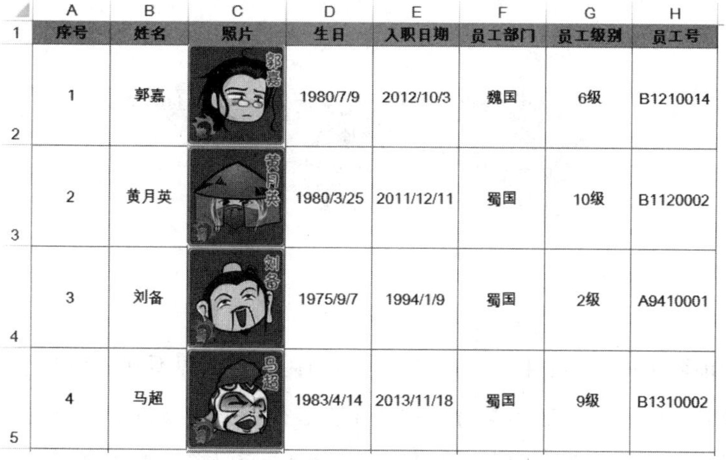

	A	B	C	D	E	F	G	H
1	序号	姓名	照片	生日	入职日期	员工部门	员工级别	员工号
2	1	郭嘉		1980/7/9	2012/10/3	魏国	6级	B1210014
3	2	黄月英		1980/3/25	2011/12/11	蜀国	10级	B1120002
4	3	刘备		1975/9/7	1994/1/9	蜀国	2级	A9410001
5	4	马超		1983/4/14	2013/11/18	蜀国	9级	B1310002

图 27-4 基础信息

1. 做出可以选择的姓名

在员工信息卡表中，选择 C2 单元格，然后切换到【数据】选项卡，单击【数据验证】按钮（在 2013 版及之后的版本称为【数据验证】，在 2010 版及之前的版本称为【数据有效性】，英文版本称为【Data Validation】），在弹出的【数据验证】对话框中，将【允许】下拉列表中选择【序列】，之后在【来源】参数框中选择基础信息表的 B2:B14 单元格区域，会自动生成公式“= 基础信息 !$B$2:$B$14”，最后单击【确定】按钮完成设置，如图 27-5 所示。

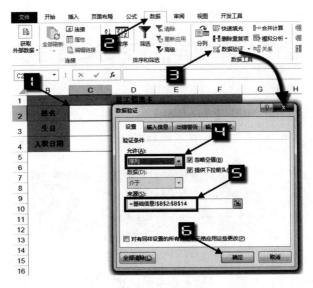

图 27-5　插入数据验证

现在选择 C2 单元格会出现一个下拉按钮，单击此下拉按钮就会出现可供选择的下拉列表，如图 27-6 所示。

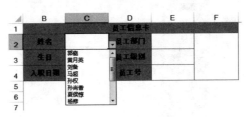

图 27-6　数据验证效果

2007 版及之前版本的 Excel 中的数据有效性所引用的数据源不支持跨工作表引用，必须是引用同一个工作表中的数据。从 2010 版才可以跨工作表引用。如果 2007 版及之前版本想要跨工作表引用，要把区域封装进定义名称中，如图 27-7 所示，定义名称为"名单"，引用位置选择"=基础信息 !$B$2:$B$14"。然后在【数据验证】对话框中的【来源】参数框中输入公式"=名单"，如图 27-8 所示，这时就可以解决 2007 版及之前版本的数据有效性跨工作表引用的问题。

图 27-7　定义名称

图 27-8 【数据验证】对话框

2. 定义名称

接下来继续制作员工信息卡，输入公式：

```
=INDEX(基础信息!$C:$C,MATCH(员工信息卡$C$2,基础信息!$B:$B,0))
```

这个公式的意思是根据员工信息卡工作表 C2 单元格的姓名，查找返回基础信息工作表 C 列的对应照片。不过它现在返回的结果是数字 0，没关系，将整个公式进行复制，并封装进定义名称，如图 27-9 所示，定义名称为"照片"，在引用位置处粘贴此公式。

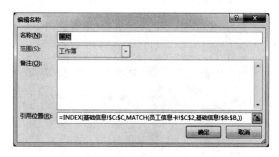

图 27-9 定义名称返回照片单元格

3. 复制粘贴单元格

从基础信息表中，任意复制一张照片，然后贴到员工信息卡的 F2 单元格，如图 27-10 所示，选中该照片，单击公式编辑栏，输入公式：

```
=照片
```

图 27-10　完成照片的自动更新

这里其实并不是真正引用到了"孙权"的照片，而是引用的基础信息表 C 列对应的单元格，该单元格中的内容都会在这里显示出来。

> **提示**　以上操作在 2003 版及以前或 2010 版及以后版本中都没有问题，但是在 Excel 2007 的某些版本中，可能无法完成输入公式"＝照片"这个步骤，这是 Excel 的 Bug。

4. 完善其他基础信息

在 E2 单元格中输入公式：

```
=INDEX(基础信息!$A:$H,MATCH($C$2,基础信息!$B:$B,0),MATCH(D2,基础信息!$1:$1,0))
```

将公式粘贴到 C3、E3、C4、E4 单元格，完成最终的制作。现在更新 C2 单元格的姓名看一下效果，如图 27-11 所示。

	B	C	D	E	F
1			员工信息卡		
2	姓名	夏侯惇	员工部门	魏国	
3	生日	1988/6/26	员工级别	10级	
4	入职日期	2008/9/17	员工号	B0810003	

	B	C	D	E	F
1			员工信息卡		
2	姓名	孙尚香	员工部门	吴国	
3	生日	1980/1/2	员工级别	4级	
4	入职日期	2003/11/24	员工号	B0320003	

图 27-11　员工信息卡效果

用这个方法选择姓名的时候，此区域是一个静态区域，如果人数增加或减少要手动调整选择区域，会很麻烦，这时就可以考虑定义一个动态区域来取值。例如，用将在第 31 章讲的 OFFSET 函数，公式为：

```
=OFFSET(基础信息!$B$1,1,0,COUNTA(基础信息!$B:$B)-1)
```

将此公式封装进定义名称，这样就不怕数据源的增加和减少了。

1 如练习图 8-1 所示，A~C 列是一个成本花费统计表，使用 INDEX 函数结合 ROW 函数、COLUMN 函数，将 C2:C17 单元格区域的一维纵向数据转化为多行多列的二维数据。在 F2 单元格中输入公式，并复制到 F2:I5 单元格区域，完成效果如 F8:I11 单元格区域所示。

	A	B	C	D	E	F	G	H	I
1			数字		答题区	原始预算	实际花费	利润	利润率
2	人工费	原始预算	19,020,429		人工费				
3		实际花费	17,574,993		材料费				
4		利润	1,445,436		安全防护费				
5		利润率	7.60%		其他费用				
6	材料费	原始预算	7,383,554						
7		实际花费	6,838,083		目标效果	原始预算	实际花费	利润	利润率
8		利润	545,471		人工费	19,020,429	17,574,993	1,445,436	7.60%
9		利润率	7.39%		材料费	7,383,554	6,838,083	545,471	7.39%
10	安全防护费	原始预算	7,525,312		安全防护费	7,525,312	6,488,534	1,036,778	13.78%
11		实际花费	6,488,534		其他费用	1,258,640	1,331,218	-72,578	-5.77%
12		利润	1,036,778						
13		利润率	13.78%						
14	其他费用	原始预算	1,258,640						
15		实际花费	1,331,218						
16		利润	-72,578						
17		利润率	-5.77%						

练习图 8-1 一维区域转化为二维区域

2 如练习图 8-2 所示，B2:E6 单元格区域是一个二维区域的座位表，使用 INDEX 函数结合 ROW 函数将此二维区域转化为一维纵向区域，人员顺序按照先横向后纵向排列，在 G2 单元格中输入公式并向下复制到 G2:G21 单元格区域，完成效果如 I2:I21 单元格区域所示。

	B	C	D	E	F	G	H	I
1	座位表					答题区		参考答案
2	罗贯中	刘备	法正	吴国太				罗贯中
3	陆逊	吕布	张昭	袁绍				刘备
4	孙策	孙权	庞德	荀彧				法正
5	司马懿	张辽	董卓	曹操				吴国太
6	孙尚香	小乔	关羽	诸葛亮				陆逊
7								吕布
8								张昭
9								袁绍
10								孙策
11								孙权
12								庞德
13								荀彧
14								司马懿
15								张辽
16								董卓
17								曹操
18								孙尚香
19								小乔
20								关羽
21								诸葛亮

练习图 8-2 二维区域转化为一维区域

❸ 如练习图 8-3 所示，A~G 列是基础人员信息，使用 INDEX 函数结合 MATCH 函数完成相应的信息查询，并在 J3、J9 单元格各输入一个公式，并分别复制到 J3：M6、J9：L11 单元格区域。

练习图 8-3　查询表

❹ 如练习图 8-4 所示，根据"基础信息"工作表和"照片"工作表的内容，完成员工信息卡的制作。

练习图 8-4　员工信息卡

第 9 篇

MATCH 模糊匹配及
LOOKUP 函数

第 26 章主要是对 MATCH 函数的精确匹配做讲解，这里专门介绍 MATCH 函数的模糊匹配，也就是"二分法"，同时讲解 LOOKUP 函数的实战使用方式。

MATCH 模糊匹配原理

本章主要讲解 MATCH 函数的模糊匹配原理及基础的查找方式。

 ## 28.1 案例：利用画面讲解模糊匹配中的"二分法"

先来回顾一下 MATCH 函数的语法：

```
MATCH(lookup_value, lookup_array, [match_type])
```

当 MATCH 函数的第 3 个参数为数字 1 时，表示模糊匹配，它查找小于或等于 lookup_value 的最大值时，查找区域必须升序。

什么是"二分法"？就是用很长的一根管，其中有一个位置有故障，需要找到故障点，于是在中间的位置敲一敲，听声音判断是哪一边的问题。如果发现问题在左边，就在左边部分的中间位置敲一敲，继续缩小排查范围。这个过程不断重复，每一次都会排除一半，直到找到最终故障点。这就是"二分法"。这样的方法最大的好处就是每次都能排除一半的长度，提高查找效率。

下面用通俗的语言来讲一讲什么是二分法，通过画面来进行具体演示。

1. 查找区域升序

如图 28-1 所示，有 9 位同学，大家是按照从矮到高的顺序站队。

图 28-1　查找区域升序

一个插班生来到这个班，老师让他和中间的同学比高低，中间的同学是第 5 位同学，结果比中间的同学高，那就说明要站到第 5 位同学的后面，第 5 位同学前面的人肯定会更矮，就不用再比较了。然后再和后面一部分中间的同学比，即第 7 位同学，结果插班生比第 7 位要矮，说明要站到第 7 位的前面。接下来再和前面的第 6 位同学比较，结果比第 6 位要高。经过几次比较，老师确定了插班生的位置，即第 6 位同学的后面。

2. 查找区域乱序

如图 28-2 所示，同样以插班生站队位置为例。

图 28-2 查找区域乱序

我们还按照之前的方案，先跟中间的第 5 位同学相比，明显比他矮，然后再跟前面部分中间的同学比。几次下来就可以找到自己的位置，即第 4 位同学的身后。

但是，这就是我们需要的结果吗？看身后的第 7、第 9 位同学，都明显比自己矮却站到自己的身后。

对"二分法"而言，不管内容是不是升序，只要在这里，就会被当作升序来看待。所以如果在乱序中查找，不是找不到值，而是找到的结果并不一定是准确的。

3. 升序序列查找极大值

假如班里来了一个身高 2.5m 的小巨人，如图 28-3 所示。

图 28-3 升序序列查找极大值

按照人的思维，老师会说："小巨人，你就站到队伍最后就可以了。"这充分体现出人的智能性。

可是对机器来讲，还是要用"二分法"一步步地和中间位置作比较。小巨人明显高于第 5 位同学、第 7 位同学、第 n 位同学，经过几次比较小巨人就能找到自己的位置了。他的位置在第 9 位同学的后面。

4. 乱序序列查找极大值

当我们的队伍是乱序的时候，小巨人来到我们班要怎么站队呢？如图 28-4 所示。

图 28-4　乱序序列查找极大值

按照"二分法"一次次地和中间同学作比较，很明显每个人都比小巨人矮，经过几次比较之后再次找到自己的位置，即第 9 位同学的身后。这种在乱序中查找极大值的方案，经常被用在其他函数公式的实战应用中。

综合整理下实战中的应用方案：当序列是升序时候的，怎么查找都是对的；当序列是乱序时，只能用查找极大值的方式来找到最后一个位置。

 28.2 分数等级查找及 LOOKUP 初识

对于这种模糊查找，来看一个最基础的案例，如图 28-5 所示，根据 C6:D9 单元格区域不同分数段对应的分数等级，找出 F6:F9 单元格区域不同得分对应的等级。

	C	D	E	F	G
5	分数段	对应等级		得分	等级
6	0	D		49	D
7	60	C		75	B
8	70	B		99	A
9	80	A		60	C

图 28-5　分数等级查找

在 G6 单元格中输入公式：

```
=INDEX($D$6:$D$9,MATCH(F6,$C$6:$C$9,1))
```

注意，MATCH 公式的第 3 个参数数字 1，代表模糊匹配。将公式向下复制到 G9 单元格，注意"图钉"的使用。

以 F7 单元格的 75 分为例讲解，首先是 MATCH 公式部分 "MATCH(F6,$C$6:$C$9,1)"，在 C6:C9 单元格区域中，小于等于 75 的最大值就是数字 70，于是 MATCH 部分返回结果为数字 3，然后 INDEX 从 D6:D9 单元格区域中提取第 3 个值，即最终结果为"B"。

这里说一下计算的原理，我们发现 C 列的分数段只有 4 个数字，是偶数，并没有中间的那个值，那到底是先和第 2 个数字比较还是和第 3 个数字比较呢？

当区域中有 n 个参考值的时候，每次都是和第 ROUNDUP($n/2$,0) 位的值先作比较。例如，有 9 个值，9÷2=4.5，然后向上取整结果为 5，即先和第 5 位的数字作比较。假如有 4 个值，4÷2=2，向上取整还等于 2，所以先和第 2 位的数字作比较。之后继续再在不同段中与中间值作比较。下面再写一个 LOOKUP 函数公式，我们对比一下，公式为：

```
=LOOKUP(F6,$C$6:$C$9,$D$6:$D$9)
```

我们将它和 INDEX 加 MATCH 的公式放在一起，并调整位置，如图 28-6 所示，可以发现"LOOKUP(F6,$C$6:$C$9"部分对应着 INDEX 加 MATCH 组合的 MATCH 函数部分，而 LOOKUP 的第 3 个参数"$D$6:$D$9"则对应着 INDEX 函数部分。所以 LOOKUP 的查询原理和 INDEX 加 MATCH 是一样的，只是写法上更加简洁。

$$=INDEX(\$D\$6:\$D\$9,MATCH(F6,\$C\$6:\$C\$9,1))$$
$$=LOOKUP(F6,\$C\$6:\$C\$9,\$D\$6:\$D\$9)$$

图 28-6　公式结构对比

LOOKUP 有两种语法，刚刚写的公式是用的第一种语法，称为"向量形式"：

```
LOOKUP(lookup_value, lookup_vector, [result_vector])
```

参数 lookup_value 对应的查找目标值，参数 lookup_vector 是只包含一行或一列的区域，是查找区域，参数 result_vector 也是只包含一行或一列的区域，是返回的结果区域。

LOOKUP 的第二种语法称为"数组形式"：

```
LOOKUP(lookup_value, array)
```

参数 lookup_value 仍然为查找目标值，参数 array 是要查找和返回结果的区域，如果 array 包含宽度比高度大的区域（列数多于行数）LOOKUP 会在第一行中搜索 lookup_value 的值，返回 array 的最后一行结果，如果 array 是正方形的或高度大于宽度（行数多于列数），LOOKUP 会在第一列中进行搜索，返回 array 的最后一列结果。演示结果如图 28-7 所示。

▲	A	B	C	D	E	F	G
1	A	B	C	D	E	F	G
2	B						甲
3	C						乙
4	D						丙
5	E	10	20	30	40	50	60
6	F						戊
7	G						己
8	H						庚
9							
10			20	=LOOKUP("C",A1:G5)			
11			乙	=LOOKUP("C",A1:G8)			

图 28-7　LOOKUP 数组用法演示

当输入公式"=LOOKUP("C",A1:G5)",A1:G5 是一个 5 行 7 列的区域,列数大于行数,那就在第 1 行查找目标值"C",返回第 5 行的内容,结果为数字 20。

当输入公式"=LOOKUP("C",A1:G8)",A1:G8 是一个 8 行 7 列的区域,行数大于列数,那就在 A 列查找目标值"C",返回 G 列的内容,结果为"乙"。

行数等于列数时的计算方式与行数大于列数时的计算方式一致,如"=LOOKUP("C",A1:G7)",A1:G7 是一个 7 行 7 列的区域,结果也为"乙"。

> **提示** 这个知识点只需要简单了解,由于行数、列数大小的变化会更换查找的位置,稍不注意就有可能出错,不建议经常使用。建议使用 LOOKUP"向量形式"的语法,分别列出查找区域和返回结果区域。工作中需要的不是公式有多短,而是不出错。

28.3 案例:查找最后一个数字、文本

以下利用查找极大值的方法分别查找区域中的最后一个数字、文本。

1. 查找最后一个数字

在之前讲"二分法"原理的时候,查找最后一个值,只需要找一个极大值就可以了。例如,小巨人到了你们班的情况。那么在一列数字中查找最后一个数字要怎样处理?

这里先介绍一个特殊的数字"9E+307",是科学计数法,表示 9*10^307,9 的后面有 307 个 0。在输入的时候,字母 E 不区分大小写,加号也可以不输入。例如,输入"9e307",然后 Excel 会自动更正为"9E+307"。9E+307 目前是 Excel 圈内公认的接近 Excel 可以输入的最大数字。

如图 28-8 所示,C13:C17 单元格区域是随机数据,我们要查找这个数据区域的最后一个数字。

	C	D	E	F
12	数字		最后一个数字	公式
13	311		548	=INDEX(C13:C17,MATCH(9E+307,C13:C17,1))
14	741		548	=LOOKUP(9E+307,C13:C17,C13:C17)
15	395		548	=LOOKUP(9E+307,C13:C17)
16	273			
17	548			

图 28-8　查找最后一个数字

在 E13 单元格中输入公式:

```
=INDEX(C13:C17,MATCH(9E+307,C13:C17,1))
```

通过 MATCH 函数,在 C13:C17 单元格区域中查找数字 9E+307,由于它明显比其他数字大,所以找到了最后一个数字的位置,返回结果为 5。然后 INDEX 函数从 C13:C17 单元格区域中提取第 5 个值,返回结果为 548。虽然 548 并不是这个区域中的最大数字,但是一旦用了"二分法"

的查找方式，它就会认为数据是按升序排列的。

照着 INDEX 加 MATCH 的思路，在 E14 单元格中输入 LOOKUP 的函数公式：

```
=LOOKUP(9E+307,C13:C17,C13:C17)
```

观察公式发现，LOOKUP 的第 2 个和第 3 个参数是一样的，能不能省略一个呢？我们删除第 3 个参数试一下，在 E15 单元格中输入公式：

```
=LOOKUP(9E+307,C13:C17)
```

两个公式的结果是一致的，公式又缩短了一些。

上面的 3 个公式，是不是因为选择的 C13:C17 的区域，所以返回区域中的最后一个值？这种结果是否与"最后一个数字"有关系？

把数据源调整一下，如图 28-9 所示，删掉 C15 和 C17 单元格中的数据，公式没有任何调整，这时候返回的结果就是 C16 单元格的 273，273 是这个区域中的最后一个数字。结果返回 273 而没有返回所选择区域中的最后一个单元格，即 C17 单元格的值，可以判断返回的值与选择区域无关，与"最后数字"有关。

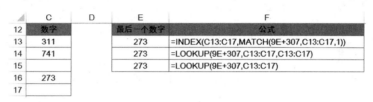

图 28-9　调整数据源

> 不要相信网上各种不切实际的言论，如 LOOKUP 是万能的查找函数等。LOOKUP 最大的优势就是上面刚刚展示的，可以大幅缩短公式的长度。LOOKUP 与 VLOOKUP 的详细对比可以参考笔者之前在网上发布的文章《崇尚科学，破除迷信——将 LOOKUP 推下神坛》。

2. 查找最后一个文本

最大的数字是 9E+307，那么最大的文本是哪一个呢？我们在第 8.4 节讲过一个 CHAR 函数，其中提到了一个参数 "CHAR(41385)"，它通常被看作是最大的文本。

CHAR(41385) 返回的结果是"々"，这个字符是什么意思？它是一个用于表示叠字的字符，如"丝丝入扣"可写为"丝々入扣"，"朝朝暮暮"可写为"朝々暮々"（注意，此符号在我国正式文中已停止使用）。

我们用叠字符号来查找最后一个文本，如图 28-10 所示，C21:C26 单元格区域均为文本字符串。

	C	D	E	F
20	姓名		最后一个文本	公式
21	张三		王二麻子	=INDEX(C21:C26,MATCH(CHAR(41385),C21:C26,1))
22	李四		王二麻子	=LOOKUP(CHAR(41385),C21:C26,C21:C26)
23	王五		王二麻子	=LOOKUP(CHAR(41385),C21:C26)
24	赵六			
25	马七			
26	王二麻子			

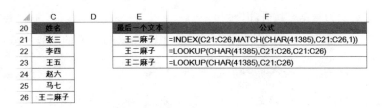

图 28-10　查找最后一个文本

在 E21 单元格中输入最基础的 INDEX 加 MATCH 公式：

```
=INDEX(C21:C26,MATCH(CHAR(41385),C21:C26,1))
```

在 E22 单元格中输入最基础的 LOOKUP 公式：

```
=LOOKUP(CHAR(41385),C21:C26,C21:C26)
```

在 E23 单元格中输入简化版的 LOOKUP 公式：

```
=LOOKUP(CHAR(41385),C21:C26)
```

三个公式结果一致，最后都返回一个文本“王二麻子”。我们调整数据源，看看结果，如图 28-11 所示，删除 C23 和 C26 单元格的值，返回结果就为 C25 单元格的“马七”，仍然是所选区域中的最后一个文本值。

后续部分为了公式简短，就只写简化版的 LOOKUP 公式来作讲解。

	C	D	E	F
20	姓名		最后一个文本	公式
21	张三		马七	=INDEX(C21:C26,MATCH(CHAR(41385),C21:C26,1))
22	李四		马七	=LOOKUP(CHAR(41385),C21:C26,C21:C26)
23			马七	=LOOKUP(CHAR(41385),C21:C26)
24	赵六			
25	马七			
26				

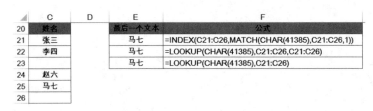

图 28-11　调整数据源

有些人可能使用的是英文版的 Excel，那么 CHAR 函数的最大参数只能接受 255，CHAR(41385) 的结果是错误值 #VALUE!，这种情况怎么办？

我们可以直接输入叠字符“々”替换 CHAR(41385)，如图 28-12 所示。

	C	D	E	F
20	姓名		最后一个文本	公式
21	张三		王二麻子	=INDEX(C21:C26,MATCH("々",C21:C26,1))
22	李四		王二麻子	=LOOKUP("々",C21:C26,C21:C26)
23	王五		王二麻子	=LOOKUP("々",C21:C26)
24	赵六			
25	马七			
26	王二麻子			

图 28-12　直接输入字符

如果找不到“々”字符，无法输入怎么办？那就找来一本《新华字典》，翻到最后一页，找到最后一个字是“做”。汉字比大小，一般情况下就是按照读音，根据 26 个英文字母的顺序排列的，所以会有"做＞要＞虾＞……＞粗＞布＞啊"。于是将公式写为：

```
=LOOKUP("做",C21:C26)
```

结果同样返回"王二麻子"。

数据源中如果包含带有"做"字的内容呢，如图 28-13 所示，这时一个"做"不管用，可以用 3 个，E22 单元格的公式变为：

```
=LOOKUP("做做做",C21:C26)
```

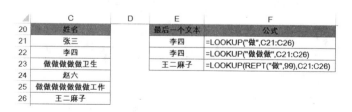

图 28-13 使用 3 个"做"查找文本值

假如数据源比较奇葩，在记录的时候出现了一些"做做做做做卫生""做做做做做做工作"等类型的数据源时怎么解决？

如果遇到 3 个"做"都不够用的情况，就用 99 个。如图 28-14 所示，借用 REPT 函数，于是公式变为：

```
=LOOKUP(REPT("做",99),C21:C26)
```

	C	D	E	F
20	姓名		最后一个文本	公式
21	张三		李四	=LOOKUP("做",C21:C26)
22	李四		李四	=LOOKUP("做做做",C21:C26)
23	做做做做做卫生		王二麻子	=LOOKUP(REPT("做",99),C21:C26)
24	赵六			
25	做做做做做做工作			
26	王二麻子			

图 28-14 使用多个"做"查找文本值

> **提示** 在一些论坛或书中会经常看到使用"座"字，这种用法源于十几年前的书，那时候大家对函数的探索还不够深入。我最初学习时也是使用"座"，后来通过对比发现"做"要大于"座"，我们可以通过公式来说明这个问题。在任意单元格中输入公式"="座"＞"做""，它的结果为 FALSE。所以在这里建议读者不要再使用"座"字。

3. 混合数据查找

如图 28-15 所示，C30:C36 单元格区域是各种数据，我们提取最后的数字和文本。在 F30 单元格中输入以下公式，提取最后一个数字：

```
=LOOKUP(9E+307,C30:C36)
```

在 F31 单元格中输入以下公式，提取最后一个文本：

```
=LOOKUP(CHAR(41385),C30:C36)
```

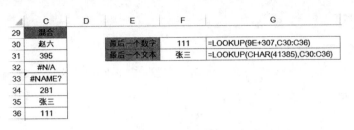

图 28-15　混合数据查找

　　这两个公式的结果分别返回数字"111"和文本"张三"，没有受到其他类型数据源的影响。这就像参加一个犬类选美比赛，你牵着一只田园犬，霍比特人牵着一只藏獒，绿巨人牵着一只吉娃娃来了。评委要求按照主人体型从大到小排列，这时绿巨人站到第一位，你站到第二位，霍比特人站第三位。假如评委要求按照犬的体型从大到小排列，那么霍比特人就站第一位，你站在第二位，而绿巨人站到了最后。

　　所以对于 LOOKUP 这里的查找及对于 INDEX 加 MATCH 的查找，它们都是优先判断类型，然后在同类型的数据中进行查找并返回相应结果。如 F31 单元格的公式，虽然 C30:C36 区域中的最后一个值是数字"111"，但是要找的是文本，那就只看所选区域中的文本值，所以最后一个文本是"张三"。

　　但是，如果将 C36 单元格的数字"111"改成文本型数字"'111"，如图 28-16 所示。

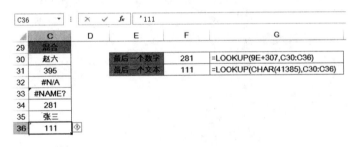

图 28-16　调整数据源

　　这时，F30 单元格查找的最后一个数字就是 C34 单元格中的"281"，而 F31 单元格查找的最后一个文本则是 C36 单元格中的文本型数字"111"，因为它已变为文本型的数字了。所以用 LOOKUP 函数查找的时候要先区分类型，找到同类，然后再返回结果。

LOOKUP 实战：提取数据

进一步利用 LOOKUP 函数可以查找最后一个满足条件的值的方法，来完成一些高难度的工作应用。

29.1 案例：从"24USD"中提取数字

在一个字符串中，如何将左边的数字提取出来？我们在 7.3 节中讲过，可以用使用 LEN-LENB 的思路解决。这种方法利用了字符与字节的差，需要单元格中是数字与中文的组合形式。如果单元格中是数字加英文组合的形式呢？如图 29-1 所示，其中 A5 单元格为 24USD，A6 单元格为 108RMB，它们用 LEN 函数和 LENB 函数计算的长度是一样的。

	A	B
1	价格	提取数字
2	9.08元	
3	1.32美金	
4	6.8欧元	
5	24USD	
6	108RMB	

图 29-1 基础数据源

这时可以换个路径，既然数字都在左侧，那就分别提取 A 列值左侧的第 1 位，第 2 位，…，第 n 位，终究会看到有一个分界点，这个单元格只有数字，而下一个单元格是数字加文本字符的组合，在 C2 单元格中输入公式：

```
=LEFT($A2,COLUMN(A:A))
```

然后将此公式向右复制，分别提取左侧 n 位字符，公式依次变为：

```
=LEFT($A2,COLUMN(B:B))
=LEFT($A2,COLUMN(C:C))
...
=LEFT($A2,COLUMN(H:H))
=LEFT($A2,COLUMN(I:I))
```

效果很明显。例如，F2 单元格为"9.08"，G2 单元格为"9.08元"；E6 单元格为"108"，F6 单元格为"108R"。下面把每一行的最后一个数字提取出来即可。于是在 B2 单元格输入公式：

```
=LOOKUP(9E+307,C2:K2)
```

出错了，B 列的结果都是 #N/A，如图 29-2 所示。

图 29-2　提取数字

再仔细想一想，文本函数提取的数字都是文本型数字，我们在第 28 章讲 LOOKUP 查找最后值的时候说过，它的查找是区分数据类型的。C2:K2 的数据区域全都是文本，根本就没有数字，所以什么都查不到。这时需要把文本型数字转化成数值型，也就是要"减负"，如图 29-3 所示，于是 C2 到 K2 单元格的公式依次变为：

```
=--LEFT($A2,COLUMN(A:A))
=--LEFT($A2,COLUMN(B:B))
…
=--LEFT($A2,COLUMN(H:H))
=--LEFT($A2,COLUMN(I:I))
```

图 29-3　文本型数字转化为数值型

这时可以看到 B 列已经完美地提取出左侧的数字，可是目前是借用了 n 个辅助列来完成的，能不能把它们整合成一个公式呢？"LOOKUP(9E+307,C2:K2)"引用了 C2:K2 单元格，而 C2:K2 每个单元格则是分别提取 A2 单元格左侧的第 n 位字符，所以将 C2 单元格的公式"--LEFT($A2,COLUMN(A:A))"进化为"--LEFT($A2,COLUMN(A:I))"。利用 COLUMN 函数可以返回数组的功能，COLUMN(A:I) 部分返回结果 {1,2,3,4,5,6,7,8,9}，表示从 A2 单元格分别提取左侧第 1 位，第 2 位，…，第 8 位，第 9 位字符。

然后把这一部分封装进 LOOKUP 中取代 C2:K2，公式变为：

```
=LOOKUP(9E+307,--LEFT(A2,COLUMN(A:I)))
```

这里的数字长度不是很长，为了演示方便，只提取了左侧 9 个字符。通常在实战中，数字最多支持 15 位有效数字，包含小数点共 16 位数字，所以可以使用 COLUMN(A:P)，这是在不考虑

0.000 001 234 567 前面有多个 0 的前提下。高手一般会使用 COLUMN(A:Z) 生成 1~26 的数字，既包含更多数字，同时公式的字符数也没有增加。

我们发现数据源中 A 列的所有数字都是正数，文本型数字转化为数值型只需要通过一次加减乘除运算就可以，于是这些数字可以"只减不负"，如图 29-4 所示，把 C2 单元格的公式变为：

```
=-LEFT($A2,COLUMN(A:A))
```

C2:K2 变成一串负数和错误值的组合，对负数来讲，0 就相当于极大值，这时在 B2 单元格中输入以下公式提取最后一个数字。

```
=-LOOKUP(0,C2:K2)
```

▲	A	B	C	D	E	F	G	H	I	J	K
1	价格	提取数字									
2	9.08元	9.08	-9	-9	-9	-9.08	#VALUE!	#VALUE!	#VALUE!	#VALUE!	#VALUE!
3	1.32美金	1.32	-1	-1	-1.3	-1.32	#VALUE!	#VALUE!	#VALUE!	#VALUE!	#VALUE!
4	6.8欧元	6.8	-6	-6	-6.8	#VALUE!	#VALUE!	#VALUE!	#VALUE!	#VALUE!	#VALUE!
5	24USD	24	-2	-24	#VALUE!	#VALUE!	#VALUE!	#VALUE!	#VALUE!	#VALUE!	#VALUE!
6	108RMB	108	-1	-10	-108	#VALUE!	#VALUE!	#VALUE!	#VALUE!	#VALUE!	#VALUE!

图 29-4　提取数字取相反数

用 0 查找得到负数，在 LOOKUP 外面再加个负号，此时负负得正。进一步去掉辅助列，将 B2 单元格的公式整合为：

```
=-LOOKUP(0,-LEFT(A2,COLUMN(A:I)))
```

公式明显比用 9E+307 查询时要短。高手会进一步将公式继续简化为：

```
=-LOOKUP(,-LEFT(A2,COLUMN(A:I)))
```

注意，这里 LOOKUP 的第 1 个参数不称为"省略"，而是称为"简写"，我们在 32.1 节中会详细给大家介绍这二者的区别。建议初学者，规规矩矩写全每一个参数，避免出错。

(29.2) 案例：提取员工最后一次合同签订日期

再来看一个案例，如图 29-5 所示，A1:D12 单元格区域是模拟"三国"公司劳动合同签订日期的数据表，其中有的人多次续签合同，所以会有多条记录，并且日期是按照时间顺序从小到大排列的。例如，"黄忠"在第 6 行、第 8 行都有信息。这时需要查询 G3 单元格"黄忠"的最后一条信息，也就是该员工最后一次签合同的日期，以安排日程与该员工进行合同续签。

	A	B	C	D	E	F	G	H	I
1	工号	姓名	合同起始日期	合同终止日期			查找最后一次合同签订及到期日		
2	201	马岱	2005/4/6	2008/4/6			姓名	合同起始日期	合同终止日期
3	202	黄月英	2005/8/8	2008/8/8			黄忠		
4	201	马岱	2008/4/6	2013/4/6					
5	202	黄月英	2008/8/8	2013/8/8					
6	203	黄忠	2008/5/17	2011/5/17					
7	204	黄盖	2008/9/25	2011/9/25					
8	203	黄忠	2011/5/17	2016/5/17					
9	204	黄盖	2011/9/25	2016/9/25					
10	201	马岱	2013/4/6	长期					
11	202	黄月英	2013/8/8	长期					
12	205	孙乾	2013/9/9	2016/9/9					

图 29-5 基础数据源

首先判断 B 列的姓名是否与 G3 单元格的目标值相等，在 E2 单元格中输入以下公式，并向下复制到 E12 单元格：

```
=B2=$G$3
```

我们发现 E 列得到的结果是 TRUE 和 FALSE 的逻辑值序列，然后在 F 列用 0 除以这些逻辑值，得到错误值和 0 的序列，在 F2 单元格中输入以下公式并向下复制到 F12 单元格：

```
=0/E2
```

F 列中结果为 0 的，证明其对应 B 列的姓名为黄忠，而我们查找 F 列最后一个数字 0 对应的位置，就是黄忠对应的最后一条信息，也就是他最后一次签合同的日期，于是在 H3 单元格中输入以下公式提取信息：

```
=LOOKUP(9E+307,$F$2:$F$12,C2:C12)
```

公式这样写不够简洁，F 列都是 0 和错误值，对于这样的序列，数字 1 就是极大值。如图 29-6 所示，把 H3 单元格的公式简化为：

```
=LOOKUP(1,$F$2:$F$12,C2:C12)
```

H3			× ✓ fx	=LOOKUP(1,$F$2:$F$12,C2:C12)					
	A	B	C	D	E	F	G	H	I
1	工号	姓名	合同起始日期	合同终止日期			查找最后一次合同签订及到期日		
2	201	马岱	2005/4/6	2008/4/6	FALSE	#DIV/0!	姓名	合同起始日期	合同终止日期
3	202	黄月英	2005/8/8	2008/8/8	FALSE	#DIV/0!	黄忠	2011/5/17	2016/5/17
4	201	马岱	2008/4/6	2013/4/6	FALSE	#DIV/0!			
5	202	黄月英	2008/8/8	2013/8/8	FALSE	#DIV/0!			
6	203	黄忠	2008/5/17	2011/5/17	TRUE	0			
7	204	黄盖	2008/9/25	2011/9/25	FALSE	#DIV/0!			
8	203	黄忠	2011/5/17	2016/5/17	TRUE	0			
9	204	黄盖	2011/9/25	2016/9/25	FALSE	#DIV/0!			
10	201	马岱	2013/4/6	长期	FALSE	#DIV/0!			
11	202	黄月英	2013/8/8	长期	FALSE	#DIV/0!			
12	205	孙乾	2013/9/9	2016/9/9	FALSE	#DIV/0!			

图 29-6 借用辅助列提取信息

这个公式引用了 E 列、F 列的辅助列，怎么将它们组合到一起呢？

我们引用了 F2:F12 单元格区域，F2:F12 单元格区域的公式分别为"0/E2""0/E3"…"0/E12"，于是整合为"0/E2:E12"。

E2:E12 单元格区域的公式分别为"B2=$G$3""B3=$G$3"…"B12=$G$3"，所以整合为"B2:B12=$G$3"。

如图 29-7 所示，公式最终改为：

```
=LOOKUP(1,0/($B$2:$B$12=$G$3),C2:C12)
```

	A	B	C	D	E	F	G	H	I
							H3 =LOOKUP(1,0/($B$2:$B$12=$G$3),C2:C12)		
1	工号	姓名	合同起始日期	合同终止日期			查找最后一次合同签订及到期日		
							姓名	合同起始日期	合同终止日期
2	201	马岱	2005/4/6	2008/4/6			黄忠	2011/5/17	2016/5/17
3	202	黄月英	2005/8/8	2008/8/8					
4	201	马岱	2008/4/6	2013/4/6					
5	202	黄月英	2008/8/8	2013/8/8					
6	203	黄忠	2008/5/17	2011/5/17					
7	204	黄盖	2008/9/25	2011/9/25					
8	203	黄忠	2011/5/17	2016/5/17					
9	204	黄盖	2011/9/25	2016/9/25					
10	201	马岱	2013/4/6	长期					
11	202	黄月英	2013/8/8	长期					
12	205	孙乾	2013/9/9	2016/9/9					

图 29-7 提取合同签订日期

这个公式用到了数组，其关键是"$B$2:$B$12=$G$3"部，但此公式并没有按三键（【Ctrl+Shift+Enter】）结束，这是因为有些函数自带数组计算的功能。什么时候按三键什么时候不用按，要在实际操作中进行尝试。

1. 如练习图 9-1 所示，A~B 列是汉语拼音字头的对照表，在 E3 单元格中输入一个公式，并复制到 E3:H5 单元格区域，完成对 D 列姓名的汉语拼音字头的提取。

提示 数字可以比较大小，汉字也可以，一般情况是根据每个汉字的汉语拼音读法，按照英文字母 A-Z 的顺序从小到大排列。本题可以使用 LOOKUP 函数的模糊查找完成。

练习图 9-1 提取汉语拼音字头

2 如练习图 9-2 所示，A 列是汉字或英文与数字的混合，在 B2 单元格中输入一个公式并复制到 B2:B5 单元格区域，提取 A 列中的数字，完成效果如 F 列内容所示。

	A	B	C	D	E	F
1	金额	数字		模拟答案	金额	数字
2	人民币1.23				人民币1.23	1.23
3	美元0.28				美元0.28	0.28
4	USD7.28				USD7.28	7.28
5	RMB11.08				RMB11.08	11.08

练习图 9-2 提取数字

3 如练习图 9-3 所示，A~D 列是一份销售记录，在 F3 单元格中输入公式，并复制到 F3:H3 单元格区域，提取数据中最后一个姓黄的人员的姓名、销售日期和销售金额，完成效果如 F7:H7 单元格区域。

	A	B	C	D	E	F	G	H
1	组别	姓名	销售日期	销售金额				
2	一组	马岱	2016/2/3	4,000		姓名	销售日期	销售金额
3	一组	黄月英	2016/2/3	3,000				
4	一组	黄忠	2016/2/22	3,000				
5	一组	黄盖	2016/3/22	6,000		模拟效果		
6	二组	孙乾	2016/2/3	8,000		姓名	销售日期	销售金额
7	二组	许褚	2016/2/24	5,000		黄承彦	2016/3/9	5,000
8	二组	张飞	2016/3/8	7,000				
9	二组	黄承彦	2016/3/9	5,000				
10	三组	刘备	2016/3/27	4,000				

练习图 9-3 提取最后一条信息

CHAPTER

10

第 10 篇

VLOOKUP 函数

VLOOKUP 函数几乎成了 Excel 的代名词。会用 VLOOKUP 函数的人一定是 Excel 高手。

我们公司的财务人员常常说的一句话是"我现在太忙了，我把基础表给你，你自己'V'一下吧。"一个字母"V"就代表了 Excel。

第**30**章 VLOOKUP 函数的语法及应用

本章从 VLOOKUP 函数的基础语法开始讲起，一步步地演示了 VLOOKUP 函数在工作中的使用方式。

30.1 基础语法

VLOOKUP 函数的基础语法为：

```
VLOOKUP(lookup_value, table_array, col_index_num, [range_lookup])
```

用中文翻译过来就是 VLOOKUP(目标值，目标区域，第几列，查找方式)。

VLOOKUP 函数中的 V 缩写于单词 Vertical，表示垂直的，整个函数就是 Vertical Look Up，垂直的查找，也就是在目标区域的第一列，纵向查找目标值，然后返回第 *n* 列的对应结果。

第 4 个参数的查找方式有两种：数字 0 或 FALSE，代表精确匹配；数字 1 或 TRUE，代表模糊匹配。查找区域必须升序，查找的方案也是"二分法"。

这两种查找方式的原理与 MATCH 函数完全一致，不过 VLOOKUP 比 MATCH 少了一个 -1 的参数。

30.2 根据姓名查找等级

先讲个故事。

Excel Home 论坛有一位版主，曾经也是 Excel 的"小白"，那时他的工作中有一项是核对人员成本，大概有上千行的数据。每月的最后几天需要赶时间做出来，最后只能发动老婆一起做，每次都是几乎 3 个通宵才能完成。这样的工作效率实在太低了，于是他下决心寻找高效方法，功夫不负有心人，终于学会了用 VLOOKUP 函数，于是三天的工作量缩短到半天，后来这位版主慢慢升职到了高管的位置。

这个故事告诉我们，努力工作加班并不能从根本上解决问题，能促使你进步的是一颗"偷懒"的心。

我们用一个案例来展示 VLOOKUP 函数的最基础应用，如图 30-1 所示，C15:E22 是数据区域，要查找 G15:G16 单元格区域中姓名的对应分数等级，可以在 H15 单元格中输入以下公式并向下复制到 H16 单元格。

```
=VLOOKUP(G15,$C$15:$E$22,3,0)
```

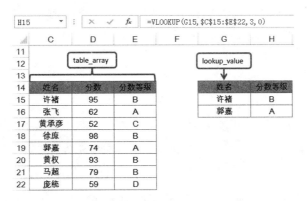

图 30-1　VLOOKUP 基础用法

G15 单元格的"许褚"为查找目标值，在 C15:E22 单元格区域中的第一列，即在 C15:C22 单元格区域中查找"许褚"，然后返回 C15:E22 区域中的第 3 列的值，即得到分数等级为"B"，最后注意第 4 个参数数字 0，代表精确匹配。

查找目标值一定要在查找区域的第一列。

30.3 案例：VLOOKUP 完成各种方式的精确查找

如图 30-2 所示，A~G 列是基础数据源，其中 A 列是部门，B 列是员工号，C 列是姓名，D~G 列是基本工资、绩效奖、加班费及总工资。根据这个数据源进行各种方式的精确匹配查找。

	A	B	C	D	E	F	G
1	部门	员工号	姓名	基本工资	绩效奖	加班费	总工资
2	蜀国	201	马岱	8500	1360	180	10040
3	蜀国	202	黄月英	6200	1820	380	8400
4	蜀国	203	黄忠	5600	520	770	6890
5	吴国	204	黄盖	7800	2000	510	10310
6	蜀国	205	孙乾	4500	650	440	5590
7	吴国	206	许褚	8200	900	620	9720
8	蜀国	207	张飞	7900	1520	250	9670
9	蜀国	208	黄承彦	6600	910	170	7680

图 30-2　基础数据源

1. 常规查找

先写一个最基础的公式，如图 30-3 所示，根据 J3:J5 单元格区域的员工号，查询每个员工号对应的姓名。在 K3 单元格中输入以下公式并向下复制到 K5 单元格。

```
=VLOOKUP(J3,B:C,2,0)
```

输入公式的时候，千万别忘记第 4 个参数数字 0。在 VLOOKUP 函数查询的时候，如果数据源与本案例相似，是从第一行开始一直向下延伸，建议大家使用整列引用，这样会具有更好的扩展性，并且不影响计算效率。

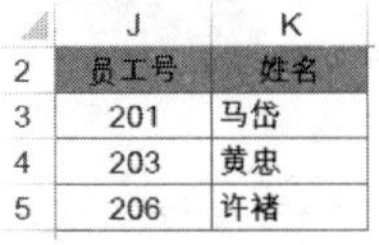

	J	K
2	员工号	姓名
3	201	马岱
4	203	黄忠
5	206	许褚

图 30-3　常规查找

2. 文本数字查找

有多少人这样处理过问题：当有多列数据时，用 VLOOKUP 函数引用区域，在写第 3 个参数的时候，开始去手动数 "1，2，3，…，45，46"，然后在第 3 个参数的位置写下 46。相信很多人都这样做过，我曾经就是其中一员。接下来看看，如何学会 "偷懒" 技能。

如图 30-4 所示，在 K8 单元格中输入 "=VLOOKUP(J8,"，然后用鼠标选中 B:G 区域，注意这时候不要松开鼠标，鼠标指针为白色空心十字的状态，仔细看看屏幕上出现了什么？在鼠标指针右侧的地方会显示 "1048576R×6C"，R 表示 Row，即行的意思，C 表示 Column，即列的意思。

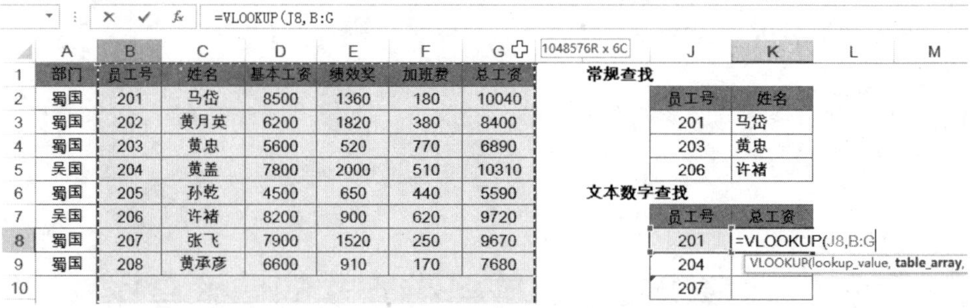

图 30-4　自动显示列数

这说明选择了 1 048 576 行 ×6 列的区域，所以第 3 个参数不用数，直接写 6 就可以了。在不同的 Excel 版本中，提示行列数显示的位置和方式不同，有的是在选定区域的左上角，有的仅显示 "6C"，但无论在哪儿，仔细找一找都会找到的。

最后第 4 个参数 0，表示精确匹配，完整公式为：

```
=VLOOKUP(J8,B:G,6,0)
```

将公式向下复制到 K10 单元格，这时出问题了，为什么后面得到的都是错误值，如图 30-5 所示。

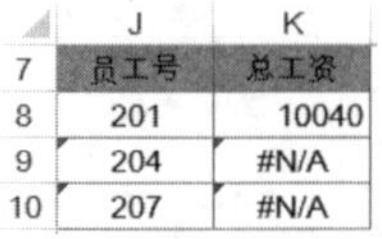

再仔细看看数据源，J9 和 J10 单元格的左上角都有个小 "绿帽子"，最常见的 "绿帽子" 一般是这几种情况：文本型的数字、错误值、单元格中的公式与周围环境不一致。

	J	K
7	员工号	总工资
8	201	10040
9	204	#N/A
10	207	#N/A

图 30-5　查找返回错误值

这里明显不属于后两者，所以是文本型数字。VLOOKUP 在查询的时候和 MATCH 一样，都是会根据数据类型判断的，所以要将文本型数字转化为数值型，"减负"即可。

```
=VLOOKUP(--J8,B:G,6,0)
```

如图 30-6 所示，即可得到正确结果。

	J	K
7	员工号	总工资
8	201	10040
9	204	10310
10	207	9670

图 30-6　文本数字查找

3．查无此人

再次根据员工号查姓名，如图 30-7 所示，在 K13 单元格中输入公式"=VLOOKUP(J13, B:C,2,0)"，并向下复制到 K15 单元格，然后发现 K15 单元格返回结果为 #N/A，因为原始数据中没有"209"这个员工号，所以对于错误值标注一下"查无此人"，将公式完善为：

```
=IFERROR(VLOOKUP(J13,B:C,2,0)," 查无此人 ")
```

4．查找一系列值

前面都是根据目标值返回一列的结果，如何使用 VLOOKUP 函数返回 n 列的信息呢？根据列的变化返回一系列数字，自然想到了 COLUMN 函数，如图 30-8 所示，在 K18 单元格中输入公式：

	J	K
12	员工号	姓名
13	201	马岱
14	204	黄盖
15	209	查无此人

图 30-7　查无此人

```
=VLOOKUP(J18,C:G,COLUMN(B:B),0)
```

公式需要复制时，别忘记使用"图钉"，将公式完善，并复制到 K18:N20 单元格区域。

```
=VLOOKUP($J18,$C:$G,COLUMN(B:B),0)
```

			f_x	=VLOOKUP($J18,$C:$G,COLUMN(B:B),0)	
	J	K	L	M	N	O
17	姓名	基本工资	绩效奖	加班费	总工资	
18	黄月英	6200	1820	380	8400	
19	许褚	8200	900	620	9720	
20	张飞	7900	1520	250	9670	

图 30-8　查找一系列值

这里必须提示一点，我们根据数据源 C 列的姓名，返回后面 D 列的值时，千万不能将 VLOOKUP 函数的第 3 个参数写成 COLUMN(D:D)（它的结果是数字 4），而是要写为 COLUMN(B:B)（它的结果是数字 2）。因为我们选择的区域是 C:G，返回的结果是这个 C:G 区域中的第 2 列。写公式的时候需要知道每一步的结果是什么，公式中要的是什么。

5．逆向查找

如图 30-9 所示，根据数据源中 C 列的姓名，查询 A 列的部门和 B 列的员工号，形成逆向查找，我们先把公式写出来，然后再详细讲解，在 K23 单元格中输入以下公式，并向下向右复制。

	J	K	L
22	姓名	部门	员工号
23	黄月英	蜀国	202
24	许褚	吴国	206
25	张飞	蜀国	207

图 30-9　逆向查找

```
=VLOOKUP($J23,IF({1,0},$C$2:$C$9,A$2:A$9),2,0)
```

这个公式中 J23、2、0 都是常见的参数，查找区域 IF({1,0},$C$2∶$C$9,A$2∶A$9) 是此公式的关键，它具体表示什么意思呢？下面我们对它进行剖析一下。

我们在 17.2 节讲 IF 函数的时候，已经讲过最基础的用法。这里来回忆一下。

公式“=IF(1,"a","b")”的结果为“"a"”；公式“=IF(0,"a","b")”返回的结果为“"b"”。那么数字 1 相当于 TRUE，数字 0 相当于 FALSE。

我们将 IF 函数的第 1 个参数变成一个数组“=IF({1,0},"a","b")”，它的结果同样是一个数组“{"a","b"}”，与 IF 中的第 1 个参数是一一对应的关系。所以 IF({1,0},$C$2∶$C$9,A$2∶A$9) 的结果就是将 C2∶C9 放前面，A2∶A9 放在后面，构造成一个 8 行 2 列的数组，如图 30-10 所示。

{=IF({1,0},$C$2:$C$9,A$2:A$9)}

Q	R	S
马岱	蜀国	
黄月英	蜀国	
黄忠	蜀国	
黄盖	吴国	
孙乾	蜀国	
许褚	吴国	
张飞	蜀国	
黄承彦	蜀国	

图 30-10　构造数组

这个区域已经构造完了，将它作为 VLOOKUP 函数的第 2 个参数。为什么第 3 个参数要写数字 2 呢？因为构造的区域只有两列。

不知道大家有没有注意一个细节，前面写公式的时候，我们都是选择整列引用，而到了这里却只限定了第 2 行到第 9 行区域？这是因为在 IF 函数中，经过 {1,0} 的数组运算，如果选择了整列，那相当于对整列的 1 048 576 行数据做计算，你想想计算效率能高吗？

提示　VLOOKUP 函数的逆向查找功能抛开了运算效率和可扩展性等实际问题，不建议大家使用，还是规规矩矩使用 INDEX 加 MATCH 更稳妥一些。

6. 查找指定列

如图 30-11 所示，根据 J 列的姓名，查找相应人员对应工资科目的明细，科目信息是根据第 27 行的标题而定的，我们不知道要查找的是第几列，遇到这种情况该怎么办呢？可以考虑用 MATCH 函数。在 K28 单元格中输入公式：

	J	K	L
27	姓名	基本工资	总工资
28	黄月英	6200	8400
29	许褚	8200	9720
30	张飞	7900	9670

图 30-11　查找指定列

```
=VLOOKUP($J28,$C:$G,MATCH(K$27,$C$1:$G$1,0),0)
```

将公式向下向右复制，千万别忘记用“图钉”，另外还有几个方面需要注意。

（1）MATCH 函数的第 2 个参数不能随手写为 $1∶$1。“MATCH(K$27,$1∶$1,0)”的结果返回的是 4，整个公式是指从 C:G 区域中返回第 4 列的值，不是我们要查找的内容。前面我们选择的区域是 C 列到 G 列，为了简单一些，我们把查找标题的范围也限制在 C 列到 G 列，所以公式就是“$C$1∶$G$1”。

（2）有的读者认为“,0),0)”部分重复了，于是公式写到“VLOOKUP($J28,$C:$G,MATCH(K$27,$C$1∶$G$1,0))”这里就结束了。这样的公式并不完整，前面的 0 是 MATCH 函数的，而不是 VLOOKUP 函数的。我们之前强调过，初学函数，务必把每一个参数写全，用来保证工作的准确性。

7. 通配符查找

我们来查找第一个姓黄的人员的总工资，公式为：

```
=VLOOKUP("黄*",C:G,5,0)
```

返回结果为“8 400”，注意，公式中第 3 个参数的数字 5 不是数出来的，而是选择区域的时候，按住鼠标不放，自动标识出来的。

查找第一个姓黄的且姓名为两个字的人员的总工资，公式为：

```
=VLOOKUP("黄?",C:G,5,0)
```

返回结果为“6 890”，对应的是“黄忠”的总工资。

30.4 VLOOKUP 完成模糊查找

VLOOKUP 的模糊匹配与 LOOKUP 的原理是完全一致的，也可以说与 INDEX 加 MATCH 的原理是一致的，都是执行“二分法”。

1. 分数等级

如图 30-12 所示，C6:D9 单元格区域是各个分数段对应的等级，根据 F 列的分数，查询各个分数对应的等级，在 G6 单元格中输入公式：

```
=VLOOKUP(F6,$C$6:$D$9,2,1)
```

注意第 4 个参数为数字 1，数字表示模糊匹配。它的计算原理与 INDEX 加 MATCH 基本一致，可以参考 28.2 节的讲解。

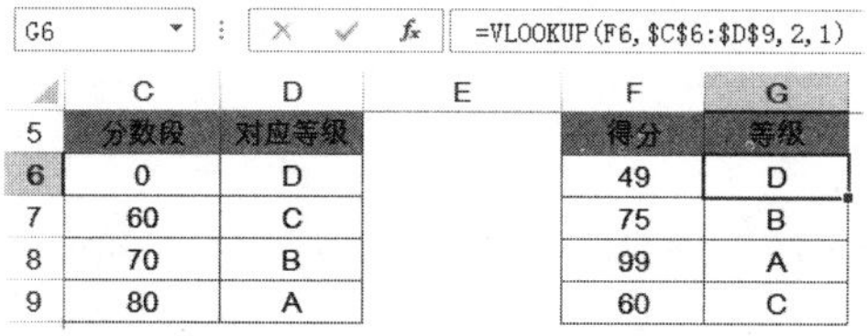
G6 | =VLOOKUP(F6,$C$6:$D$9,2,1)

	C	D	E	F	G
5	分数段	对应等级		得分	等级
6	0	D		49	D
7	60	C		75	B
8	70	B		99	A
9	80	A		60	C

图 30-12　分数等级

2. 案例：按指定次数重复

按指定次数重复是一个有意思的问题。举例子来说明一下这个问题，如要做一个抽签，但是要控制每个人的中奖概率，刘备为 50%，关羽 30%，张飞 20%，那就可以做 5 个刘备的签，3 个关羽的签，2 个张飞的签。

计算平均值是显示公司平均工资水平的一个方式，但有时会因为某几个极大或极小值而不能正常显示大众的水平。例如，某公司月工资 5 000 元的有 100 人，8 000 元的有 30 人，100 万元的有 2 人，这时候可以参考中位数，列出 100 个 5 000，30 个 8 000，2 个 100 万，然后求中位数。

下面讲一个根据区间合同号列出每一个合同号明细的问题，如图 30-13 所示，C13:D17 单元格区域是某电梯公司的基础数据源，其中 C 列是电梯安装项目名称，D 列是相应的项目号，项目号的前 6 位表示该项目中合同的起始编号，后 6 位表示该项目中合同的结束编号，中间的 T 相当于英文的 to，代表从哪到哪的意思。例如，D14 单元格的项目号“100011T100014”表示 100011、100012、100013、100014 这 4 个合同号。因工作统计，需将 C14:D17 单元格区域的项目信息按照合同号逐一列出来，效果如图 30-13 的 G~H 列所示。

E14 =SUM($E$13:E13)

	B	C	D	E	F	G	H
13	辅助列	项目名称	项目号	合同数量		项目名称	合同号
14	0	GY大厦	100011T100014	4		GY大厦	100011
15	4	TJ商场	210109T210111	3		GY大厦	100012
16	7	DYC商厦	111728T111728	1		GY大厦	100013
17	8	QYC	121213T121214	2		GY大厦	100014
18	10					TJ商场	210109
19						TJ商场	210110
20						TJ商场	210111
21						DYC商厦	111728
22						QYC	121213
23						QYC	121214
24							
25							

图 30-13　按指定次数重复

需要在 G 列按照每个项目包含的合同数量，列出相应数量的项目名称。首先在 E 列计算每个项目包含的合同数量，在 E14 单元格中输入以下公式并向下复制到 E17 单元格。

```
=RIGHT(D14,6)-LEFT(D14,6)+1
```

在 B 列增加辅助列，在 B14 单元格中输入公式：

```
=SUM($E$13:E13)
```

然后向下复制到 B18 单元格。每个单元格都是计算从 E13 单元格到当前行上一行的合计，即对 E13:E13、E13:E14、E13:E15、E13:E16、E13:E17 单元格区域分别求和，于是形成了序列 0，4，7，8，10，其中 4=0+4，7=0+4+3，8=0+4+3+1，10=0+4+3+1+2。

我们看到 B 列和 C 列的数据，就像上一个案例的分数段，根据 B 列的分数段返回 C 列对应的等级。数字 0、1、2、3 对应项目“GY 大厦”，数字 4、5、6 对应项目“TJ 商场”，数字 7 对应项目"DYC 商厦",数字 8、9 对应项目"QYC",数字 10 以上的对应 C18 单元格的空白。

我们查询相应的序列数,即 1,2,3,…。利用 ROW 函数来生成连续的序列数,在 G14 单元格中输入以下公式,并向下复制到 G25 单元格。

```
=VLOOKUP(ROW(1:1),$B$14:$C$18,2,1)
```

形成的效果如图 30-14 所示,这时发现结果有一点偏差,项目"GY 大厦"应该是 4 个,而结果出现的是 3 个,另外 QYC 后面什么都没有,应该显示空白,而这里却显示 0。

	G
13	项目名称
14	GY大厦
15	GY大厦
16	GY大厦
17	TJ商场
18	TJ商场
19	TJ商场
20	DYC商厦
21	QYC
22	QYC
23	0
24	0
25	0

图 30-14 重复项目名称过程

我们针对这两个问题逐一进行修改,首先是少一个"GY 大厦"的问题。ROW 函数部分的计算结果是从 1 开始的,缺少对数字 0 的查询,所以将"ROW(1:1)"改成"ROW(1:1)-1"。其次是显示为 0 的问题。之前在 25.3 节讲过"&""""的方法,给 C17 单元格连接一个空文本就显示为空白,G14 单元格的公式改为:

```
=VLOOKUP(ROW(1:1)-1,$B$14:$C$18,2,1)&""
```

下面就是将合同号逐一列出。将 D 列的项目号使用 VLOOKUP 函数引用过来,效果如图 30-15 左侧部分所示。在 H14 单元格中输入以下公式,并向下复制到 H25 单元格。

```
=VLOOKUP(G14,$C$14:$D$17,2,0)
```

这个结果是完整的项目号,并不是合同号,所以需要将项目号的前 6 位提取出来。将 H14 单元格的公式完善为:

```
=LEFT(VLOOKUP(G14,$C$14:$D$17,2,0),6)
```

使用 LEFT 函数提取前 6 位,将公式向下复制到 H25 单元格,效果如图 30-15 右侧部分所示。

	G	H
13	项目名称	合同号
14	GY大厦	100011T100014
15	GY大厦	100011T100014
16	GY大厦	100011T100014
17	GY大厦	100011T100014
18	TJ商场	210109T210111
19	TJ商场	210109T210111
20	TJ商场	210109T210111
21	DYC商厦	111728T111728
22	QYC	121213T121214
23	QYC	121213T121214
24		#N/A
25		#N/A

	G	H
13	项目名称	合同号
14	GY大厦	100011
15	GY大厦	100011
16	GY大厦	100011
17	GY大厦	100011
18	TJ商场	210109
19	TJ商场	210109
20	TJ商场	210109
21	DYC商厦	111728
22	QYC	121213
23	QYC	121213
24		#N/A
25		#N/A

图 30-15　提取前 6 位合同号

由于提取出来的合同号仅仅是项目中的第一个，并未出现 100011，100012，100013，100014 这样递增的序列。我们观察 H15:H17 单元格区域，它们应该得到的结果是 100012、100013、100014，都是在上一个单元格的数字上 +1，那么如何判断是否 +1 了呢？看看 G15:G17 单元格区域，它们都有一个特点，就是每一个单元格都与上一个单元格的内容相同，根据这个条件加一个 IF 函数进行判断，H14 单元格的公式为：

```
=IF(G14=G13,H13+1,LEFT(VLOOKUP(G14,$C$14:$D$17,2,0),6))
```

将公式向下复制到 H25 单元格，效果如图 30-16 左侧部分所示，这里有两个问题：一个问题是合同号类型不一致，这是因为 LEFT 函数提取出来的数字是文本型的，而文本型数字经过一次加减乘除运算就会变成数值型，所以需要把数字统一变成数值型，即在 LEFT 前“减负”（--）；另一个问题是 H24:H25 单元格是错误值，这是因为 G 列是空白的，所以提前用 IF 函数来判断 G 列是否为空白，于是 H14 单元格的最终公式为：

```
=IF(G14="","",IF(G14=G13,H13+1,--LEFT(VLOOKUP(G14,$C$14:$D$17,2,0),6)))
```

将公式复制到 H14:H25 单元格区域，最终完成效果如图 30-16 右侧部分所示。

	G	H
13	项目名称	合同号
14	GY大厦	100011
15	GY大厦	100012
16	GY大厦	100013
17	GY大厦	100014
18	TJ商场	210109
19	TJ商场	210110
20	TJ商场	210111
21	DYC商厦	111728
22	QYC	121213
23	QYC	121214
24		#N/A
25		#N/A

	G	H
13	项目名称	合同号
14	GY大厦	100011
15	GY大厦	100012
16	GY大厦	100013
17	GY大厦	100014
18	TJ商场	210109
19	TJ商场	210110
20	TJ商场	210111
21	DYC商厦	111728
22	QYC	121213
23	QYC	121214
24		
25		

图 30-16　合同号递增

30.5 HLOOKUP 函数初识

HLOOKUP 函数的用法可以说与 VLOOKUP 函数的用法基本一致，只是将纵向查找改为横向查找。H 缩写于单词 Horizontal，表示水平的，函数整体为 Horizontal Look Up。它的语法为：

```
HLOOKUP(lookup_value, table_array, row_index_num, [range_lookup])
用中文翻译过来为 HLOOKUP (目标值，目标区域，第几行，查找方式)。
```

HLOOKUP 与 VLOOKUP 函数的差异是第 3 个参数。HLOOKUP 的第 3 个参数为 row_index_num，而 VLOOKUP 的第三个参数是 col_index_num。HLOOKUP 函数的第 4 个参数也支持 0 和 1。

下面用一个案例来演示一下。如图 30-17 所示，C14:K16 单元格区域是基础数据源，根据第 14 行的姓名，查询第 16 行的分数等级。在 D19 单元格中输入公式：

```
=HLOOKUP(C19,$C$14:$K$16,3,0)
```

| D19 | ▼ : × ✓ *fx* | =HLOOKUP(C19, $C$14:$K$16, 3, 0) |

	A	B	C	D	E	F	G	H	I	J	K
14			姓名	许褚	张飞	黄承彦	徐庶	郭嘉	黄权	马超	庞统
15		table_arra	分数	95	62	52	98	74	93	79	59
16			分数等级	B	A	C	B	A	B	B	D
17											
18			姓名	分数等级							
19		lookup_value	许褚	B							
20			郭嘉	A							

图 30-17　HLOOKUP 函数初识

不会用 HLOOKUP 函数也没关系，我们可以用 INDEX+MATCH 或 VLOOKUP 查找指定列，公式可以写成：

```
=INDEX($D$16:$K$16,MATCH(C19,$D$14:$K$14,0))
```

或者写成：

```
=VLOOKUP($D$18,$C$14:$K$16,MATCH(C19,$C$14:$K$14,0),0)
```

1　如练习图 10-1 所示，A~G 列是基础人员信息，使用 VLOOKUP 函数结合 COLUMN 函数、MATCH 函数完成相应的信息查询，在 J3、J9 单元格中各输入一个公式，并分别复制到 J3:M6、J9:L11 单元格区域。

序号	员工号	姓名	生日	入职日期	员工部门	员工级别
1	B1210014	郭嘉	1980/7/9	2012/10/3	魏国	6级
3	B1120002	黄月英	1980/3/25	2011/12/11	蜀国	10级
4	A9410001	刘备	1975/9/7	1994/1/9	蜀国	2级
5	B1310002	马超	1983/4/14	2013/11/18	蜀国	9级
6	B0010001	孙权	1980/12/6	2000/4/6	吴国	2级
7	B0320003	孙尚香	1980/1/2	2003/11/24	吴国	4级
8	B0810003	夏侯惇	1988/6/26	2008/9/17	魏国	10级
9	B1210001	杨修	1989/6/12	2012/1/11	魏国	11级
10	B1210006	张飞	1980/6/14	2012/4/16	蜀国	7级
11	B0210003	张辽	1977/11/16	2002/12/21	魏国	10级
12	B0810001	赵云	1977/10/10	2008/2/22	蜀国	7级
14	B1210007	周瑜	1987/1/20	2012/5/24	吴国	9级
15	B0510002	诸葛亮	1980/4/30	2005/12/27	蜀国	4级

员工号	姓名	生日	入职日期	员工部门
B1210014				
B0320003				
B0810001				
A1120002				

员工号	姓名	员工部门	员工级别
A9410001			
B0810003			
B1210007			

练习图 10-1　查询表

2 如练习图 10-2 所示，B2:C5 单元格区域是基础数据源，根据 C 列的人数，将 B 列的部门重复相应的次数，在 F2 单元格中输入一个公式，并向下复制到 F2:F14 单元格区域，完成效果如 H2:H14 单元格区域所示。

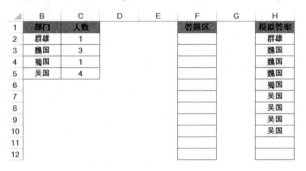

部门	人数			答题区		模拟答案
群雄	1					群雄
魏国	3					魏国
蜀国	1					魏国
吴国	4					魏国
						蜀国
						吴国
						吴国
						吴国
						吴国

练习图 10-2　指定重复次数

第11篇

——

OFFSET 与 INDIRECT
函数

前面讲的函数基本上都是返回一个值，而本篇讲的 OFFSET 函数和 INDIRECT 函数不仅可以返回一个值，还可以返回多行多列的单元格区域。

第31章 OFFSET 函数

OFFSET 函数可以返回某一个单元格的值，也可以返回一个多行多列的单元格区域。实际工作中人们经常用 OFFSET 函数来构建一个动态区域，并以此区域作为基础制作动态图表、动态数据透视表等。

31.1 基础语法

OFFSET 函数共有 5 个参数，是整本书中包含参数最多的一个函数，它的语法为：

```
OFFSET(reference, rows, cols, [height], [width])
```

参数 reference 表示所引用的单元格，也可以说是起始点，从这个点出发，向下偏移 rows 行，向右偏移 cols 列，再向下扩展 height 行，向右扩展 width 列，最终得到 height 行 width 列的一个单元格区域。

31.2 OFFSET 动态演示

在如图 31-1 所示的 OFFSET 的动态演示工具中，我们可以在 S3 单元格修改起始点，也可以在 S5:S8 单元格区域修改偏移和扩展的行列数字。根据目前的参数，S3 单元格为文本字符串 "B5"，S5:S8 单元格依次为数字 2、3、4、6，合成公式为 "=OFFSET(B5,2,3,4,6)"，表示从 B5 单元格出发，向下偏移 2 行，到了 B7 单元格；然后向右偏移 3 列，到了 E7 单元格；之后向下扩展 4 行，并向右扩展 6 列，最终得到 E7:J10 这样一个 4 行 6 列的单元格区域。

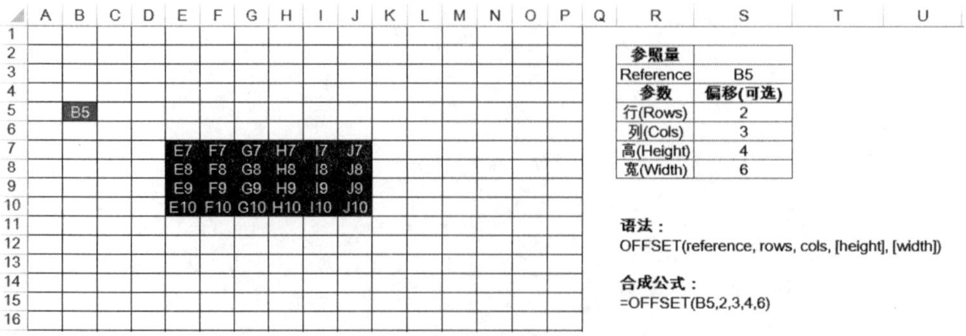

图 31-1　OFFSET 动态演示

继续演示。如果把参数都改成负数呢？如图31-2所示，合成公式为"=OFFSET(L12,-3,-2,-5,-4)"，表示从 L12 单元格出发，向下偏移负 3 行，那就说明是向上偏移 3 行，于是到了 L9 单元格；然后继续向右偏移负 2 列，也就是向左偏移 2 列，到了 J9 单元格；之后向下扩展负 5 行，向右扩展负 4 列，也就是向上扩展 5 行，向左扩展 4 列，最终得到 G5:J9 这样一个 5 行 4 列的单元格区域。

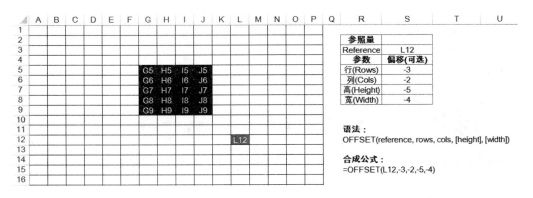

图 31-2　参数为负数

我们可以在素材文件的表格中修改参数，感受一下 OFFSET 函数得到的结果。另外，这里在讲解时，始终都是在说"向下""向右"，不要弄错方向。

> 提示　Excel 的帮助信息对 height 和 width 参数的说明是必须为正数，而经过实际测试发现负数也是可以的，只是一般负数没有实际应用的意义。所以说"尽信书不如无书"，实践是检验真理的唯一标准。

31.3　利用位置偏移返回单值

前面演示的是 OFFSET 返回的是一个区域，它也可以返回单一的值。

图 31-3　纵向区域

1. 纵向区域

如图 31-3 所示，B2:B9 单元格区域是一个纵向数据区域，在 D3 单元格中输入公式：

```
=OFFSET(B1,5,0)
```

表示从 B1 单元格向下偏移 5 行，向右偏移 0 列，于是得到 B6 单元格的"郭嘉"。在 D4 单元格中输入以下公式也可以得到"郭嘉"。

```
=OFFSET(B9,-3,0)
```

表示从 B9 单元格向下偏移负 3 行，即向上偏移 3 行，向右偏移 0 列。注意，这里偏移行列的参数千万不能省略，即使它仅仅是个 0，也是有意义的。

2. 横向区域

如图 31-4 所示，B12:I12 单元格区域是一个横向数据区域，在 D15 单元格中输入公式：

```
=OFFSET(B12,0,2)
```

表示从 B12 单元格向下偏移 0 行，向右偏移 2 列，返回结果为 D12 单元格的黄承彦，同样也可以使用负数，在 D16 单元格中输入公式：

```
=OFFSET(I12,0,-5)
```

表示从 I12 单元格向右偏移负 5 列。即向左偏移 5 列，返回的结果也一样。

	B	C	D	E	F	G	H	I
12	许褚	张飞	黄承彦	徐庶	郭嘉	黄权	马超	庞统
13								
14			引用区域					
15			黄承彦					
16			黄承彦					

图 31-4　横向区域

3. 二维区域

如图 31-5 所示，B19:E27 是二维数据区域，在 G20 单元格中输入公式：

```
=OFFSET(B19,3,2)
```

表示从 B19 单元格偏移 3 行 2 列，得到 D22 单元格的"2016/2/22"。

在 G21 单元格中输入公式：

```
=OFFSET(B19,5,3)
```

表示从 B19 单元格偏移 5 行 3 列，得到 E24 单元格的"8 000"。

	B	C	D	E	F	G
19	组别	姓名	销售日期	销售金额		引用区域
20	一组	马岱	2016/2/3	4,000		2016/2/22
21	一组	黄月英	2016/2/3	3,000		8000
22	一组	黄忠	2016/2/22	3,000		
23	一组	黄盖	2016/3/22	6,000		
24	二组	孙乾	2016/2/3	8,000		
25	二组	许褚	2016/2/24	5,000		
26	二组	张飞	2016/3/8	7,000		
27	二组	黄承彦	2016/3/9	5,000		

图 31-5　二维区域

> 这部分的演示省略了第 4 参数 height 和第 5 参数 width，并不是表示得到的结果就是单个单元格的值，我们从 Excel 的帮助信息中找答案。帮助信息中有一段话：如果省略 height 或 width，则假设其高度或宽度与 reference 相同。
>
> 假如公式为"=OFFSET(A1:D3,5,4)"，表示从 A1:D3 向下偏移 5 行向右偏移 4 列，并且与 A1:D3 相同的行数、列数的区域，即返回结果为 E6:H8 单元格区域。公式 "=OFFSET(A:A,0,3)"表示从 A 列向下偏移 0 行，向右偏移 3 列，返回结果为整个 D 列，即 D:D 单元格区域。

31.4 案例：制作动态数据区域

动态区域可以用来做动态透视表、动态图表等，人们通常使用 OFFSET 函数来构造动态区域。如图 31-6 所示，A1:E14 是基础数据源。

	A	B	C	D	E
1	组别	姓名	销售日期	销售金额	月份
2	一组	马岱	2016/2/3	4,000	2
3	一组	黄月英	2016/2/3	3,000	2
4	一组	黄忠	2016/2/22	3,000	2
5	一组	黄盖	2016/3/22	6,000	3
6	二组	孙乾	2016/2/3	8,000	2
7	二组	许褚	2016/2/24	5,000	2
8	二组	张飞	2016/3/8	7,000	3
9	二组	黄承彦	2016/3/9	5,000	3
10	二组	徐庶	2016/3/10	5,000	3
11	二组	郭嘉	2016/3/31	4,000	3
12	三组	黄权	2016/1/3	8,000	1
13	三组	马超	2016/2/4	4,000	2
14	三组	庞统	2016/2/5	6,000	2

图 31-6 基础数据源

如果用 OFFSET 函数来表示这片区域，公式为：

```
=OFFSET(A1,0,0,14,5)
```

从 A1 为起点，偏移 0 行 0 列，扩展 14 行 5 列。如果在一个单元格内写下这个公式，那么显示结果为"#VALUE!"，这是因为一个单元格装不下整个区域，所以系统会报错了。

这种情况，我们可以使用一个小技巧，在公式外面套一个计算区域的函数，如 SUM 函数，在 H3 单元格中输入公式：

```
=SUM(OFFSET(A1,0,0,14,5))
```

然后在【公式求值】对话框中单击【求值】按钮，可以看到计算的过程，OFFSET 函数的部分变成了 \$A\$1:\$E\$14，如图 31-7 所示，说明它的结果是一个数据区域。这里的 SUM 函数只是为了辅助理解。

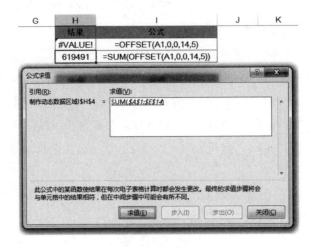

图 31-7　公式求值

但是我们得到的结果仍然是一个静态的区域。动态其实就是让"OFFSET(A1,0,0,14,5)"中的 14 和 5 可以根据原始数据区域的大小自动变化。14 和 5 分别表示数据源的行数和列数。如果行列数不是固定的，就需要数一数，怎么数呢？我们用 COUNTA 函数：

```
=COUNTA($A:$A)
```

先数一数 A 列有多少个非空单元格，也就是数据源一共有多少行，结果返回 14。

```
=COUNTA($1:$1)
```

然后数一数第一行有多少个非空单元格，即数据源有多少列，结果返回 5。

将这两个函数公式放在 OFFSET 函数中，如图 31-8 所示，合成公式为：

```
=SUM(OFFSET(A1,0,0,COUNTA($A:$A),COUNTA($1:$1)))
```

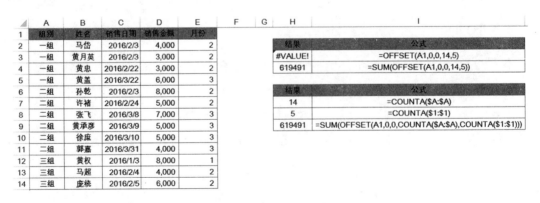

图 31-8　OFFSET 函数整合

现在看 H4 单元格的静态和 H9 单元格的动态公式结果完全一致。我们在数据源中增加一些数据，如图 31-9 所示，增加 1 行 1 列数据，现有的公式不做任何调整。于是 COUNTA 函数的计算结果发生变化，进而 OFFSET 函数所引用的区域也扩大，表示 \$A\$1:\$F\$15 单元格区域，达到了动态数据源的目的。

COUNTA 函数的参数之所以选择 \$A:\$A 和 \$1:\$1，是因为在数据源中，一般 A 列和第 1 行的数据是连续且完整的，不会出现空白。如果 A 列或第 1 行出现空白，说明数据源还不够规范。

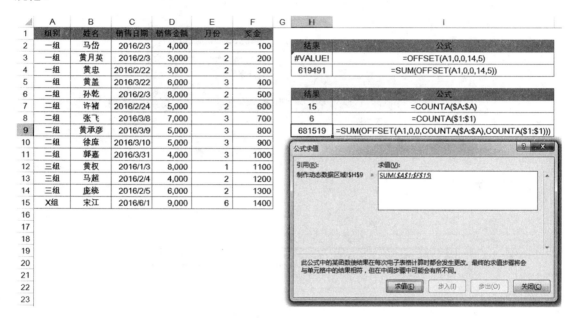

图 31-9 动态数据展示

在工作中，人们常常将动态数据源封装进定义名称中备用。可以按【Ctrl+F3】组合键调出【名称管理器】对话框，单击【新建】按钮，弹出【新建名称】对话框，在【名称】文本框中输入要定义的名称，如"data"，然后在【引用位置】文本框中输入公式：

```
=OFFSET($A$1,0,0,COUNTA($A:$A),COUNTA($1:$1))
```

输入公式时，一定要注意相对位置的问题，所以别忘了用"图钉"。单击【确定】按钮，在【名称管理器】中就增加了一个新的名称"data"。此时公式变为：

```
=OFFSET(制作动态数据区域!$A$1,0,0,COUNTA(制作动态数据区域!$A:$A),COUNTA(制作动态数据区域!$1:$1))
```

定义名称中的公式会自动生成当前工作表名称，不需要手动输入，操作过程如图 31-10 所示。

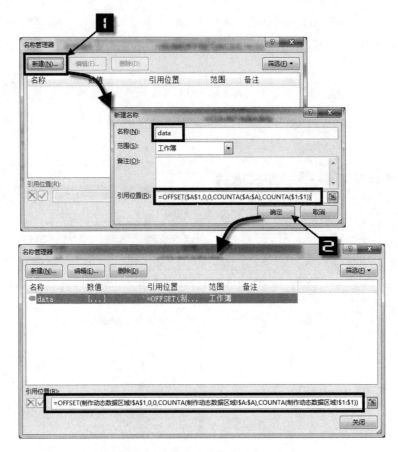

图 31-10 将动态区域封装进定义名称

至此，动态区域便做好了，用的时候，直接引用"data"即可。

公式实用小技巧

本章内容与前后章节没有连续性的关系，但本章内容对已经坚持学到这里的读者来说很有用。

32.1 参数省略与简写的区别

在 Excel 的帮助信息中，经常会看到某参数省略的情况，但在实际应用中，很多人并不能很好地识别此处内容是简写了还是被省略了，往往有些情况是"简写"而被误认为是"省略"。

1. 简写的含义

简写就是为了省事而少写部分内容，如人们常常用"EH"代表"Excel Home"。公式中的简写如图 32-1 所示，公式为：

```
=VLOOKUP("张飞",B:F,3,)
```

=VLOOKUP("张飞",B:F,3,)
VLOOKUP(lookup_value, table_array, col_index_num, **[range_lookup]**)

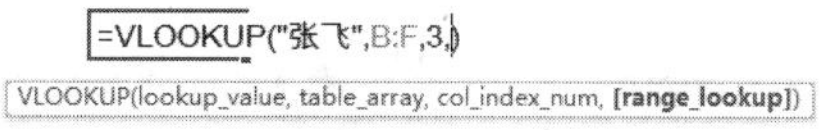

图 32-1　VLOOKUP 公式简写

公式中的第 4 个参数看没有内容，只有一个逗号，其实该公式被简写了，缺少了数字 0，我们在它的公式语法提示中选中"[range_lookup]"参数，光标就会定位在第 4 个参数。

再举个简写的例子，如图 32-2 所示，公式为：

```
=ROUND(3.14,)
```

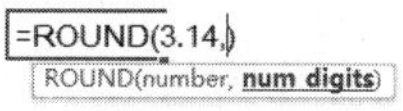

=ROUND(3.14,)
ROUND(number, **num_digits**)

图 32-2　ROUND 公式简写

这个公式的意思是四舍五入保留到整数，返回结果为 3。同样，ROUND 函数的第 2 个参数 num_digits 也可以用鼠标选中，但是这里也缺少了数字 0。

再如公式：

```
=SUM(OFFSET(A1,,,14,5))
```

OFFSET 函数中偏移的行、列数应该写 0，这个公式被简写了。

公式中的简写，80% 缺少的都是数字 0，有哪些不是数字 0 呢？例如：

```
=SUBSTITUTE(" 吃葡萄不吐葡萄皮 "," 葡萄 ",,1)
```

它返回的结果为"吃不吐葡萄皮"，公式中第 3 个参数简写的就是空文本（""）。

2. 省略的含义

省略是将整个参数都省去，如图 32-3 所示，公式为：

```
=VLOOKUP(75,A2:B5,2)
```

图 32-3　VLOOKUP 公式省略

当鼠标选中"［range_lookup］"参数时，系统完全没有反应。从公式中也完全看不到这个参数，这种状态我们称为省略参数。

再如公式：

```
=LEFT(" 吃葡萄 ")
```

图 32-4　LEFT 公式省略

同样，无法选中参数"［num_chars］"，也就是省略了该参数，相当于省略数字 1，于是公式提取了"吃葡萄"中左边一个字符，返回结果为"吃"。

凡是公式语法中，含有中括号的参数都是可以省略的。公式中省略的参数，大部分是 1。有哪些不是呢？例如：

```
=IF(1500<900," 预算之内 ")
```

上面公式省略了第 3 个参数，相当于 FALSE，该公式返回的结果为 FALSE。

又如：

```
=SUBSTITUTE(" 吃葡萄不吐葡萄皮 "," 葡萄 ",)
```

公式中的第 3 个参数是简写，第 4 个参数［instance_num］是省略，代表所有的"葡萄"都被替换，返回结果为"吃不吐皮"。

简写和省略最直观的差异就是看有没有逗号。简写的时候，相应的参数可以从公式提示中选中，而省略的时候，参数在公式提示中无法选中。

32.2 将 10MB 的“虚胖”工作簿“瘦身”成 1MB

有多少人遇到过这种情况：一个工作簿几十兆字节，每次打开都非常慢，本以为文件内容很多，然而打开一看却只有几十行数据。通常情况下，这种文件的大小最多几十千字节。不仅如此，工作簿右侧的滚动条还特别小，如图 32-5 所示，用鼠标稍微一拖动，几千行就跳过去了。

组别	姓名	销售日期	销售金额	月份	奖金
一组	马岱	2016/2/3	4,000	2	100
一组	黄月英	2016/2/3	3,000	2	200
一组	黄忠	2016/2/22	3,000	2	300
二组	孙乾	2016/2/3	8,000	2	500
二组	许褚	2016/2/24	5,000	2	600
三组	黄权	2016/1/3	8,000	1	1100
三组	马超	2016/2/4	4,000	2	1200
三组	庞统	2016/2/5	6,000	2	1300

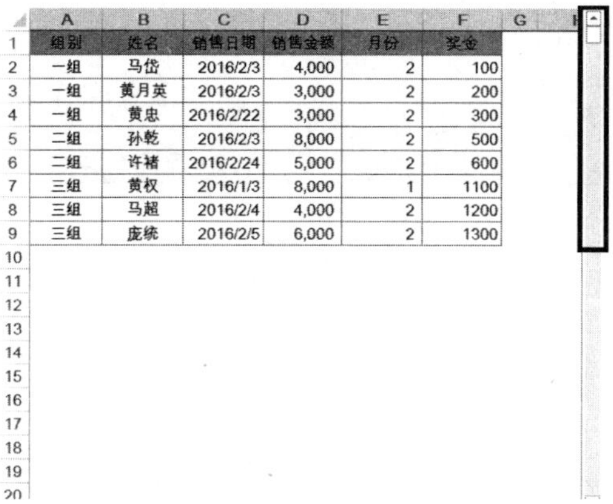

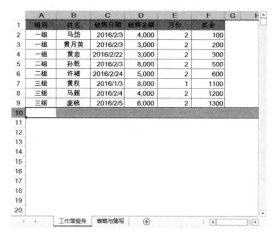

图 32-5 虚胖工作表

这是什么原因造成的呢？这种情况肯定是一个不好的表格操作习惯导致的，最常见的原因就是“筛选”。根据数据源筛选出符合条件的内容，如将在 1 月份和 2 月份的数据放在一个新表中。这名员工通常会直接选择表格 A:F 列进行复制，然后粘贴到一个空白的表格中，最后保存。这时问题就产生了。

Excel 2007 版及以后的版本的工作表有 1 048 576 行，当筛选出数据，并选择整列时，这部分内容不仅包含选择的数据，还包含下面 100 多万的空白行。相当于一次性复制了 100 多万行的数据到新表，自然造成了文件的“虚胖”。

下面说一下解决方案：首先选择数据源下面的一行，如图 32-6 所示，这里选择第 10 行。

组别	姓名	销售日期	销售金额	月份	奖金
一组	马岱	2016/2/3	4,000	2	100
一组	黄月英	2016/2/3	3,000	2	200
一组	黄忠	2016/2/22	3,000	2	300
二组	孙乾	2016/2/3	8,000	2	500
二组	许褚	2016/2/24	5,000	2	600
三组	黄权	2016/1/3	8,000	1	1100
三组	马超	2016/2/4	4,000	2	1200
三组	庞统	2016/2/5	6,000	2	1300

图 32-6 删除无用数据

然后按【Ctrl+Shift+↓】组合键，全选此行下面的空白行，效果如图 32-7 所示，之后右击，选择"删除行"命令，这样就能删除所有空行了。

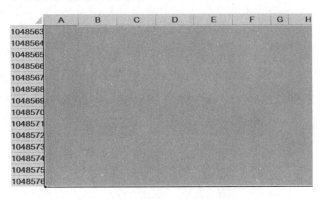

图 32-7　全选空白行

操作完成后，我们看到的右侧滚动条和之前一样，这里还差一个步骤。

最后一步保存。按【Ctrl+S】组合键可快速保存，保存后表格就恢复正常了。

Excel 2013 及之后的版本有一定的自我修复功能，系统有时会将产生的空行直接删除，无须手动操作。但是在平常的工作中，还是建议大家尽量规范操作。

第 33 章 INDIRECT 函数

INDIRECT 函数的意思是间接引用单元格，它的功能是将一个文本字符串的单元格名称变成真正指向的单元格。INDIRECT 函数是我在学习过程中，花费时间最久的一个函数。开始时始终无法掌握它的精髓，用了几个月的时间才慢慢总结出攻克它的必胜绝招。本章将教大家快速学会并掌握该函数的方法。

33.1 基础语法

INDIRECT 函数的基础语法如下：

```
INDIRECT(ref_text, [a1])
```

Indirect 表示间接地，所以这个函数的意思就是间接引用。单元格的引用有两种方式 ——A1 和 R1C1 引用方式。我们只需掌握 A1 引用方式就足够了。同样，INDIRECT 的间接引用，我们也只学其中的 A1 引用。

牢记一句话：INDIRECT 具有"剥离引号"的功能，剥离引号之后，自己就"牺牲"了。"剥离引号"这 4 个字很重要，接下来我们会详细讲解此功能。

33.2 应用"剥离引号"完成基础引用

下面将演示 INDIRECT 函数的用法，有疑问的话，可以暂且放一放，先看整个操作过程，再慢慢理解这么操作的原因。

首先，可以在 C12 单元格中输入最简单的公式"=D1"，如图 33-1 所示，引用 D1 单元格的内容。

现在将 D1 加上双引号，如图 33-1 中 C13 单元格的公式，那么它现在的公式为"="D1""，返回的结果为"D1"。我们在前面说了 INDIRECT 具有"剥离引号"的作用，那么现在给 C13 单元格的公式加上 INDIRECT，于是 C14 单元格的公式为：

```
=INDIRECT("D1")
```

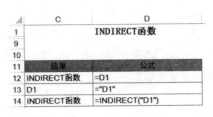

图 33-1　间接引用

INDIRECT 函数的"剥离引号"的作用生效了，它将字符串 D1 外面的那一对引号剥离了，剥离后相当于公式 =D1，所以返回了 D1 单元格的值"INDIRECT 函数"。

我们再做一个跨工作表引用的例子。如图 33-2 所示，在 C18 单元格中写一个基础的引用，先输入等号（=），然后用鼠标选择"转置效果"工作表的 B2 单元格，形成公式"= 转置效果 !B2"，得到相应的引用结果"罗贯中"。将这个公式的两端加上一对双引号，C19 单元格的公式变为"=" 转置效果 !B2""，返回结果为"转置效果 !B2"，它是一个普通的字符串。这时加上 INDIRECT 函数，C20 单元格的公式变为：

```
=INDIRECT(" 转置效果 !B2")
```

再次返回"转置效果"工作表的 B2 单元格的值，与 C18 单元格的公式返回的结果一致。

	C	D
17	结果	公式
18	罗贯中	=转置效果!B2
19	转置效果!B2	="转置效果!B2"
20	罗贯中	=INDIRECT("转置效果!B2")

公式栏：=转置效果!B2

图 33-2　跨工作表基础引用 1

如果学了上面内容后还是不理解，那就再看一个例子，如图 33-3 所示，在 C24 单元格中先输入一个等号（=），然后用鼠标选择"2013 年"工作表的 A5 单元格，形成公式"='2013 年 '!A5"，观察细节，这里多出来一对英文状态下的单引号。当工作表名称以数字开头，或者工作表名称中包含了空格或其他特殊字符时，要用一对单引号将工作表名引起来。我们不需要记忆什么时候写这个单引号，直接引用相应的工作表，Excel 会自动添加。

	C	D
23	结果	公式
24	A9910001	='2013年'!A5
25	'2013年'!A5	="'2013年'!A5"
26	A9910001	=INDIRECT("'2013年'!A5")

公式栏：='2013年'!A5

图 33-3　跨工作表基础引用 2

然后和前面例子的步骤一样，给这个公式加上一对双引号，再套上一个 INDIRECT 函数将引号剥离，于是 C26 单元格的公式为：

```
=INDIRECT("'2013 年 '!A5")
```

返回的结果与 C24 单元格的结果一致。在双引号中，不要把这对单引号当作特殊的内容，可以把它看作普通字母，如 a、b、c。

33.3 案例：使用公式将纵向数据转置为横向

我们先看一个例子，如图 33-4 所示，我们需要将 B 列纵向的姓名变成横向排列，要如何操作？

	A	B	C	D	E	F	G	H	I	J	K	L	M
1	员工ID	姓名											
2	A9110001	罗贯中		姓名									
3	A9410001	刘备											
4	A9410002	法正		目标样式：									
5	A9720001	吴国太		姓名	罗贯中	刘备	法正	吴国太	陆逊	吕布	张昭	袁绍	孙策
6	A9710002	陆逊											
7	A9710003	吕布											
8	A9910001	张昭											
9	A9910002	袁绍											
10	A9910003	孙策											

图 33-4 转置效果

方法一：选择性粘贴 —— 转置。这个方法没问题，但美中不足的是，这种操作是属于一次性的，如果数据源一旦变化，要重新粘贴一次。

方法二：每一个单元格做一个引用。在 E2 单元格中输入"=B2"，在 F2 单元格中输入"=B3"，在 G2 单元格中输入"=B4"……在 M2 单元格中输入"=B10"。这样就可以解决动态的问题，在数据源内容少的时候可以用，数据源内容多的话会费时又费力。

方法三：可以接着方法二的思路，它们都是引用 B 列的单元格，在 E2:M2 单元格区域生成"B2"，"B3"，…，"B10"这样有规律的文本字符，再用 INDIRECT 函数剥离文本带的英文状态的双引号就可以。用 COLUMN 函数横向生成连续的数字序列，如图 33-5 所示，在 E2 单元格中输入以下公式，并向右复制到 M2 单元格。

```
=INDIRECT("B"&COLUMN(B:B))
```

E2		:	×	✓	fx	=INDIRECT("B"&COLUMN(B:B))						

	A	B	C	D	E	F	G	H	I	J	K	L	M
1	员工ID	姓名											
2	A9110001	罗贯中		姓名	罗贯中	刘备	法正	吴国太	陆逊	吕布	张昭	袁绍	孙策
3	A9410001	刘备			B2	B3	B4	B5	B6	B7	B8	B9	B10
4	A9410002	法正		目标样式：									
5	A9720001	吴国太		姓名	罗贯中	刘备	法正	吴国太	陆逊	吕布	张昭	袁绍	孙策
6	A9710002	陆逊											
7	A9710003	吕布											
8	A9910001	张昭											
9	A9910002	袁绍											
10	A9910003	孙策											

图 33-5 转置公式

公式将字母 B 和 COLUMN 生成连续的数字序列 2，3，…，10，用"胶水"（&）粘在一起，形成相应的单元格的文本字符串，如图 33-5 中 E3:M3 单元格区域所示的文本，最后用 INDIRECT 函数剥离引号，形成 E2:M2 单元格区域的转置效果。

这种在同一个工作表中引用的情况不仅 INDIRECT 函数可以完成，INDEX 函数和 OFFSET 函数也可以完成。

INDEX 函数的公式为：

```
=INDEX($B:$B,COLUMN(B:B))
```

OFFSET 函数的公式为：

```
=OFFSET($B$1,COLUMN(A:A),0)
```

如果 INDEX 函数和 OFFSET 函数能完成操作，那么为什么还要学 INDIRECT 函数？下面就看看 INDEX 和 OFFSET 函数完不成，而 INDIRECT 函数可以完成的操作。

33.4 案例：根据单元格信息完成对指定工作表的引用

图 33-6 所示的是分别以年份命名的 3 个工作表，每个工作表内的结构都是一致的，A 列为员工 ID，B 列为姓名，C 列为销量。

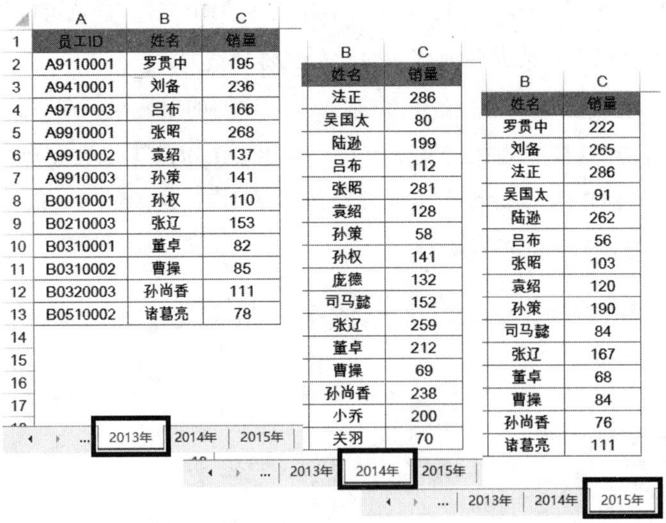

2013年

	A	B	C
1	员工ID	姓名	销量
2	A9110001	罗贯中	195
3	A9410001	刘备	236
4	A9710003	吕布	166
5	A9910001	张昭	268
6	A9910002	袁绍	137
7	A9910003	孙策	141
8	B0010001	孙权	110
9	B0210003	张辽	153
10	B0310001	董卓	82
11	B0310002	曹操	85
12	B0320003	孙尚香	111
13	B0510002	诸葛亮	78
14			
15			
16			
17			

2014年

B	C
姓名	销量
法正	286
吴国太	80
陆逊	199
吕布	112
张昭	281
袁绍	128
孙策	58
孙权	141
庞德	132
司马懿	152
张辽	259
董卓	212
曹操	69
孙尚香	238
小乔	200
关羽	70

2015年

B	C
姓名	销量
罗贯中	222
刘备	265
法正	286
吴国太	91
陆逊	262
吕布	56
张昭	103
袁绍	120
孙策	190
司马懿	84
张辽	167
董卓	68
曹操	84
孙尚香	76
诸葛亮	111

图 33-6　基础数据源

在查询表中，我们需要根据 A 列的姓名和 B 列的年份，查询每个人在对应年份的销量数据。使用常规做法怎么做？一看到查询，首先想到的是 VLOOKUP 函数，查询罗贯中 2013 年的销量，公式为“=VLOOKUP(A2,"2013 年 "!B:C,2,0)”。刘备 2013 年的销量，可以直接向下复制得到。查询 2014 年吴国太的销量，公式为“=VLOOKUP(A4, '2014 年 ' !B:C,2,0)”。查询陆逊 2015 年的销量，

公式为 "=VLOOKUP(A5,'2015 年 ' !B:C,2,0)"。如图 33-7 中 A:D 列所示。

图 33-7　查询销量

　　如果按照上面那样一个个写下来，可能效率还不如查找、复制、粘贴的效率高。那有没有更简单的办法？仔细观察会发现这几个公式的结构基本一致，第一个参数都是 A 列对应单元格，第三个参数和第四个参数分别是 2 和 0，差异只在第二个参数，如图 33-7 中 G 列内容，分别为 "'2013 年 '!B:C" "'2014 年 '!B:C" "'2015 年 '!B:C"。如果我们根据 B 列年份的规律生成对应的文本字符串，然后用 INDIRECT 函数剥离引号，是否可以达到间接引用的目标？下面我们实际操作一下。

　　在 H2 单元格中输入公式，首先输入 "="'"&"，如图 33-8 所示，这一步就是要显示年份之前的那个单引号。

图 33-8　输入公式步骤 1

后面需要连接相应的年份，我们引用 B2 单元格，公式为 "="'"&B2"，如图 33-9 所示。

图 33-9　输入公式步骤 2

　　年份组合完了，剩下的部分都是一样的内容，再继续组合，如图 33-10 所示，公式为 "="'"&B2&"'!B:C""，然后向下复制，即可得到各年份的文本字符串。

图 33-10　输入公式步骤 3

　　万事俱备，只欠东风，将 INDIRECT 函数连同这部分字符串放在 VLOOKUP 函数的查询中，公式为 "=VLOOKUP(A2,INDIRECT("'"&B2&"'!B:C"),2,0)"。当有某些值查询不到的时候会产生错误值 #N/A，如果错误，那就用 IFERROR 函数来处理，如图 33-11 所示，最终 C2 单元格的公式为：

```
=IFERROR(VLOOKUP(A2,INDIRECT("'"&B2&"'!B:C"),2,0),"无销量")
```

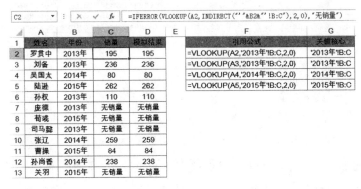

图 33-11　跨工作表引用公式

接下来我们再做一个相同的练习。如图 33-12 所示，在 B16:B18 单元格区域计算各个年份的销量合计。

	A	B	C	D	E	F	G
15	年份	销量总计	模拟结果			引用公式	关键核心
16	2013年		1762			=SUM('2013年'!C:C)	'2013年'!C:C
17	2014年		2617			=SUM('2014年'!C:C)	'2014年'!C:C
18	2015年		2185			=SUM('2015年'!C:C)	'2015年'!C:C

图 33-12　跨工作表求和

计算 2013 年销量的公式为"=SUM('2013 年 '!C:C)"，2014 年、2015 年的公式分别为 "=SUM('2014 年 '!C:C)" 和 "=SUM('2015 年 '!C:C)"。

关键就在于引用区域 '2013 年 '!C:C、'2014 年 '!C:C、'2015 年 '!C:C，我们还是先组合文本字符串，然后用 INDIRECT 函数剥离引号，B16 单元格的公式为：

```
=SUM(INDIRECT("'"&A16&"'!C:C"))
```

计算结果如图 33-13 所示。

	A	B	C	D	E	F	G
15	年份	销量总计	模拟结果			引用公式	关键核心
16	2013年	1762	1762			=SUM('2013年'!C:C)	'2013年'!C:C
17	2014年	2617	2617			=SUM('2014年'!C:C)	'2014年'!C:C
18	2015年	2185	2185			=SUM('2015年'!C:C)	'2015年'!C:C

图 33-13　求和公式

注意　组合时别忘了单引号。

33.5 INDIRECT 的错误理解方式

公式中的文本都是带英文双引号的，文本型数字也带，所以有的读者可能就想到了，我在文本型数字外面套上 INDIRECT 函数，利用它剥离引号，然后文本型数字就会变成数值型了。这是错误的。如图 33-14 所示，公式 "=INDIRECT("1234")" 并没有得到数字 1234，而是得到错误值 #REF!。

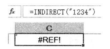

图 33-14　错误引用示例

INDIRECT 的根本意义是"间接引用"，通过间接的方式，引用相应的单元格或区域。只有在字符串可以形成一个有效的单元格地址的情况下，它才可以剥离引号，将文本字符串变为相应单元格的引用，如 "INDIRECT("D1")" "INDIRECT(""&B3&"'!B:C")" 等，而数字 1234 并不是一个有效的单元格地址，所以返回错误值 #REF!。

1　如练习图 11-1 所示，B2:E6 单元格区域是一个二维区域的座位表，使用 INDIRECT 函数将此二维区域转化为一维纵向区域，人员顺序按照先横向后纵向排列，在 G2 单元格输入公式并向下复制到 G2:G21 单元格区域，完成效果如 I2:I21 单元格区域所示。

	B	C	D	E	F	G	H	I
1	座位表					答题区		参考答案
2	罗贯中	刘备	法正	吴国太				罗贯中
3	陆逊	吕布	张昭	袁绍				刘备
4	孙策	孙权	庞德	荀彧				法正
5	司马懿	张辽	董卓	曹操				吴国太
6	孙尚香	小乔	关羽	诸葛亮				陆逊
7								吕布
8								张昭
9								袁绍
10								孙策
11								孙权
12								庞德
13								荀彧
14								司马懿
15								张辽
16								董卓
17								曹操
18								孙尚香
19								小乔
20								关羽
21								诸葛亮

练习图 11-1　二维区域转化为一维区域

2 如练习图 11-2 所示，有 1 月、2 月、3 月 3 个工作表，每个表的结构一致，A~C 列分别为员工 ID、姓名、销量。

	A	B	C
1	员工ID	姓名	销量
2	A9110001	罗贯中	195
3	A9410001	刘备	236
4	A9710003	吕布	166
5	A9910001	张昭	268
6	A9910002	袁绍	137
7	A9910003	孙策	141
8	B0010001	孙权	110
9	B0210003	张辽	153
10	B0310001	董卓	82
11	B0310002	曹操	85
12	B0320003	孙尚香	111
13	B0510002	诸葛亮	78
14			

	A	B	C
1	员工ID	姓名	销量
2	A9410002	法正	286
3	A9720001	吴国太	80
4	A9710002	陆逊	199
5	A9710003	吕布	112
6	A9910001	张昭	281
7	A9910002	袁绍	128
8	A9910003	孙策	58
9	B0010001	孙权	141
10	B0010002	庞德	132
11	B0210002	司马懿	152
12	B0210002	张辽	259
13	B0310001	董卓	212
14	B0310002	曹操	69

	A	B	C
1	员工ID	姓名	销量
2	A9110001	罗贯中	222
3	A9410001	刘备	265
4	A9410002	法正	286
5	A9720001	吴国太	91
6	A9710002	陆逊	262
7	A9710003	吕布	56
8	A9910001	张昭	103
9	A9910002	袁绍	120
10	A9910003	孙策	190
11	B0210002	司马懿	84
12	B0210003	张辽	167
13	B0310001	董卓	68
14	B0310002	曹操	84

练习图 11-2　基础数据源

在 INDIRECT 汇总工作表的 B2 单元格中输入一个公式，并复制到 B2:M13 单元格区域，完成各员工每月的销量查询，效果如练习图 11-3 所示。

	A	B	C	D	E	F	G	H	I	J	K	L	M	N
1	姓名	1月	2月	3月	4月	5月	6月	7月	8月	9月	10月	11月	12月	销量合计
2	罗贯中	195	0	222	0	0	0	0	0	0	0	0	0	417
3	刘备	236	0	265	0	0	0	0	0	0	0	0	0	501
4	吴国太	0	80	91	0	0	0	0	0	0	0	0	0	171
5	陆逊	0	199	262	0	0	0	0	0	0	0	0	0	461
6	孙权	110	141	0	0	0	0	0	0	0	0	0	0	251
7	庞德	0	132	0	0	0	0	0	0	0	0	0	0	132
8	荀彧	0	0	0	0	0	0	0	0	0	0	0	0	0
9	司马懿	0	152	84	0	0	0	0	0	0	0	0	0	236
10	张辽	153	259	167	0	0	0	0	0	0	0	0	0	579
11	曹操	85	69	84	0	0	0	0	0	0	0	0	0	238
12	孙尚香	111	238	76	0	0	0	0	0	0	0	0	0	425
13	关羽	0	70	0	0	0	0	0	0	0	0	0	0	70

练习图 11-3　INDIRECT 汇总

CHAPTER

12

第12篇

———

VLOOKUP 与模块化结构

当 Excel 函数遇到大数据量计算的时候，它的计算效率堪忧。数据透视表是解决统计问题的一个利器，但是它统计出来的表格格式具有一定的限制。将函数与透视表很好地结合，可以达到意想不到的效果。

数据透视表是 Excel 统计中的最强工具,通过"拖拖拉拉"的技术可以快速完成想要的数据统计与展示。

34.1 认识表

什么样的表才是一个好的基础数据表呢?下面就给大家展示一个表格,如图 34-1 所示。这种表用一种通俗的说法可称为"流水账"。表格的第一行是各个标题,可称为"字段名称"。

每一列的数据类型都是一致的,例如,A 列就是序号,D、E、F 列都是日期,J 列是字母加数字的员工号。然后每一行的内容都忠实地记录了各个字段的信息,表格是向下扩展的。

	A	B	C	D	E	F	G	H	I	J	K
1	序号	姓名	性别	生日	参加工作日期	入职日期	员工部门	岗位属性	员工级别	员工号	基本工资
2	1	罗贯中	男	1971/6/15	1991/12/6	1991/12/6	群雄	文	1级	A9110001	15000
3	2	刘备	男	1975/9/7	1994/1/9	1994/1/9	蜀国	文	2级	A9410001	13800
4	3	法正	男	1972/2/10	1994/8/1	1994/8/1	蜀国	文	11级	A9410002	3000
5	4	吴国太	女	1973/2/9	1994/5/8	1997/1/8	吴国	文	4级	A9720001	11400
6	5	陆逊	男	1972/7/25	1993/7/28	1997/5/14	吴国	文	5级	A9710002	10200
7	6	吕布	男	1978/3/30	1997/10/23	1997/10/23	群雄	武	4级	A9710003	11400
8	7	张昭	男	1975/10/4	1999/5/31	1999/5/31	吴国	文	10级	A9910001	4200
9	8	袁绍	男	1979/1/9	1999/8/16	1999/8/16	群雄	文	3级	A9910002	12600
10	9	孙策	男	1970/3/3	1999/11/2	1999/11/2	吴国	武	3级	A9910003	12600
11	10	孙权	男	1980/12/6	2000/4/6	2000/4/6	吴国	文	2级	B0010001	13800
12	11	庞德	男	1978/4/14	2000/8/8	2000/8/8	群雄	武	10级	B0010002	4200
13	12	荀彧	男	1986/6/26	2002/10/14	2002/10/14	魏国	文	5级	B0210001	10200
14	13	司马懿	男	1972/4/21	2002/10/17	2002/10/17	魏国	文	5级	B0210002	10200

图 34-1 基础数据表

34.2 透视表的规范性

关于规范性问题需要注意以下三点。

(1)第一行中需要每一个字段都有名称,不能有空值。

这一点最重要,这是创建透视表最重要的前提。那在什么情况下会造成缺少名称的情况呢?一种是合并单元格,如图 34-2 所示,其中 H1 和 I1 的"岗位级别"是合并单元格,而合并的单元格一般只在该单元格的左上角那一格有值,其余均为空,所以这里实际上 H1 单元格是有值的,I1

单元格为空。另一种是增加新的辅助列，如在 L 列提取 F 列入职日期中的年份，却忘记增加标题，这种问题一般比较容易被发现。

	A	B	C	D	E	F	G	H	I	J	K	L
1	序号	姓名	性别	生日	参加工作日期	入职日期	员工部门	岗位级别		员工号	基本工资	
2	1	罗贯中	男	1971/6/15	1991/12/6	1991/12/6	群雄	文	1级	A9110001	15000	1991
3	2	刘备	男	1975/9/7	1994/1/9	1994/1/9	蜀国	文	2级	A9410001	13800	1994
4	3	法正	男	1972/2/10	1994/8/1	1994/8/1	蜀国	文	11级	A9410002	3000	1994
5	4	吴国太	女	1973/2/9	1994/5/8	1997/1/8	吴国	文	4级	A9720001	11400	1997

图 34-2 字段缺少名称

当出现缺少字段名称的时候，插入透视表时会出现如图 34-3 所示的提示。报错后，无法插入透视表了怎么办？其实解决方法很简单，提示中已经明确告诉你"在创建透视表时，必须使用组合为带有标志列列表的数据"，所以补全名称即可。

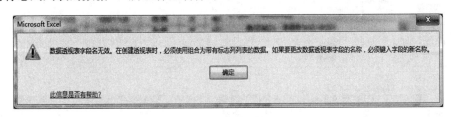

图 34-3 插入透视表报错

（2）每一列的数据要做到格式统一，否则后续操作会有麻烦。

如图 34-4 所示，在 Excel 中的日期标准连接符号是"–"或"/"，而 F 列的入职日期既有用"."形式的，还有用中文表示的。H 列的岗位，标准的记录是"文"和"武"这两个字，但 H5 和 H2 单元格却为"文官""武将"。以上的情况都属于格式不统一。

	A	B	C	D	E	F	G	H	I	J	K
1	序号	姓名	性别	生日	参加工作日期	入职日期	员工部门	岗位属性	员工级别	员工号	基本工资
2	1	罗贯中	男	1971/6/15	1991/12/6	1991/12/6	群雄	文	1级	A9110001	15000
3	2	刘备	男	1975/9/7	1994/1/9	1994/1/9	蜀国	武将	2级	A9410001	13800
4	3	法正	男	1972/2/10	1994/8/1	1994.8	蜀国	文	11级	A9410002	3000
5	4	吴国太	女	1973/2/9	1994/5/8	1997/1/8	吴国	文官	4级	A9720001	11400
6	5	陆逊	男	1972/7/25	1993/7/28	1997/5/14	吴国	文	5级	A9710002	10200
7	6	吕布	男	1978/3/30	1997/10/23	1997.10	群雄	武	4级	A9710003	11400
8	7	张昭	男	1975/10/4	1999/5/31	1999年5月1日	吴国	文	10级	A9910001	4200
9	8	袁绍	男	1979/1/9	1999/8/16	1999/8/16	群雄	文	3级	A9910002	12600
10	9	孙策	男	1970/3/3	1999/11/2	1999/11/2	吴国	武	3级	A9910003	12600

图 34-4 数据格式不统一

（3）常规引用数据源方式，在增加新数据时不能自动扩展。

如果需要将数据源做为模板经常引用的话，那就要用"动态数据源"。制作动态数据源有两种方法：一种方法是将数据区域转化为"表"；另一种方法是用 OFFSET 函数来制作动态数据源。本章采用的就是第 2 种方法。

34.3 案例：创建数据透视表

本章只讲创建基础的数据透视表，我们只需学会如何用它做统计，而相对较高级的操作，如添加字段、制作数据透视图、结合 SQL 等，可以参考 Excel Home 出品的《Excel 2016 数据透视表应用大全》。

1. 使用常规方法创建基础数据透视表

步骤① 如图 34-5 所示，选择数据区域内的任意单元格，然后依次单击【插入】选项卡中的【数据透视表】按钮。

	A	B	C	D	E	F	G	H	I	J	K
1	序号	姓名	性别	生日	参加工作日期	入职日期	员工部门	岗位属性	员工级别	员工号	基本工资
2	1	罗贯中	男	1971/6/15	1991/12/6	1991/12/6	群雄	文	1级	A9110001	15000
3	2	刘备	男	1975/9/7	1994/1/9	1994/1/9	蜀国	文	2级	A9410001	13800
4	3	法正	男	1972	1994/8/1	1994/8/1	蜀国	文	11级	A9410002	3000
5	4	吴国太	女	1973/2/9	1994/5/8	1997/1/8	吴国	文	4级	A9720001	11400
6	5	陆逊	男	1972/7/25	1993/7/28	1997/5/14	吴国	文	5级	A9710002	10200
7	6	吕布	男	1978/3/30	1997/10/23	1997/10/23	群雄	武	4级	A9710003	11400
8	7	张昭	男	1975/10/4	1999/5/31	1999/5/31	吴国	文	10级	A9910001	4200
9	8	袁绍	男	1979/1/9	1999/8/16	1999/8/16	群雄	文	3级	A9910002	12600
10	9	孙策	男	1970/3/3	1999/11/2	1999/11/2	吴国	武	3级	A9910003	12600
11	10	孙权	男	1980/12/6	2000/4/6	2000/4/6	吴国	文	2级	B0010001	13800
12	11	庞德	男	1978/4/14	2000/8/8	2000/8/8	群雄	武	10级	B0010002	4200
13	12	荀彧	男	1986/6/26	2002/10/14	2002/10/14	魏国	文	5级	B0210001	10200

图 34-5　创建数据透视表步骤 1

步骤② 这时会弹出【创建数据透视表】对话框，如图 34-6 所示，其中【表/区域】参数框中会默认选择之前所选单元格所在的连续区域，如果基础数据表很规范，这个选项基本不用调整。创建透视表的位置默认是在【新工作表】，也可以根据需要选择【现有工作表】，选择后直接单击【确定】按钮。

图 34-6　创建数据透视表步骤 2

步骤 3 这时会创建一个新的工作表，并在工作表中创建一个空白的数据透视表，如图 34-7 所示。下面就可以把相应的字段拖入相应的位置，完成统计。

图 34-7　创建数据透视表步骤 3

步骤 4 如图 34-8 所示，将【数据透视表字段】窗格中的"员工部门"拖入【行】标签，将"岗位属性"拖入【列】标签，将"基本工资"拖入【值】标签，默认统计方式为"求和"。操作之后就能生成一个按照部门和岗位统计的工资总和。

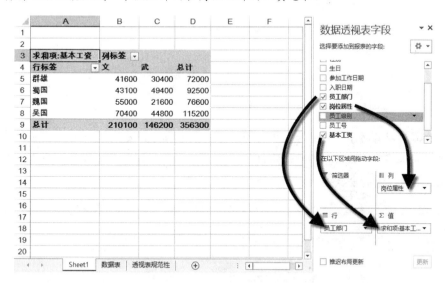

图 34-8　创建数据透视表步骤 4

透视表还可以做除求和外的其他统计。在数据区域右击，弹出快捷菜单，如图 34-9 所示，将鼠标指针放在【值汇总依据】选项上，在弹出的级联菜单中还可以选择计数、平均值、最大值等选项。

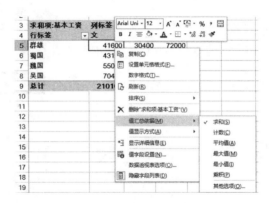

图 34-9　其他统计方式

2．创建动态数据透视表

当数据增加时，基础的数据透视表无法自动扩展区域，所以无法对统计的结果进行更新，这时就需要动态数据透视表了。

步骤 ①　创建定义名称，按下【Ctrl+F3】组合键，在弹出的【名称管理器】对话框中单击【新建】按钮，弹出【新建名称】对话框，如图 34-10 所示，将【名称】改为"data"，在【引用位置】参数框中输入公式：

```
=offset($A$1,0,0,counta($A:$A),counta($1:$1))
```

图 34-10　创建定义名称 1

步骤 ②　此公式可以暂时不考虑字母大小写问题。单击【确定】按钮，【名称管理器】对话框中新增了定义名称"data"，如图 34-11 所示，其中函数公式自动变为大写字母，并添加了当前工作表名称，公式为：

```
=OFFSET(数据表!$A$1,0,0,COUNTA(数据表!$A:$A),COUNTA(数据表!$1:$1))
```

图 34-11　创建定义名称 2

步骤 ③ 开始创建透视表，还是选择数据区内任意单元格，单击【插入】选项卡中的【数据透视表】按钮，在弹出的【创建数据透视表】对话框中，将数据区域更改为"data"，即刚刚创建的定义名称。选中【现有工作表】单选按钮，【位置】选择"Sheet1!$F$3"。这一步是为了将新的透视表建立在同一个工作表下，方便与之前的常规透视表对照，如图 34-12 所示。

图 34-12　创建动态数据透视表 1

步骤 ④ 单击【确定】按钮，之后的步骤与创建基础数据透视表的步骤完全一致。将【数据透视表字段】窗格中的"员工部门"拖入【行】标签，将"岗位属性"拖入【列】标签，将"基本工资"拖入【值】标签，统计结果如图 34-13 所示。

图 34-13　创建动态数据透视表 2

步骤 ⑤ 我们对比结果可以发现，动态透视表结果与常规透视表的结果完全一致。下面就是见证奇迹的时刻，在基础数据源中添加一行新的数据信息，如图 34-14 所示。

	A	B	C	D	E	F	G	H	I	J	K
1	序号	姓名	性别	生日	参加工作日期	入职日期	员工部门	岗位属性	员工级别	员工号	基本工资
47	46	凌统	男	1971/5/26	2005/10/15	2012/10/15	吴国	武	11级	B1210015	2200
48	47	徐盛	男	1989/4/21	2008/11/16	2012/11/16	吴国	武	8级	B1210016	5800
49	48	贾诩	男	1981/3/25	2010/12/11	2012/12/11	魏国	文	6级	B1210017	8200
50	49	庞统	男	1980/2/10	2013/6/7	2013/6/7	蜀国	文	5级	B1310001	9300
51	50	马超	男	1983/4/14	2013/11/18	2013/11/18	蜀国	武	9级	B1310002	4500
52	51	孙悟空					西行漫记	文武双全			20000

图 34-14　添加基础数据

步骤 ⑥ 在常规数据透视表和动态数据透视表上分别右击，并选择【刷新】选项，如图 34-15 所示。

图 34-15　刷新数据透视表

　　刷新后结果如图 34-16 所示，左侧的常规透视表是没有任何变化的，而右侧的动态透视表新增了"西行漫记"和"文武双全"的统计结果。动态透视表只是增加了基础数据并"刷新"了一下，并未调整引用的数据源区域，就轻松完成了动态的统计。

	A	B	C	D	E	F	G	H	I	J
1										
2	常规数据透视表					动态数据透视表				
3	求和项:基本工资	列标签 ▼				求和项:基本工资	列标签 ▼			
4	行标签 ▼	文	武	总计		行标签 ▼	文	文武双全	武	总计
5	群雄	41600	30400	72000		群雄	41600		30400	72000
6	蜀国	43100	49400	92500		蜀国	43100		49400	92500
7	魏国	55000	21600	76600		魏国	55000		21600	76600
8	吴国	70400	44800	115200		吴国	70400		44800	115200
9	总计	210100	146200	356300		西行漫记		20000		20000
10						总计	210100	20000	146200	376300

图 34-16　基础透视表与动态透视表的差异

> **提示**　数据透视表又被称为"拖拖拉拉"的技术，大家可以自己动手，将各个字段拖入不同的位置，感受一下透视表的强大。

第35章　5分钟完成月报统计

很多人做的月报，通常都是制式化的模板。我们可以使用 VLOOKUP 函数结合数据透视表的方式，5分钟完成月报统计的工作。本章将详细讲解如何制作模板。

35.1　制作思路与分解

在实际工作中，我们经常要做一些月报之类的统计，以某公司为例，全国有八大区域40个分公司，需要统计每个区域及分公司每月完成的数量，统计效果如图35-1所示。

区域/分公司	年度计划	1月				2月				3月				4月			
		当月	年总计	年计划	完成率	当月	年总计	年计划	完成率	当月	年总计	年计划	完成率	当月	年总计	年计划	完成率
华中区	240	14	14	12	117%	6	20	22	91%	9	29	41	71%	62	91	60	152%
长沙	40	7	7	2	350%	0	7	4	175%	0	7	7	100%	0	7	10	70%
南昌	120	7	7	6	117%	6	13	11	118%	0	13	21	62%	62	75	31	242%
武汉	40	0	0	2	0%	0	4	4	0%	6	6	7	86%	0	6	10	60%
郑州	40	0	0	2	0%	0	4	4	0%	3	3	7	43%	0	3	10	30%
东区	680	24	24	34	71%	60	84	61	138%	112	196	115	170%	60	256	169	151%
合肥	120	0	0	4	0%	0	11		0%	41	41	21	195%	0	41	31	132%
南京	80	0	0	4	0%	0	7		0%	22	22	13	169%	0	22	19	116%
宁波	120	24	24	6	400%	2	26	11	236%	33	59	21	281%	21	80	31	258%
温州	160	0	0	8	0%	11	11	14	79%	16	27	27	100%	18	45	40	113%
无锡	120	0	0	4	0%	47	47	11	427%	0	47	21	224%	0	47	31	152%
浙江	80	0	0	4	0%	0	7		0%	0	13		0%	21	21	19	111%
南区	600	78	78	30	260%	29	107	54	198%	20	127	102	125%	0	127	150	85%
东莞	40	8	8	2	400%	0	8	4	200%	0	8	7	114%	0	8	10	80%
佛山	40	3	3	2	150%	0	3	4	75%	0	3	7	43%	0	3	10	30%
福州	200	0	0	10	0%	29	29	18	161%	20	49	34	144%	0	49	50	98%
广州	40	5	5	2	250%	0	5	4	125%	0	5	7	71%	0	5	10	50%
海口	80	20	20	4	500%	0	20	7	286%	0	20	13	154%	0	20	19	105%

图 35-1　月报统计表展示

基础数据表是像流水账一样每行记录一条信息，假设平均每月记录两千行数据，那么全年要记录两万多行数据。假设"流氓三兄弟"来统计这两万行数据，我们来算一笔账。

一个分公司每个月至少需要2万次计算量，那40个分公司就是80万次，全年12个月，总计是960万次，一个统计表就需要接近1 000万次的计算量。这仅仅是对一个指标中一个条件的估算，如果每个月要统计三个维度的指标呢？就需要计算3 000万次。想一想，当你的表格中充满了 COUNTIFS、SUMIFS 的时候，它的速度能快吗？

这个时候我们用透视表就快得多了。但是透视表有一个缺陷，例如，1月40个分公司只有30个分公司有业绩记录，那么透视表统计的结果就只有30个分公司的数据，另外10个分公司的业绩记录无法看到。我们做月报时很重要的一点就是表格要"制式化"，例如，合肥的数据在第9行，无论是1月、3月还是8月、10月去看报告，它都应在第9行，不能出现这个月在第9行，下个月就变成第29行的情况。

既然用函数和透视表的方法都有问题，那么这个问题要怎样解决呢？我们可以结合二者的优点。

首先用透视表完成大量基础的数据统计，假设统计结果为 50 行，用 VLOOKUP 函数将透视表中的统计结果引用到制式化的表格中。我们再次算笔账，忽略透视表运算的那几秒，一个分公司每个月的统计大约为 50 次计算量，40 个分公司为 2 000 次，全年 12 个月为 24 000 次，假如有 3 个指标需要计算，那总计为 72 000 次，不到 10 万次。用 10 万次和 3 000 万次相比较，如果 10 万次计算需要 1 秒，那 3 000 万次就是 300 秒，大约 5 分钟。

> **提示** 以上的计算量是为了表现两种方案的差异，以及各自的计算效率，仅供参考，并不是准确的计算机运算量。

上述问题的解决方案总结为用动态数据透视表统计数据，用 VLOOKUP 函数引用动态透视表统计出来的结果。

35.2 制作动态数据区域

制作模板的首要前提就是数据源可以自动扩展与更新，这就需要制作动态数据区域。

1. 认识基础数据表

如图 35-2 所示，"数据"工作表是一家电梯企业的基础数据源，A 列是合同号，是每一台电梯唯一的标识，B 列为相应的项目名称，C 列是负责该电梯安装的分公司，D 列是相应分公司归属的区域。该企业有 40 个分公司，分为八大区域。E 列的数据是区分直梯和扶梯的。F 列为每台电梯开始安装的日期，G 列为安装完结日期。统计分公司业绩，是以 G 列的完结日期作为节点，H 列是提取相应完结的月份，I 列标注的是合同类型，J 列标注的验收分数，其中分数为 A 和 B 的都属于验收合格，A 为特别优秀，分数为 C 的为初检不合格，需要整改直至合格。

	A	B	C	D	E	F	G	H	I	J
1	合同号	项目名称	分公司	区域	直梯/扶	开始日期	完结日期	完结月份	合同类型	验收分数
2	Z6AJ7034	文化假日酒店项目	广州	南区	直梯	2013/8/26	2015/1/15	1	安装合同	B
3	Z6AJ7035	文化假日酒店项目	广州	南区	直梯	2013/8/26	2015/1/15	1	安装合同	B
4	Z6AJ7037	文化假日酒店项目	广州	南区	直梯	2013/8/26	2015/1/15	1	安装合同	B
5	Z6AJ9942	星河盛世	广州	南区	直梯	2013/12/24	2015/1/15	1	安装合同	C
6	Z6AJ9947	星河盛世	广州	南区	直梯	2013/12/24	2015/1/15	1	安装合同	B
7	Z6AJ6227	御景花园	东莞	南区	直梯	2013/3/25	2015/1/15	1	安装合同	B
8	Z6AJ6228	御景花园	东莞	南区	直梯	2013/3/25	2015/1/15	1	安装合同	B
9	Z6AJ6229	御景花园	东莞	南区	直梯	2013/3/25	2015/1/15	1	安装合同	B
10	Z6AJ6230	御景花园	东莞	南区	直梯	2013/3/25	2015/1/15	1	安装合同	B
11	Z6AJ6231	御景花园	东莞	南区	直梯	2013/3/25	2015/1/15	1	安装合同	B
12	Z6AJ6232	御景花园	东莞	南区	直梯	2013/3/25	2015/1/15	1	安装合同	B
13	Z6AJ6233	御景花园	东莞	南区	直梯	2013/3/25	2015/1/15	1	安装合同	B
14	Z6AJ6234	御景花园	东莞	南区	直梯	2013/3/25	2015/1/15	1	安装合同	B
15	Z6AJ6328	新世界房地产-四季都	深圳	南区	直梯	2013/6/24	2015/1/15	1	安装合同	A
16	Z6AJ6339	新世界房地产-四季都	深圳	南区	直梯	2013/6/24	2015/1/15	1	安装合同	B
17	Z6AJ6397	深圳观澜湖商业中心（	深圳	南区	直梯	2013/6/24	2015/1/15	1	安装合同	B

数据 | 完成量统计 | 透视表——完成量分月 | 透视表——完成量累计 | 初检分数统计 | 透视表——初检分数合格 | 还 ..

图 35-2 基础数据表

2. 创建动态数据源

按【Ctrl+F3】组合键打开【名称管理器】对话框，然后定义名称"动态区域"，如图 35-3 所示，公式为：

```
=OFFSET( 数据 !$A$1,0,0,COUNTA( 数据 !$A:$A),COUNTA( 数据 !$1:$1))
```

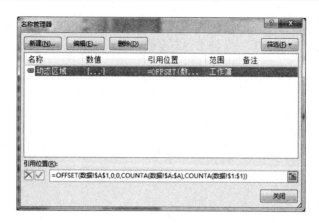

图 35-3　创建动态数据源

做 1 月的统计月报时，这个基础数据表中只有"1 月"的数据，以后每个月做月报，将会依次得到 2 月，3 月，…，12 月的基础数据，然后将新数据粘贴到当前的基础数据表中即可。

35.3 搭建完成量统计的模板

如图 35-4 所示，"完成量统计"工作表是一个空的统计表模板，其中 A 列包含 40 个分公司及 8 个区域的名称，B 列为各个分公司的年度计划，C~F 列是 1 月的当月完成量、全年累计完成量、年计划完成量、年完成率的统计，G~J 列是 2 月相应的统计，后面是 3 月，4 月，…，12 月。

区域/	年度计划	1月				2月				3月			
分公司		当月	年总计	年计划	完成率	当月	年总计	年计划	完成率	当月	年总计	年计划	完成率
华中区	240												
长沙	40												
南昌	120												
武汉	40												
郑州	40												
东区	680												
合肥	120												
南京	80												
宁波	120												
温州	160												
无锡	120												
浙江	80												

图 35-4　统计表模板

1. 分月计划

如图 35-5 所示，在“分月计划”工作表中，C~N 列是根据每月的计划进度，计算各个分公司的每月应完成数量，其中 C2 单元格的公式为：

```
=ROUND($B3*C$2,0)
```

将此公式复制到 C2:N24 单元格区域，然后在 P~AA 列计算得到各个分公司每个月的年计划数，在 P3 单元格中输入以下公式，并向下向右复制。

```
=SUM($C3:C3)
```

P3　=SUM($C3:C3)

	A	B	C	D	E	F	G	H	I	J	K	L	M	N
1	区域/分公司	年度计划	1月	2月	3月	4月	5月	6月	7月	8月	9月	10月	11月	12月
2			5%	4%	8%	8%	10%	10%	6%	9%	10%	10%	10%	10%
3	华中区	240	12	10	19	19	24	24	14	22	24	24	24	24
4	长沙	40	2	2	3	3	4	4	2	4	4	4	4	4
5	南昌	120	6	5	10	10	12	12	7	11	12	12	12	11
6	武汉	40	2	2	3	3	4	4	2	4	4	4	4	4
7	郑州	40	2	2	3	3	4	4	2	4	4	4	4	4
8	东区	680	34	27	54	54	68	68	41	61	68	68	68	69
9	合肥	120	6	5	10	10	12	12	7	11	12	12	12	11
10	南京	80	4	3	6	6	8	8	5	7	8	8	8	9
11	宁波	120	6	5	10	10	12	12	7	11	12	12	12	11
12	温州	160	8	6	13	13	16	16	10	14	16	16	16	16
13	无锡	120	6	5	10	10	12	12	7	11	12	12	12	11
14	浙江	80	4	3	6	6	8	8	5	7	8	8	8	9

	O	P	Q	R	S	T	U	V	W	X	Y	Z	AA	AB
1		1月	2月	3月	4月	5月	6月	7月	8月	9月	10月	11月	12月	
2														
3		12	22	41	60	84	108	122	144	168	192	216	240	
4		2	4	7	10	14	18	20	24	28	32	36	40	
5		6	11	21	31	43	55	62	73	85	97	109	120	
6		2	4	7	10	14	18	20	24	28	32	36	40	
7		2	4	7	10	14	18	20	24	28	32	36	40	
8		34	61	115	169	237	305	346	407	475	543	611	680	
9		6	11	21	31	43	55	62	73	85	97	109	120	
10		4	7	13	19	27	35	40	47	55	63	71	80	
11		6	11	21	31	43	55	62	73	85	97	109	120	
12		8	14	27	40	56	72	82	96	112	128	144	160	
13		6	11	21	31	43	55	62	73	85	97	109	120	
14		4	7	13	19	27	35	40	47	55	63	71	80	

数据　完成量统计　分月计划

图 35-5　计算分月计划

然后在“完成量统计”工作表的“年计划”列引用相应的数值，即“完成量统计”表的 E 列需要引用“分月计划”表中 P 列 1 月的数据，在 I 列引用“分月计划”表中 Q 列 2 月的数据，在 M 列引用“分月计划”表中 R 列 3 月的数据，以此类推。

我们先写一个公式，如图 35-6 所示，在“完成量统计”工作表的 E3 单元格中输入公式：

```
=VLOOKUP($A3,分月计划!A:AA,16,0)
```

E3　=VLOOKUP($A3,分月计划!A:AA,16,0)

	A	B	C	D	E	F	G	H	I	J	K	L	M	N
1	区域/分公司	年度计划	1月				2月				3月			
2			当月	年总计	年计划	完成率	当月	年总计	年计划	完成率	当月	年总计	年计划	完成率
3	华中区	240			12				22				41	
4	长沙	40												

图 35-6　引用月计划步骤 1

将 1 月的年计划数“12”引用过来了，那么 2 月年计划公式为：

```
=VLOOKUP($A3,分月计划!A:AA,17,0)
```

3 月的年计划公式为：

```
=VLOOKUP($A3,分月计划!A:AA,18,0)
```

公式写到这里有没有发现什么规律？上述三个公式中的结构和参数几乎完全一致，只有第 3 个参数在依次变为 16，17，18，…，即根据当前引用数字所在的列，生成了有规律的数字序列。

根据前面总结的规律，我们尝试用一个公式解决问题。

如图 35-7 所示，第 26 行为当前列号，使用“=COLUMN()”计算得到，第 27 行为需要引用的列数，依次为 16，17，18，…

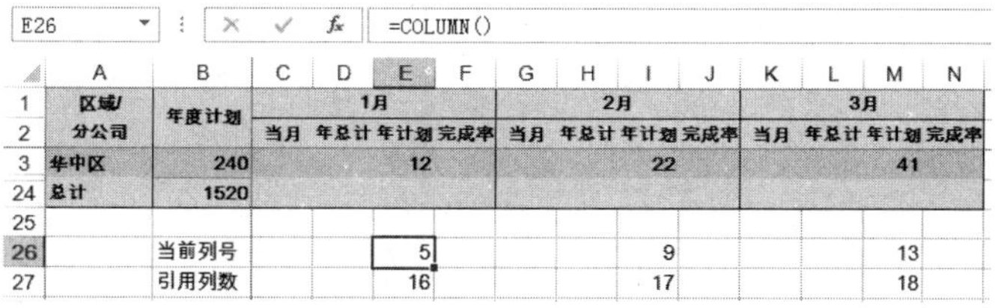
E26 =COLUMN()

	A	B	C	D	E	F	G	H	I	J	K	L	M	N
1	区域/分公司	年度计划	1月				2月				3月			
2			当月	年总计	年计划	完成率	当月	年总计	年计划	完成率	当月	年总计	年计划	完成率
3	华中区	240			12				22				41	
24	总计	1520												
25														
26		当前列号			5				9				13	
27		引用列数			16				17				18	

图 35-7　引用月计划步骤 2

如何将 5，9，13，17，…变成 16，17，18，19，…呢？记住一句话：遇到有规律的数列时，应先将有规律数列转为 1，2，3，4，…基础数列。

那么如何将 5、9、13、17 变成 1、2、3、4 呢？

首先 5、9、13、17 是一个公差为 4 的等差数列，要将它们的间隔缩小，就要先除以 4，写下公式“=/4”。

然后，逆推几除以 4 等于 1，4 除以 4 等于 1，公式为“=4/4”。被除数 4 是怎么得出的？当前列是 5，所以用当前列数减 1，于是公式变为“=(COLUMN()-1)/4”。

最后，要将 1，2，3，4 调整为目标序列 16，17，18，19，加上 15 就可以了，如图 35-8 所示，最终公式变为：

```
=(COLUMN()-1)/4+15
```

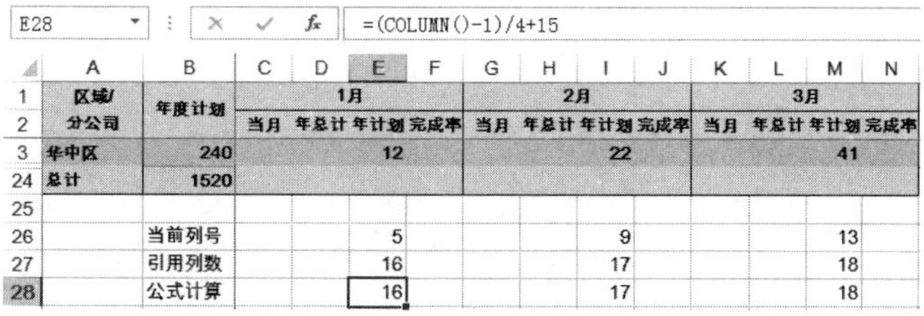
E28 =(COLUMN()-1)/4+15

	A	B	C	D	E	F	G	H	I	J	K	L	M	N
1	区域/分公司	年度计划	1月				2月				3月			
2			当月	年总计	年计划	完成率	当月	年总计	年计划	完成率	当月	年总计	年计划	完成率
3	华中区	240			12				22				41	
24	总计	1520												
25														
26		当前列号			5				9				13	
27		引用列数			16				17				18	
28		公式计算			16				17				18	

图 35-8　引用月计划步骤 3

我们可以验证一下，当前列为 M 列时，其列号对应的数字为 13，13 减 1 等于 12，之后除以 4 等于 3，再加上调整值 15，结果就恰好为 18，如图 35-8 所示。

我们将推导出来的公式放进 VLOOKUP 公式中，并给其他参数加上“图钉”($)，则 E3 单元格的公式合成为：

```
=VLOOKUP($A3,分月计划!$A:$AA,(COLUMN()-1)/4+15,0)
```

将 E3 单元格的公式向下复制到 E24 单元格，然后将 E 列的公式直接粘贴到 I 列、M 列等，就可以得出 I 列和 M 列的数据，完全不用再做其他调整。

2. 当月完成量

下面要统计每个月各个分公司完成的电梯台数，首先在新工作表中插入一个数据透视表，如图 35-9 所示，在【创建数据透视表】对话框中将区域修改为"动态区域"，即刚刚创建的定义名称，也可以按【F3】键调出已经定义的名称列表。

图 35-9 【创建数据透视表】对话框

将这张新工作表重新定义标签为"透视表——完成量分月"。然后将"区域""分公司"字段拖入【行】标签，将"完结月份"拖入【列】标签，将"合同号"拖入【值】标签，如图 35-10 所示。在某字段不完全是数字的情况下，透视表默认的统计方式为"计数"。

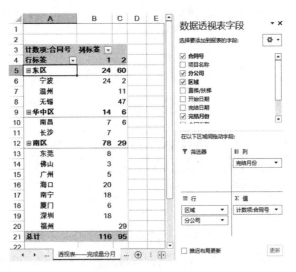

图 35-10 完成量分月透视表

为了体现分月的差异，我们在基础数据源中保留了 1 月和 2 月的数据，于是在透视表的统计中，1 月在 B 列，2 月在 C 列，3 月将会出现在 D 列，4 月在 E 列。现在开始将这部分数据引用到"完成量统计"工作表中，如图 35-11 所示，在 C3 单元格中输入公式：

```
=VLOOKUP(A3,透视表——完成量分月!A:Z,2,0)
```

图 35-11　当月完成量统计步骤 1

在 2 月的 G3 单元格中输入公式：

```
=VLOOKUP(A3,透视表——完成量分月!A:Z,3,0)
```

在 3 月的 K3 单元格中输入公式：

```
=VLOOKUP(A3,透视表——完成量分月!A:Z,4,0)
```

对比 3 个公式再次发现规律 2、3、4，现在需要根据当前的列号，生成 2、3、4 的序列。具体怎样做呢？还是先把两组数据列出来，如图 35-12 所示，当前列号可使用公式"=COLUMN()"计算得出，依次为 3、7、11，将它们变成序列 2、3、4。根据前面的讲解，我们先将有规律的数列变为 1，2，3，…基础序列。

图 35-12　当月完成量统计步骤 2

3、7、11 的公差仍然为 4，所以先除以 4 缩小距离，公式为"=/4"。4 除以 4 等于 1，公式"=4/4"当前在 C 列，列号为 3，被除数 4=3+1，由此可得公式"=(COLUMN()+1)/4"。这样就得到了 1、2、3、4 的基础序列，要将其变成 2、3、4、5，加 1 即可，如图 35-13 所示，合成公式为：

```
=(COLUMN()+1)/4+1
```

图 35-13　当月完成量统计步骤 3

我们将推导公式放入 C3 单元格的 VLOOKUP 公式中，注意为其他参数添加"图钉"（$），然后将公式向下复制到 C24 单元格，如图 35-14 所示，C3 单元格的公式为：

```
=VLOOKUP($A3,透视表——完成量分月!$A:$Z,(COLUMN()+1)/4+1,0)
```

| C3 | | | ▼ | : | × | ✓ | fx | =VLOOKUP($A3,透视表——完成量分月!$A:$Z,(COLUMN()+1)/4+1,0) | | | | | | |

	A	B	C	D	E	F	G	H	I	J	K	L	M	N	O
1	区域/	年度计划			1月				2月				3月		
2	分公司		当月	年总计	年计划	完成率	当月	年总计	年计划	完成率	当月	年总计	年计划	完成率	
3	华中区	240	14		12		6		22				41		
4	长沙	40	7		2				4				7		
5	南昌	120	7		2				11				21		
6	武汉	40	#N/A		2				4				7		
7	郑州	40	#N/A		2				4				7		
8	东区	680	24		34				61				115		
9	合肥	120	#N/A		6				11				21		
10	南京	80	#N/A		4				7				13		
11	宁波	120	24		6				21				21		

图 35-14　当月完成量统计步骤 4

观察图 35-14 发现结果中有一部分为错误值 #N/A，这是因为年初此部分分公司还没有完成业绩，所以在透视表中体现不出来，将这些分公司的数据统计为 0 即可。使用 IFERROR 函数完善，最终 C3 单元格的公式为：

```
=IFERROR(VLOOKUP($A3,透视表——完成量分月!$A:$Z,(COLUMN()+1)/4+1,0),0)
```

3. 年累计完成量

像创建分月统计那样，在"透视表 —— 完成量累计"工作表中使用"动态区域"数据源创建数据透视表，然后将"区域""分公司"字段拖入【行】标签，将"完结月份"拖入【列】标签，将"合同号"拖入【值】标签。

如图 35-15 所示，选中数据透视表值区域中的任意单元格，在透视表上右击，在弹出的快捷菜单中选择【值显示方式】→【按某一字段汇总】选项。

图 35-15　按某一字段汇总

在弹出的【值显示方式】对话框中，将【基本字段】选择为"完结月份"，如图 35-16 所示，这时每个月份的统计并不是当月的数字，而是从 1 月累计到当前，例如"南昌"，1 月完成 7 台，2 月完成 6 台，而在此透视表中显示南昌 2 月的数字为 13，即 1 月的 7 台加上 2 月的 6 台。

图 35-16 选择基本字段

"完成量统计"工作表中的 D、H、L 列分别引用该表中的 B、C、D 列，即需要将数字 4、8、12 变为 2、3、4。

这个转变的公式为：

```
=COLUMN()/4+1
```

如图 35-17 所示，年累计完成量 D3 单元格的公式为：

```
=IFERROR(VLOOKUP($A3,透视表——完成量累计!$A:$Z,COLUMN()/4+1,0),0)
```

	D3		▼	:	×	✓	fx	=IFERROR(VLOOKUP($A3,透视表——完成量累计!$A:$Z,COLUMN()/4+1,0),0)							

▲	A	B	C	D	E	F	G	H	I	J	K	L	M	N	O	P
1	区域/	年度计划		1月				2月				3月				
2	分公司		当月	年总计	年计划	完成率	当月	年总计	年计划	完成率	当月	年总计	年计划	完成率		
3	华中区	240	14	14	12		6	20	22			41				
24	总计	1520	116	116	76		95	211	137			259				
25																
26		当前列号		4				8				12				
27		引用列数		2				3				4				
28		公式计算		2				3				4				

图 35-17 年累计完成量统计

4. 月份和完成率的处理

表格中的月份是有规律的，我们根据规律用公式写出月份。合并的单元格只在其左上角的单元格有值，所以 1 月相当于位于 C1 单元格，2 月位于 G1 单元格，3 月位于 K1 单元格，即将 3、7、11 变成 1、2、3，最后加上"月"字即可，如图 35-18 所示，C1 单元格的公式为：

```
=(COLUMN()+1)/4&"月"
```

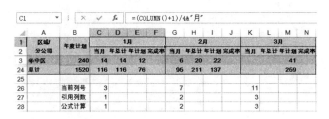

图 35-18　生成月份序列

最后补充下 F 列的完成率。完成率 = 年总计 ÷ 年计划，所以 F3 单元格的公式为：

```
=D3/E3
```

最后设置单元格格式为百分比即可。

35.4　搭建验收分数统计的模板

各个分公司的完成量统计完毕，接下来需要统计各个分公司的初次验收的成绩。

1. 初检分数合格统计

初检分数的统计其实就是每月台量的统计，只是需要分别统计出来合格的数量和不合格的数量。像刚才创建年累计完成量那样，在"透视表 —— 初检分数合格"工作表中使用"动态区域"创建数据透视表，并将"区域""分公司"字段拖入【行】标签，将"完结月份"拖入【列】标签，将"合同号"拖入【值】标签，并且在【按某一字段汇总】中选择"完结月份"。

额外需要做的是，将"验收分数"拖入【筛选器】（在 2010 版及以前版本称为【报表筛选】），并选择其中的"A""B"两个选项，如图 35-19 所示，这里统计的就是每个分公司每月累计合格的台量。

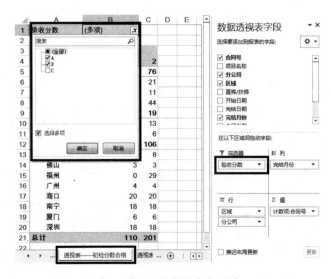

图 35-19　初检分数合格统计

如图 35-20 所示，我们需要在"初检分数统计"表的 B、E、H 列引用刚才统计表中的 B、C、D 列，也就是将 2、5、8 变成 2、3、4。

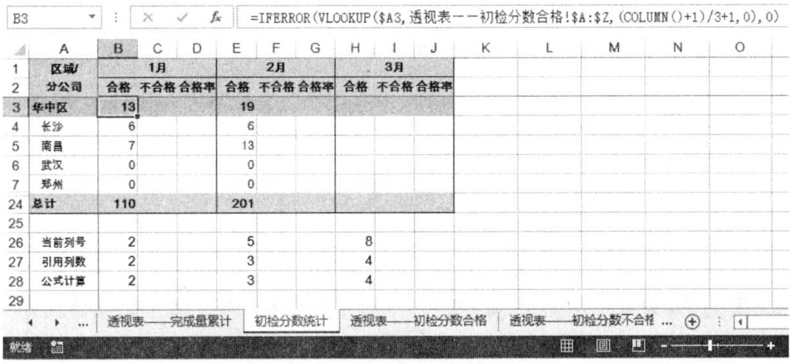

图 35-20　初检分数合格引用

这里就不能用"=?/4"的公式了，公式中除以 4 是因为隔了 4 列，列号的公差为 4，而这里相隔 3 列，即 2、5、8 的公差为 3，所以公式要除以 3，于是引用列数的公式为：

```
=(COLUMN()+1)/3+1
```

然后将公式合并到 VLOOKUP 函数的公式中，并用 IFERROR 函数屏蔽错误值，最终 B3 单元格的公式为：

```
=IFERROR(VLOOKUP($A3,透视表——初检分数合格!$A:$Z,(COLUMN()+1)/3+1,0),0)
```

2. 初检分数不合格统计

此项计算与前面做合格统计时的透视表统计过程几乎一样，区别是在最后选择字段的时候要保留"C"，如图 35-21 所示。

图 35-21　初检分数不合格统计

然后在"初检分数统计"表的 C、F、I 列引用该统计表中的 B、C、D 列，也就是将 3、6、9 变为 2、3、4，如图 35-22 所示，最终公式为：

```
=IFERROR(VLOOKUP($A3,透视表——初检分数不合格!$A:$Z,COLUMN()/3+1,0),0)
```

图 35-22　初检分数不合格引用

3. 月份和合格率的处理

将月份用公式生成，如图 35-23 所示，即 B1 单元格的公式为：

```
=(COLUMN()+1)/3&"月"
```

图 35-23　生成月份序列

补全合格率。合格率 = 合格数 ÷（合格数 + 不合格数），所以公式为"B3/(B3+C3)"。有的分公司由于没有完成的台量，直接除会出现 0 除以 0 结果返回错误值 #DIV/0! 的情况，于是加上 IFERROR 函数屏蔽错误值，D3 单元格的最终公式为：

```
=IFERROR(B3/(B3+C3),"--")
```

案例：5 分钟完成月报统计成品展示

至此基础模板已经搭建完成，下面我们就来实现 5 分钟完成月报统计的目标。打开素材文件"备用数据"工作表中 3~5 月的基础数据源，用前面所学知识实现 5 分钟完成 3 ~ 5 月的月报统计。

下面开始计时。

步骤① 选择"备用数据"工作表中3~5月的全部数据并复制，如图35-24所示。

	A	B		C	D	E	F	G	H	I	J	K
96	F2AM3447	山西天茂房地产开发有		福州	南区	直梯	2014/4/23	2015/3/26		3	安装合同	A
97	F2AM3448	山西天茂房地产开发有		福州	南区	直梯	2014/4/23	2015/3/26		3	安装合同	A
98	F2AM3449	山西天茂房地产开发有		福州	南区	直梯	2014/4/23	2015/3/26		3	安装合同	B
99	F2AM3450	山西天茂房地产开发有		福州	南区	直梯	2014/4/23	2015/3/26		3	安装合同	A
100	F2AM3451	山西天茂房地产开发有		福州	南区	直梯	2014/4/23	2015/3/26		3	安装合同	A
101	F2AM3452	山西天茂房地产开发有		福州	南区	直梯	2014/4/23	2015/3/26		3	安装合同	A
102	F2AM3453	山西天茂房地产开发有		福州	南区	直梯	2014/4/23	2015/3/26		3	安装合同	A
103	F2AM3454	山西天茂房地产开发有		福州	南区	直梯	2014/4/23	2015/3/26		3	安装合同	A
104	F2AM3455	山西大茂房地产开发有		福州	南区	直梯	2014/4/23	2015/3/26		3	安装合同	B
105	F2AM3456	山西天茂房地产开发有		福州	南区	直梯	2014/4/23	2015/3/26		3	安装合同	A
106	F2AM3457	山西天茂房地产开发有		福州	南区	直梯	2014/4/23	2015/3/26		3	安装合同	A
107	F2AM3458	山西天茂房地产开发有		福州	南区	直梯	2014/4/23	2015/3/26		3	安装合同	A

... 初检分数统计 | 透视表——初检分数合格 | 透视表——初检分数不合格 | 分月计划 | 备用数据

图35-24 选择基础数据

步骤② 切换到"数据"工作表，在现有数据末行之后粘贴数据，如图35-25所示，即第213行开始粘贴。

	A	B		C	D	E	F	G	H	I	J	K
1	合同号	项目名称		分公司	区域	直梯/扶	开始日期	完成日期	完结月	合同类型	验收分	
208	F2AN2121	汉成华都二期		无锡	东区	直梯	2014/6/24	2015/2/26		2	安装合同	B
209	F2AN2122	汉成华都二期		无锡	东区	直梯	2014/6/24	2015/2/26		2	安装合同	B
210	F2AN2123	汉成华都二期		无锡	东区	直梯	2014/6/24	2015/2/26		2	安装合同	B
211	F2AN2124	汉成华都二期		无锡	东区	直梯	2014/6/24	2015/2/26		2	安装合同	B
212	(Ctrl) ▾ 5	汉成华都二期		无锡	东区	直梯	2014/6/24	2015/2/26		2	安装合同	B
213	F2AM3447	山西天茂房地产开发有		福州	南区	直梯	2014/4/23	2015/3/26		3	安装合同	A
214	F2AM3448	山西天茂房地产开发有		福州	南区	直梯	2014/4/23	2015/3/26		3	安装合同	A
215	F2AM3449	山西天茂房地产开发有		福州	南区	直梯	2014/4/23	2015/3/26		3	安装合同	A
216	F2AM3450	山西天茂房地产开发有		福州	南区	直梯	2014/4/23	2015/3/26		3	安装合同	A
217	F2AM3451	山西天茂房地产开发有		福州	南区	直梯	2014/4/23	2015/3/26		3	安装合同	A
218	F2AM3452	山西天茂房地产开发有		福州	南区	直梯	2014/4/23	2015/3/26		3	安装合同	A

数据 | 完成量统计 | 透视表——完成量分月 | 透视表——完成量累计 | 初检分数统计 | 透视表- ...

图35-25 粘贴基础数据

步骤③ 切换到任意一张有透视表的工作表，选择透视表中的任意单元格，如切换到"透视表——完成量分月"工作表，并选中C5单元格。在【数据透视表工具/分析】选项卡中单击【刷新】下拉按钮，在下拉列表中选择【全部刷新】选项，如图35-26所示，当前工作簿中的所有透视表全部刷新到最新状态了。

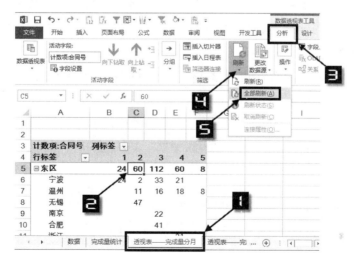

图35-26 全部刷新透视表

步骤 4 切换到"完成量统计"工作表，选中 G:J 列，即 2 月的全部列，按【Ctrl+C】组合键复制，然后选中 K:V 列，按【Ctrl+V】组合键粘贴，如图 35-27 所示，即可完成 3~5 月各分公司的台量统计。

	A	B	C	D	E	F	G	H	I	J	K	L	M	N	O	P	Q	R	S	T	U	V	W
1	区域/	年度计划	1月				2月			(Ctrl)▾	3月				4月				5月				
2	分公司		当月	年总计	年计划	完成率	当月	年总计	年计划	完成率	当月	年总计	年计划	完成率	当月	年总计	年计划	完成率	当月	年总计	年计划	完成率	
15	南区	600	78	78	30	260%	29	107	54	198%	20	127	102	125%	0	127	150	85%	103	230	210	110%	
16	东莞	40	8	8	2	400%	0	8	4	200%	0	8	7	114%	0	8	10	80%	0	8	14	57%	
17	佛山	40	3	3	2	150%	0	3	4	75%	0	3	7	43%	0	3	10	30%	0	3	14	21%	
18	福州	200	0	0	10	0%	29	29	18	161%	20	49	34	144%	0	49	50	98%	103	152	70	217%	
19	广州	40	5	5	2	250%	0	5	4	125%	0	5	7	71%	0	5	10	50%	0	5	14	36%	
20	海口	80	20	20	4	500%	0	20	7	286%	0	20	13	154%	0	20	19	105%	0	20	27	74%	
21	南宁	80	18	18	4	450%	0	18	7	257%	0	18	13	138%	0	18	19	95%	0	18	27	67%	
22	深圳	80	18	18	4	450%	0	18	7	257%	0	18	13	138%	0	18	19	95%	0	18	27	67%	
23	厦门	40	6	6	2	300%	0	6	4	150%	0	6	7	86%	0	6	10	60%	0	6	14	43%	
24	总计	1520	116	116	76	153%	95	211	137	154%	141	352	259	136%	122	474	381	124%	111	585	533	110%	

数据 | 完成量统计 | 透视表——完成量分月 | 透视表——完成量累计 | 初检分数统计 | 透视表——初检分数合格 | 透 ...

图 35-27 粘贴完成量统计列

步骤 5 切换到"初检分数统计"工作表，选中 E:G 列，即 2 月的全部列，按【Ctrl+C】组合键复制，然后选中 H:P 列，按【Ctrl+V】组合键粘贴，如图 35-28 所示，即可完成 3~5 月各分公司的初检分数的统计。

	A	B	C	D	E	F	G	H	I	J	K	L	M	N	O	P
1	区域/	1月			2月			3月			4月			5月		
2	分公司	合格	不合格	合格率	合格	不合格	合格率	合格	不合格	合格率	合格	不合格	合格率	合格	不合格	合格率
15	南区	77	1	99%	106	1	99%	126	1	99%	126	1	99%	202	28	88%
16	东莞	8	0	100%	8	0	100%	8	0	100%	8	0	100%	8	0	100%
17	佛山	3	0	100%	3	0	100%	3	0	100%	3	0	100%	3	0	100%
18	福州	0	0	–	29	0	100%	49	0	100%	49	0	100%	125	27	82%
19	广州	4	1	80%	4	1	80%	4	1	80%	4	1	80%	4	1	80%
20	海口	20	0	100%	20	0	100%	20	0	100%	20	0	100%	20	0	100%
21	南宁	18	0	100%	18	0	100%	18	0	100%	18	0	100%	18	0	100%
22	深圳	18	0	100%	18	0	100%	18	0	100%	18	0	100%	18	0	100%
23	厦门	6	0	100%	6	0	100%	6	0	100%	6	0	100%	6	0	100%
24	总计	110	6	95%	201	10	95%	341	11	97%	460	14	97%	544	41	93%

数据 | 完成量统计 | 透视表——完成量分月 | 透视表——完成量累计 | 初检分数统计 | 透视表——初检

图 35-28 粘贴初检分数统计列

计时停止！看看这个过程所用时间是否超过了 5 分钟？操作熟练的话所用时间会更快。这就是 5 分钟完成月报统计的思路，我们再来回顾一遍。

（1）创建动态透视表，完成相应月份、累计月份的统计。

（2）使用 VLOOKUP 函数引用相应的数据，结合 COLUMN 函数生成有规律的序列。

（3）调整细节，模板搭建完成。

（4）将新增的数据粘贴到基础数据源中，全部刷新透视表。

（5）切换到统计表，将本月的列全部选中并复制，在旁边进行粘贴。

（6）月报结束。

提示 本文全部使用 VLOOKUP 函数做引用，大家如果感兴趣的话，可以自学透视表函数 GETPIVOTDATA，它的运算效率会比 VLOOKUP 函数更高。

工作中常常不是所有的报告都集中在一个工作簿中，而是每月一个工作簿的基础数据表，如练习图 12-1 所示，下面的 4 个工作簿是每月的基础数据表。

练习图 12-1　课后作业工作簿

其中每个基础数据表的工作簿中都有一个"数据"工作表，如练习图 12-2 所示，这个数据源有可能是从公司系统中导出的，也有可能是其他部门传来的基础信息。

	A	B	C	D	E	F	G	H	I	J
1	合同号	项目名称	分公司	区域	直梯/扶	开始日期	完结日期	完结月	合同类	验收分
2	Z6AJ7034	文化假日酒店项目	广州	南区	直梯	2013/8/26	2015/1/15	1	安装合同	B
3	Z6AJ7035	文化假日酒店项目	广州	南区	直梯	2013/8/26	2015/1/15	1	安装合同	B
4	Z6AJ7037	文化假日酒店项目	广州	南区	直梯	2013/8/26	2015/1/15	1	安装合同	B
5	Z6AJ9942	星河盛世	广州	南区	直梯	2013/12/24	2015/1/15	1	安装合同	C
6	Z6AJ9947	星河盛世	广州	南区	直梯	2013/12/24	2015/1/15	1	安装合同	B
7	Z6AJ6227	御景花园	东莞	南区	直梯	2013/3/25	2015/1/15	1	设备合同	B
8	Z6AJ6228	御景花园	东莞	南区	直梯	2013/3/25	2015/1/15	1	设备合同	B
9	Z6AJ6229	御景花园	东莞	南区	直梯	2013/3/25	2015/1/15	1	设备合同	B
10	Z6AJ6230	御景花园	东莞	南区	直梯	2013/3/25	2015/1/15	1	设备合同	B
11	Z6AJ6231	御景花园	东莞	南区	直梯	2013/3/25	2015/1/15	1	设备合同	B
12	Z6AJ6232	御景花园	东莞	南区	直梯	2013/3/25	2015/1/15	1	设备合同	B
13	Z6AJ6233	御景花园	东莞	南区	直梯	2013/3/25	2015/1/15	1	设备合同	B
14	Z6AJ6234	御景花园	东莞	南区	直梯	2013/3/25	2015/1/15	1	设备合同	B

练习图 12-2　基础数据

工作簿中还有两个数据透视表的统计结果，其中一个统计的是当月完成量，另一个统计的是全年累计完成量，如练习图 12-3 所示。

在"课后作业"工作簿中，完成跨工作簿的月报统计，如练习图 12-4 所示，在 C~R 列编写相应的公式。

练习图 12-3　数据透视表统计结果

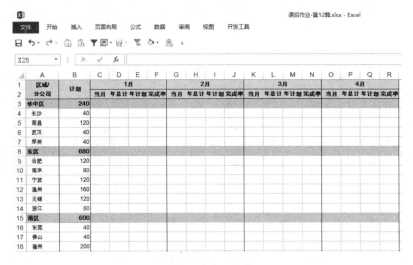

练习图 12-4　跨工作簿统计

提示

（1）按书中内容所讲，完成 1 月 C:F 列的公式，并将公式直接粘贴到 2 月。

（2）选中 2 月的 G:J 列区域，利用"替换"功能，将 01 月替换为 02 月。

（3）单击【全部替换】按钮，即可完成 2 月的报表统计。

第13篇

常用函数组合与数组公式实战应用

我们讲的 VLOOKUP 函数或 INDEX+MATCH 函数的组合，都只能提取满足条件的一组数据，而不能将满足条件的全部数据提取出来。本篇将通过增加辅助列和数组公式两种方法提取满足条件的全部数据，并进一步带大家学习数组公式在实战中的应用。

第36章

一对多查询返回满足条件的全部数据

本章通过使用 COUNTIFS 法、SUMPRODUCT 法、继承法 3 种方法建立辅助列，然后完成对满足条件的全部数据的提取。

36.1 COUNTIFS 法

如图 36-1 所示，A1:E18 单元格区域是基础数据源，现在需要根据 K2 单元格的"蜀国"，提取数据源中部门为蜀国的全部信息。

	A	B	C	D	E
1	部门	姓名	性别	日期	销售金额
2	蜀国	刘备	男	2015/1/1	500
3	蜀国	法正	男	2015/1/8	1,300
4	吴国	吴国太	女	2015/1/22	1,200
5	吴国	孙策	男	2015/1/31	800
6	吴国	孙权	男	2015/2/7	700
7	魏国	荀彧	男	2015/2/19	400
8	魏国	司马懿	男	2015/3/2	400
9	魏国	张辽	男	2015/3/3	1,100
10	魏国	曹操	男	2015/3/7	200
11	吴国	孙尚香	女	2015/3/19	300
12	吴国	小乔	女	2015/3/25	1,000
13	蜀国	刘备	男	2015/4/4	900
14	吴国	孙权	男	2015/4/14	900
15	魏国	曹操	男	2015/4/17	300
16	蜀国	刘备	男	2015/4/22	1,400
17	吴国	孙权	男	2015/4/25	900
18	魏国	曹操	男	2015/5/6	1,300

1、提取部门为蜀国的人员信息

部门	蜀国			
部门	姓名	性别	日期	销售金额

图 36-1　基础数据源

无论是使用 VLOOKUP 函数还是 INDEX+MATCH 函数组合，都只能提取第一条信息，使用 LOOKUP 函数的模糊查找又只能提取最后一条信息，这些函数都无法提取满足某一条件的全部信息。那该怎么办呢？

只看唯一的条件为"蜀国"已经没有更好的解决办法了，那如果我们增加一个条件，给蜀国依次标号呢？按从上到下的次序，蜀国第 1 次出现则标注 1，第 2 次出现则标注 2，第 n 次出现则标注 n。此时再查询的话，就不是查找"蜀国"的位置，而是查找序列数 1，2，3，…，n 的位置。分析到这里是不是有点思路了？

下面解决标号的问题，如何区分 A 列的蜀国是第几次出现呢？我们可以从开始数到当前行的位置，此区域中有几个蜀国就标注几。例如，A1:A2 区域中，只有 1 个蜀国，就在 F2 单元格标注 1，A1:A13 区域中，有 3 个蜀国就在 F13 单元格标注 3。

那么什么函数可以解决这种计数问题呢？COUNTIFS 函数。我们在 F 列增加辅助列，如图

36-2 所示，在 F2 单元格中输入以下公式，并向下复制到 F18 单元格。

```
=COUNTIFS($A$1:A2,$K$2)
```

整个公式的意思是将单元格区域的"头"用"图钉"按住，"尾巴"甩开，向下复制的时候，就会形成不同的引用区域，如 A1:A2，A1:A3，A1:A4，…，A1:A18。统计这些不同区域中"蜀国"的个数。然后对每一个 A 列为蜀国的依次标注 1、2、3、4，如图 36-2 中的 F2、F3、F13、F16 单元格。

再观察细节，标注的时候会有重复的 2 和 3，这会不对结果产生影响呢？不会的，我们指定查询函数使用精确查找模式，它的查找规则就是只找第一个符合条件的。

另外，由于查询值在后面的 F 列，返回的值

图 36-2　COUNTIFS 增加辅助列

在前面的 A~E 列，因此不建议使用 VLOOKUP 函数的逆向查找，而是直接使用 INDEX+MATCH 函数组合，如图 36-3 所示，在 J4 单元格中输入以下公式，并将公式复制到 J4:N11 单元格区域。

```
=INDEX(A:A,MATCH(ROW(1:1),$F:$F,0))
```

MATCH(ROW(1:1),$F:$F,0) 公式利用 ROW 函数生成连续的序列 1，2，3，4 作为查询值，进而间接匹配出蜀国在数据源中所位于的行数，然后使用 INDEX 函数分别从 A、B、C 等列引用相应行的数据。

复制后表格中出现了很多错误值，影响了美观。我们使用 IFERROR 函数屏蔽错误值，如图 36-4 所示，公式完善为：

图 36-3　提取数据公式 1

```
=IFERROR(INDEX(A:A,MATCH(ROW(1:1),$F:$F,0)),"")
```

图 36-4　提取数据公式 2

当修改 K2 单元格的内容为魏国或吴国的时候，无须额外手动操作，查询结果便会自动更新，如图 36-5 所示。

J	K	L	M	N
1、提取部门为蜀国的人员信息				
部门	魏国			
部门	姓名	性别	日期	销售金额
魏国	荀彧	男	2015/2/19	400
魏国	司马懿	男	2015/3/2	400
魏国	张辽	男	2015/3/3	1100
魏国	曹操	男	2015/3/7	200
魏国	曹操	男	2015/4/17	300
魏国	曹操	男	2015/5/6	1300

J	K	L	M	N
1、提取部门为蜀国的人员信息				
部门	吴国			
部门	姓名	性别	日期	销售金额
吴国	吴国太	女	2015/1/22	1200
吴国	孙策	男	2015/1/31	800
吴国	孙权	男	2015/2/7	700
吴国	孙尚香	女	2015/3/19	300
吴国	小乔	女	2015/3/25	1000
吴国	孙权	男	2015/4/14	900
吴国	孙权	男	2015/4/25	900

图 36-5　更新数据

36.2　SUMPRODUCT 法

36.1 节是按部门查询，如果按日期查询怎么操作？例如，提取 3 月的销售信息。我们还是先对满足条件的行依次标注 1、2、3，同样可以使用 COUNTIFS 函数，条件设为大于头小于尾，不过这种方式的公式太长。这时可以考虑使用 MONTH 函数提取月份，并用 SUMPRODUCT 函数统计，如图 36-6 所示，在 G2 单元格中输入以下公式并向下复制到 G18 单元格。

```
=SUMPRODUCT(MONTH($D$1:D2)=3)
```

	A	B	C	D	E	G
1	部门	姓名	性别	日期	销售金额	辅助列2
2	蜀国	刘备	男	2015/1/1	0	#VALUE!
3	蜀国	法正	男	2015/1/8	1,300	#VALUE!
4	吴国	吴国太	女	2015/1/22	1,200	#VALUE!
5	吴国	孙策	男	2015/1/31	800	#VALUE!
6	吴国	孙权	男	2015/2/7	700	#VALUE!
7	魏国	荀彧	男	2015/2/19	400	#VALUE!
8	魏国	司马懿	男	2015/3/2	400	#VALUE!
9	魏国	张辽	男	2015/3/3	1,100	#VALUE!
10	魏国	曹操	男	2015/3/7	200	#VALUE!
11	吴国	孙尚香	女	2015/3/19	300	#VALUE!
12	吴国	小乔	女	2015/3/25	1,000	#VALUE!
13	蜀国	刘备	男	2015/4/4	900	#VALUE!
14	蜀国	孙权	男	2015/4/14	900	#VALUE!
15	魏国	曹操	男	2015/4/17	300	#VALUE!
16	蜀国	刘备	男	2015/4/22	1,400	#VALUE!
17	吴国	孙权	男	2015/4/25	900	#VALUE!
18	魏国	曹操	男	2015/5/6	1,300	#VALUE!

图 36-6　SUMPRODUCT 增加辅助列 1

得到的结果全是错误值，一定是哪里出错了！回忆一下之前讲 SUMPRODUCT 函数时都需要注意的问题。SUMPRODUCT 函数只认纯数字，目前参数中的结果都为逻辑值，所以要把它们转化为数字，"减负"即可，于是公式为：

```
=SUMPRODUCT(--(MONTH($D$1:D2)=3))
```

修改公式后，结果还是错误值 #VALUE!，这就说明还有问题。我们任选一个单元格，如 G5 单元格，然后使用【公式】选项卡中的【公式求值】功能来检查一下，如图 36-7 所示。

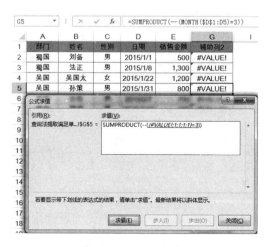

图 36-7　公式求值

第一步就发现问题了，MONTH($D$1:D5) 部分的计算结果为 {#VALUE!;1;1;1;1}，其中就有错误值 #VALUE!，这是因为 D1 单元格是"日期"二字，MONTH 的参数中放文本自然会出错。那怎么解决呢？我们把起始点从 D1 单元格改成 D2 单元格，这样 MONTH 函数的参数就全部是 D 列的日期了，如图 36-8 所示，G2 单元格的公式为：

```
=SUMPRODUCT(--(MONTH($D$2:D2)=3))
```

图 36-8　SUMPRODUCT 增加辅助列 2

下面就可以提取相应的数据了。在 J16 单元格中输入以下公式，并复制到 J16:N23 单元格区域。

```
=INDEX(A:A,MATCH(ROW(1:1),$G:$G,0))
```

这时会发现后面几行又出现了错误值 #N/A，与 36.1 节提取蜀国时的情况一样，所以这里用同样的方法处理——添加 IFERROR 函数屏蔽错误值。最终效果如图 36-9 所示。J16 单元格的最终公式为：

```
=IFERROR(INDEX(A:A,MATCH(ROW(1:1),$G:$G,0)),"")
```

	J	K	L	M	N
13	2、提取3月份有销售记录的信息				
14	日期	3月			
15	部门	姓名	性别	日期	销售金额
16	魏国	司马懿	男	2015/3/2	400
17	魏国	张辽	男	2015/3/3	1100
18	魏国	曹操	男	2015/3/7	200
19	吴国	孙尚香	女	2015/3/19	300
20	吴国	小乔	女	2015/3/25	1000
21					
22					
23					

图 36-9　提取数据

增加辅助列的时候是直接使用的常量数字 3，还有更为智能化的方法吗？我们可以从 K14 单元格的"3 月"中把数字提取出来（见 7.5 节案例）：

```
=LEFTB(K14,2)
```

得到的结果是文本型数字 "3" 需要转化为数值型，"减负"就可以了：

```
=--LEFTB(K14,2)
```

然后把这部分公式放在前面的 SUMPRODUCT 函数公式中，替换数字 3：

```
=SUMPRODUCT(--(MONTH($D$2:D2)=--LEFTB($K$14,2)))
```

更改 K14 单元格的月份时，查询结果也会自动更新，如图 36-10 所示。

	J	K	L	M	N
13	2、提取3月份有销售记录的信息				
14	日期	1月			
15	部门	姓名	性别	日期	销售金额
16	蜀国	刘备	男	2015/1/1	500
17	蜀国	法正	男	2015/1/8	1300
18	吴国	吴国太	女	2015/1/22	1200
19	吴国	孙策	男	2015/1/31	800
20					
21					
22					
23					

	J	K	L	M	N
13	2、提取3月份有销售记录的信息				
14	日期	4月			
15	部门	姓名	性别	日期	销售金额
16	蜀国	刘备	男	2015/4/4	900
17	吴国	孙权	男	2015/4/14	900
18	魏国	曹操	男	2015/4/17	300
19	蜀国	刘备	男	2015/4/22	1400
20	吴国	孙权	男	2015/4/25	900
21					
22					
23					

图 36-10　更新数据

36.3　继承法

下面再来看一种辅助列的方案。本节要提取所有销售金额大于 1 000 的信息，仍然先对每一个满足条件的行依次标注 1、2、3。

我们来逐行判断。如图 36-11 所示，在 H2 单元格中输入以下公式，并向下复制到 H18 单元格。

```
=--(E2>1000)
```

这里使用"E2>1000"来判断 E 列的值是否大于 1 000，结果返回 TRUE 或 FALSE。逻辑值不便于观察，所以我们进行"减负"，将逻辑值变为数字 1 和 0。此时还看不出来规律，还没有形成 1、2、3 这样的序列。如果将 H 列每一个单元格的值都加上自己当前单元格上方的单元格的值会产生什么效果？

例如，H3+H2 为 1+0=1；H4+H3 为 1+1=2；

图 36-11 逐行判断条件

H5+H4 为 0+2=2。这就相当于每一个单元格都继承了之前单元格的值，我们称它为"继承法"，如图 36-12 所示，将 H2 单元格的公式变为以下形式，并向下复制到 H18 单元格。

```
=--(E2>1000)+H1
```

图 36-12 继承法辅助列步骤 1

之前在 34.2 节学习透视表时，我们讲过一种缺少标题的情况，就是因为添加辅助列而没有标题。我们在 H1 单元格中加上标题"辅助列 3"，看看发生了什么，如图 36-13 所示。

图 36-13 继承法辅助列步骤 2

通过图 36-13 可以发现，辅助列的数字全变成了错误值 #VALUE!，为什么会这样？

看一下 H2 单元格的计算，公式中引用了 H1 单元格的"辅助列 3"，公式相当于是数字加文本字符串的组合，而数字加文本字符串无法计算，所以产生了错误值。怎样才能把"辅助列 3"变成可以计算的数字呢？

可以用 IF 函数结合 ISNUMBER 函数判断 H1 单元格是否为数字的方式来解决。

	B	C
23	N函数	公式
24	123	=N(123)
25	1	=N(TRUE)
26	0	=N(FALSE)
27	0	=N("函数")
28	0	=N("123")

图 36-14　N 函数

思路完全没问题，只是公式不够简约。这里给大家额外讲两个函数：N 函数和 T 函数。

N 函数可以理解为 Number 的字头。如图 36-14 所示，该函数能将所有的纯数字及逻辑值转化为相应的数值；当其遇到文本时，则将文本转化为数字 0（其中包括文本型数字）。

而 T 函数恰好相反，它相当于 Text 的字头。如图 36-15 所示，该函数能将数字及逻辑值全部变为空文本（""）；当其遇到文本及文本型数字时，则保留本身。

	B	C
30	T函数	公式
31		=T(123)
32		=T(TRUE)
33		=T(FALSE)
34	函数	=T("函数")
35	123	=T("123")

图 36-15　T 函数

有了前面的铺垫，想到怎样将 H1 单元格的文本变成数字了吗？加个"N"就可以了，如图 36-16 所示，于是 H2 单元格的公式变为：

```
=--(E2>1000)+N(H1)
```

H2		:	×	✓	fx	=--(E2>1000)+N(H1)	

	B	C	D	E	H
1	姓名	性别	日期	销售金额	辅助列3
2	刘备	男	2015/1/1	500	0
3	法正	男	2015/1/8	1,300	1
4	吴国太	女	2015/1/22	1,200	2
5	孙策	男	2015/1/31	800	2

图 36-16　继承法辅助列步骤 3

为了保持公式的一致性，将公式向下复制到 H18 单元格。再来回顾下这个公式。

为什么要"减负"（--）？是为了将逻辑值转化为数值。

逻辑值如何转化为数值？经过一次加减乘除的运算即可变为数值。

此时公式后面已经有加法"+N(H1)"了，就不用再"减负"了。如图 36-17 所示，H2 单元格的最终公式为：

```
=(E2>1000)+N(H1)
```

图 36-17　继承法辅助列步骤 4

最后在 J28 单元格中输入以下公式提取满足条件的全部信息，并复制到 J28:N35 单元格区域，如图 36-18 所示。

```
=IFERROR(INDEX(A:A,MATCH(ROW(1:1),$H:$H,0)),"")
```

图 36-18　提取数据

原理和前面的一样，此处不再赘述。

 36.4　运算效率

下面简单介绍一下 3 种方法的运算效率。

当前表格只有 18 行，以 COUNTIFS 为例，它的计算量随着区域的变化而变化，也就是 $2+3+4+\cdots+18$，按照等差数列的前 n 项和公式，这个结果为 $(2+18) \times 17 \div 2 = 170$（次）。

这是只有 18 行的情况，如果数据源有 1 000 行、1 万行、10 万行呢？以 1 万行为例，计算量就是 $2+3+4+\cdots+9\,999+10\,000 = (2+10\,000) \times 9\,999 \div 2 = 50\,004\,999$，大约 5 000 万次。

SUMPRODUCT 函数呢？它的原理基本一样，运算次数也是相同的数量级。

那么继承法呢？大家可以看到"$(E2>1000)$"这个比较是 1 次，"$N(H1)$"转为数字是 1 次，然后二者相加又是 1 次，计算次数总共为 3 次。之后每一行都是相同的 3 次，那么当有 1 万行数据的时候，就是 3 万次的计算量。3 万次和 5 000 万次对比，哪个效率高，一目了然。

第37章 数组法提取全部数据

第36章通过添加辅助列提取数据，基础的思路是将满足条件的行依次标注1、2、3、4，然后查询这该序列数即可完成。那么如果对满足条件的行不标注1、2、3、4，而是将它当前所在的行号提取出来，效果会怎样？

37.1 案例：提取部门为蜀国的全部人员信息

如图37-1所示，A1:E18单元格区域是基础数据源，要提取部门为蜀国的人员信息。

	A	B	C	D	E	F		1、提取部门为蜀国的人员信息				
1	部门	姓名	性别	日期	销售金额	辅助区1		部门	蜀国			
2	蜀国	刘备	男	2015/1/1	500	2		部门	姓名	性别	日期	销售金额
3	蜀国	法正	男	2015/1/8	1,300	3		蜀国	刘备	男	2015/1/1	500
4	吴国	吴国太	女	2015/1/22	1,200	FALSE	2	蜀国	法正	男	2015/1/8	1300
5	吴国	孙策	男	2015/1/31	800	FALSE	3	蜀国	刘备	男	2015/4/4	900
6	吴国	孙权	男	2015/2/7	700	FALSE	13	蜀国	刘备	男	2015/4/22	1400
7	魏国	荀彧	男	2015/2/19	400	FALSE	16					
8	魏国	司马懿	男	2015/3/2	400	FALSE	#NUM!	#NUM!	#NUM!	#NUM!	#NUM!	#NUM!
9	魏国	张辽	男	2015/3/3	1,100	FALSE	#NUM!	#NUM!	#NUM!	#NUM!	#NUM!	#NUM!
10	魏国	曹操	男	2015/3/7	200	FALSE	#NUM!	#NUM!	#NUM!	#NUM!	#NUM!	#NUM!
11	吴国	孙尚香	女	2015/3/19	300	FALSE	#NUM!	#NUM!	#NUM!	#NUM!	#NUM!	#NUM!
12	吴国	小乔	女	2015/3/25	1,000	FALSE						
13	蜀国	刘备	男	2015/4/4	900	13		F2	=IF(A2=$K$2,ROW(A2))			
14	吴国	孙权	男	2015/4/14	900	FALSE		I4	=SMALL($F$2:$F$18,ROW(1:1))			
15	魏国	曹操	男	2015/4/17	300	FALSE		J4	=INDEX(A:A,$I4)			
16	蜀国	刘备	男	2015/4/22	1,400	16						
17	吴国	孙权	男	2015/4/25	900	FALSE						
18	魏国	曹操	男	2015/5/6	1,300	FALSE						

图37-1 提取数据过程

首先判断每行是否为蜀国，F2单元格的公式为：

```
=IF(A2=$K$2,ROW(A2))
```

将公式向下复制到F18单元格，当A列中为"蜀国"的时候，就能通过ROW函数显示出当前行的行号。当A列中不是"蜀国"的时候，通过小技巧省略IF函数的第3个参数，使它返回的结果为逻辑值FALSE。

这样就能把所有包含"蜀国"的行号标记出来了，那接下来怎么提取呢？行号是从小到大排列的数字，我们可以用SMALL函数将数字从小到大提取出来，于是I4单元格的公式为：

```
=SMALL($F$2:$F$18,ROW(1:1))
```

将公式向下复制到I11单元格，每个"蜀国"的行号就都列出来了，接下来就是用INDEX函数到相应的列提取信息，于是J4单元格的公式为：

```
=INDEX(A:A,$I4)
```

将公式复制到 J4:N11 单元格区域，再加一个 IFERROR 函数屏蔽错误值。

我们回顾一下这个过程：通过 IF 函数标记出满足条件的行号，然后用 SMALL 函数将这些行号依次提取出来，再使用 INDEX 返回相应列的信息，最后用 IFERROR 函数屏蔽错误值。

怎样将它们组合到一起呢？首先是 INDEX 引用的 A:A，这是基础数据源，是不用动的，而引用的 I4 单元格是通过 SMALL 函数计算得到的，可以将 SMALL 函数部分放在这里，组合成公式：

```
=INDEX(A:A,SMALL($F$2:$F$18,ROW(1:1)))
```

公式中，ROW(1:1) 也是一个常量，不用变动，那就只剩下 $F$2:$F$18 部分了。F2 到 F18 单元格的公式都是 IF 函数的判断。

F2 单元格：=IF(A2=$K$2,ROW(A2))

F3 单元格：=IF(A3=$K$2,ROW(A3))

…

F17 单元格：=IF(A17=$K$2,ROW(A17))

F18 单元格：=IF(A18=$K$2,ROW(A18))

这些公式分别是对每个单元格进行判断，可以将这部分合并成：

```
=IF(A2:A18=$K$2,ROW(A2:A18))
```

然后把合并的公式部分组合到之前的公式中，注意，结束公式时要按【Ctrl+Shift+Enter】组合键，组合公式为：

```
{=INDEX(A:A,SMALL(IF($A$2:$A$18=$K$2,ROW($A$2:$A$18)),ROW(1:1)))}
```

最后使用 IFERROR 函数屏蔽错误值，最终提取的效果如图 37-2 所示，公式为：

```
{=IFERROR(INDEX(A:A,SMALL(IF($A$2:$A$18=$K$2,ROW($A$2:$A$18)),R
OW(1:1))),"")}
```

	J	K	L	M	N
1	1、提取部门为蜀国的人员信息				
2	部门	蜀国			
3	部门	姓名	性别	日期	销售金额
4	蜀国	刘备	男	2015/1/1	500
5	蜀国	法正	男	2015/1/8	1300
6	蜀国	刘备	男	2015/4/4	900
7	蜀国	刘备	男	2015/4/22	1400
8					
9					
10					
11					

图 37-2　提取数据

我们常见的普通公式就像一个人在练习正步走，而数组公式就像整齐划一的仪仗队。

“A2=$K$2”为单一条件的判断，我们将它改为“A2:A18=$K$2”后，就变成对一组数据的判断，数组由此产生。

能读懂公式"IF(A2：A18=$K$2,ROW(A2：A18))"，想明白它的计算原理，基本上就学会了基础的数组公式原理。

37.2 其他数据提取练习

分别提取 3 月有销售记录的信息及销售金额大于 1 000 元的信息，效果如图 37-3 所示。试试用相同的数据源操作，看能否根据 37.1 节所学知识写出数组公式。

图 37-3 其他提取数据练习

现在公布答案，J16 单元格的数组公式为：

```
{=IFERROR(INDEX(A:A,SMALL(IF(MONTH($D$2:$D$18)=3,ROW($D$2:$D$18)),ROW(1:1))),"")}
```

公式最关键的是"MONTH($D$2:$D$18)=3"的部分，即使用 MONTH 函数提取月份。

J28 单元格的数组公式为：

```
{IFERROR(INDEX(A:A,SMALL(IF($E$2:$E$18>1000,ROW($E$2:$E$18)),ROW(1:1))),"")}
```

这个公式最关键的就是公式"$E$2:$E$18>1000"。

另外，这两个公式有一个细节，ROW 函数中的参数分别使用了"$D$2:$D$18"和"$E$2:$E$18"，与 IF 函数中做判断的区域是一致的。这样写是为了方便查错。我们在选择区域的时候一旦出现偏差，如写成“IF($E$2:$E$18>1000,ROW($A$2:$A$19))”，就无法正确计算结果了。由于“$E$2:$E$18”和“$A$2:$A$19”不是相同的区域，查错时，可能并不容易发现这个问题，而用公式“IF($E$2:$E$18>1000,ROW($E$2:$E$19))”中的两个区域的差异就相对明显很多。

37.3 案例：提取满足多条件的全部内容

大家已经学习了提取满足单一条件的数据，那么如果需要同时满足多个条件呢。如图 37-4 所示，A1:E18 单元格区域为基础数据源，现需要提取魏国 3 月销售金额小于 1 000 元的全部信息。

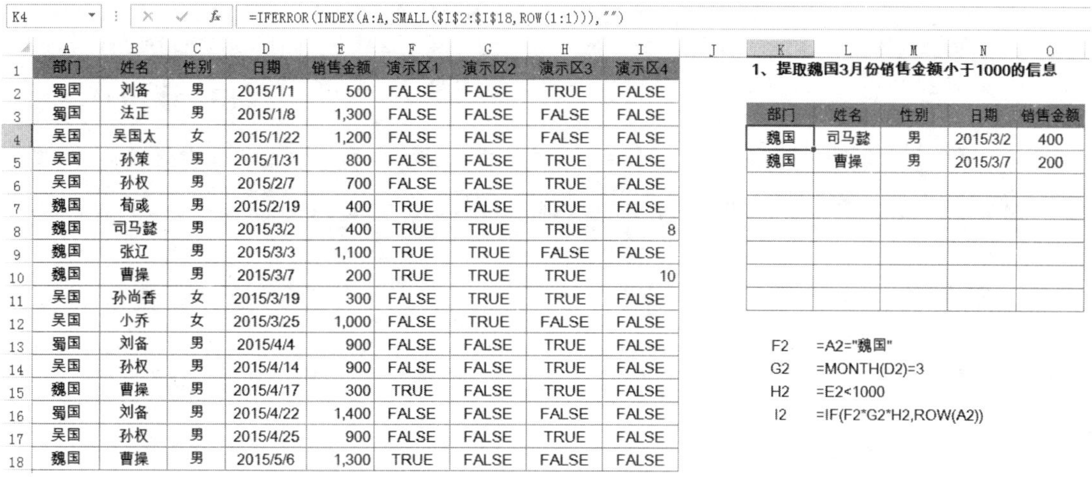

K4 =IFERROR(INDEX(A:A,SMALL($I$2:$I$18,ROW(1:1))),"")

	A	B	C	D	E	F	G	H	I
1	部门	姓名	性别	日期	销售金额	演示区1	演示区2	演示区3	演示区4
2	蜀国	刘备	男	2015/1/1	500	FALSE	FALSE	TRUE	FALSE
3	蜀国	法正	男	2015/1/8	1,300	FALSE	FALSE	FALSE	FALSE
4	吴国	吴国太	女	2015/1/22	1,200	FALSE	FALSE	FALSE	FALSE
5	吴国	孙策	男	2015/1/31	800	FALSE	FALSE	TRUE	FALSE
6	吴国	孙权	男	2015/2/7	700	FALSE	FALSE	TRUE	FALSE
7	魏国	荀彧	男	2015/2/19	400	TRUE	FALSE	TRUE	FALSE
8	魏国	司马懿	男	2015/3/2	400	TRUE	TRUE	TRUE	8
9	魏国	张辽	男	2015/3/3	1,100	TRUE	TRUE	FALSE	FALSE
10	魏国	曹操	男	2015/3/7	200	TRUE	TRUE	TRUE	10
11	吴国	孙尚香	女	2015/3/19	300	FALSE	TRUE	TRUE	FALSE
12	吴国	小乔	女	2015/3/25	1,000	FALSE	TRUE	FALSE	FALSE
13	蜀国	刘备	男	2015/4/4	900	FALSE	FALSE	TRUE	FALSE
14	吴国	孙权	男	2015/4/14	900	FALSE	FALSE	TRUE	FALSE
15	魏国	曹操	男	2015/4/17	300	TRUE	FALSE	TRUE	FALSE
16	蜀国	刘备	男	2015/4/22	1,400	FALSE	FALSE	FALSE	FALSE
17	吴国	孙权	男	2015/4/25	900	FALSE	FALSE	TRUE	FALSE
18	魏国	曹操	男	2015/5/6	1,300	TRUE	FALSE	FALSE	FALSE

1、提取魏国3月份销售金额小于1000的信息

部门	姓名	性别	日期	销售金额
魏国	司马懿	男	2015/3/2	400
魏国	曹操	男	2015/3/7	200

F2 =A2="魏国"
G2 =MONTH(D2)=3
H2 =E2<1000
I2 =IF(F2*G2*H2,ROW(A2))

图 37-4 满足多条件提取过程

条件虽然多，但是我们也要按照步骤一个个处理。首先处理部门为魏国的条件，在 F2 单元格中输入以下公式并下复制。

```
=A2=" 魏国 "
```

然后是满足 3 月的条件，在 G2 单元格中输入以下公式并向下复制。

```
=MONTH(D2)=3
```

最后是满足金额小于 1 000 元的条件，在 H2 单元格中输入以下公式并向下复制。

```
=E2<1000
```

这样就得到了 3 个逻辑值的列，如图 37-4 中 F~H 列的内容。如果要同时满足这 3 个条件，那就需要这三列的结果都为 TRUE。我们将这三列逻辑值相乘，TRUE 相当于数字 1，FALSE 相当于数字 0，所以只有结果都为 TRUE 时，乘积才为 1，只要有一个结果为 FALSE，乘积的结果

就是 0。

另外，由于任何的非 0 数字都相当于 TRUE，数字 0 相当于 FALSE，将这个乘积作为 IF 函数的第一个参数，就可以判断哪些行是满足条件的，然后标记该行的行号，剩余的部分则标记为 FALSE，于是 I2 单元格的公式为：

```
=IF(F2*G2*H2,ROW(A2))
```

向下复制到 I18 单元格，就得到了相应的行号与逻辑值的序列，如图 37-4 中 I 列内容所示。然后用 SAMLL 函数提取相应的数字，用 INDEX 函数提取相应行的信息，用 IFERROR 函数屏蔽错误值，则 K4 单元格的公式为：

```
=IFERROR(INDEX(A:A,SMALL($I$2:$I$18,ROW(1:1))),"")
```

以上这些都是分析过程，最后需要将它们组合在一起：

```
{=IFERROR(INDEX(A:A,SMALL(IF(($A$2:$A$18=" 魏国 ")*(MONTH($D$2:$D$18)=3)*($
E$2:$E$18<1000),ROW($A$2:$A$18)),ROW(1:1))),"")}
```

> **提示** 每一个条件之间相乘，都要用括号分开，否则计算顺序会混乱。这个问题我们在第 24 章中讲 SUMPRODUCT 多条件统计时讲过。

第38章 其他数组公式应用

本章结合工作中的实际情况，讲解数组公式在提取工作日和非重复值中的应用。

38.1 案例：第 n 个工作日后的日期

在第 22.2 节讲解工作日统计的时候，我们留了一个悬念，对第 n 个工作日后的日期公式没有做讲解，本节就来具体讲一讲。

我们先回忆一下对照表，如图 38-1 所示，A~H 列是日期的列表及它的各个属性。下面就来算一下"2017-7-28 之后的第 20 个工作日"是哪天。

	A	B	C	D	E	F	G	H
1	日期	日期性质	星期	财务年份	财务月份	关账日	年份	月份
2	2014/1/1	节日	3	2014	1	否	2014	1
3	2014/1/2	工作日	4	2014	1	否	2014	1
4	2014/1/3	工作日	5	2014	1	否	2014	1
5	2014/1/4	假日	6	2014	1	否	2014	1
6	2014/1/5	假日	7	2014	1	否	2014	1
7	2014/1/6	工作日	1	2014	1	否	2014	1
1459	2017/12/28	工作日	4	2018	1	否	2017	12
1460	2017/12/29	工作日	5	2018	1	否	2017	12
1461	2017/12/30	假日	6	2018	1	否	2017	12
1462	2017/12/31	假日	7	2018	1	否	2017	12

图 38-1　日期对照表

该条件有两个关键点：第一个是"2017-7-28 之后"，第二个是"工作日"。要提取的日期一定先要满足这两个条件，这部分的数组公式为：

```
{=IF((A2:A1462>--"2017-7-28")*(B2:B1462=" 工作日 "),ROW(A2:A1462))}
```

公式中的日期常量要用双引号引起来，引起来之后日期变量就会变成文本，此时要把它转化成数值才能与 A 列的日期正常比较大小，所以要"减负"（--"2017-7-28" 部分）。如果总是掌握不好什么时候"减负"，什么时候用引号，那就规规矩矩使用 DATE 函数。

这个公式的意思是同时满足此日期和工作日两种情况时，返回相应的行号，其余的情况返回逻辑值 FALSE，返回的结果为：

```
{FALSE;FALSE;…;FALSE;FALSE;1309;1310;1311;1312;1313;FALSE;FALS
E;1316;1317;1318;1319;1320;FALSE;FALSE;1323;1324;1325;1326;1327;FA
LSE;FALSE;1330;1331;1332;1333;1334;FALSE;FALSE;1337;1338;1339;1340
```

```
;1341;FALSE;FALSE;1344;1345;1346;1347;1348;FALSE;FALSE;1351;1352;…
;1458;1459;1460;FALSE;FALSE}
```

前面有 n 个 FALSE，因为日期都小于 2017-7-28，后面是数字和 FALSE 交替出现的，因为日期属性有的是工作日，有的是节日或假日。于是在这个数组中提取第 20 小的数字，也就相当于满足条件中的第 20 个日期所在的行号，然后再用 INDEX 函数引用 A 列的日期即可，公式为：

```
{=INDEX(A:A,SMALL(IF((A2:A1462>--"2017-7-28")*(B2:B1462="工作日"),ROW(A2:A1462)),20))}
```

返回结果为 2017-8-25。这个公式太长了，还能短一些吗？当然可以，公式为：

```
{=SMALL(IF((A2:A1462>--"2017-7-28")*(B2:B1462="工作日"),A2:A1462),20)}
```

删去 INDEX 也得到了结果。分解步骤如下。

（1）"(A2:A1462>--"2017-7-28")*(B2:B1462="工作日")" 这部分的关键内容完全没有改动，就是要找满足 2017-7-28 之后并且为工作日条件的日期。

（2）看 IF 的第 2 个参数，直接使用的 "A2:A1462"，而并没有使用公式 "ROW(A2:A1462)" 返回行号。这里充分利用了日期的本质，在 Excel 中日期就是数字，而 A 列的日期是按顺序列出来的，是一个从小到大的数字序列。"IF((A2:A1462>--"2017-7-28")*(B2:B1462="工作日"),A2:A1462)" 的计算结果为：

```
{FALSE;FALSE;……;FALSE;FALSE;42947;42948;42949;42950;42951;FALSE;FAL
SE;42954;42955;42956;42957;42958;FALSE;FALSE;42961;42962;42963;42964;429
65;FALSE;FALSE;42968;42969;42970;42971;42972;FALSE;FALSE;42975;42976;……
;43096;43097;43098;FALSE;FALSE}
```

前面 n 个 FALSE，后面是相应的日期和 FALSE 交替出现。

（3）直接使用 SMALL 函数提取这个数组中的第 20 个工作日。

38.2 案例：提取非重复值

在工作中，常常需要提取某一列的非重复值，然后进入下一步的计算，那我们就来研究一下具体如何书写公式。图 38-2 所示内容是我们已经很熟悉的 A1:E18 基础数据源，现在需要提取 A 列中的非重复部分。

首先要确定每一个值到底是重复的还是不重复的，如果它是第一次出现，那么就可以作为非重复值提取，当它第 2 次、第 3 次、第 n 次出现时就是重复的。说到这里，我们来看看每个值到底是不是只出现一次。

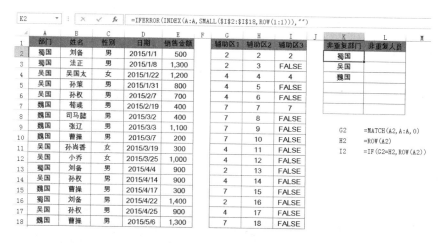

图 38-2 提取非重复值

首先在 G2 单元格中输入以下公式，并向下复制到 G18 单元格。

```
=MATCH(A2,A:A,0)
```

利用 MATCH 函数分别匹配 A2，A3，…，A18 单元格的内容在 A 列第一次出现的位置。
然后在 H2 单元格中输入以下公式，并向下复制到 H18 单元格。

```
=ROW(A2)
```

由此得到了每行对应的行号。我们发现当 G 列和 H 列的值相等时，就能说明 A 列的值是第
一次出现，所以只要将这几行的行号标注出来即可。在 I2 单元格中输入以下公式，并向下复制到
I18 单元格。

```
=IF(G2=H2,ROW(A2))
```

由此得到了数字与 FALSE 的序列，最后 K2 单元格中用我们熟悉的方法提取非重复值，公式为：

```
=IFERROR(INDEX(A:A,SMALL($I$2:$I$18,ROW(1:1))),"")
```

我们通过辅助列的方式分解完后，再回顾一下过程：首先通过 MATCH 函数匹配 A 列每个值
在 A 列出现的位置，并且和当前的行号对比，数值相等说明是第一次出现，标注出相应的行号，
然后用 INDEX+SMALL 函数提取数据，并用 IFERROR 函数屏蔽错误值。

思路有了，那怎样将它们组合在一起呢？首先把 G~I 列的辅助列合并在一起，于是 I2 单元格
的公式为：

```
=IF(MATCH(A2,A:A,0)=ROW(A2),ROW(A2))
```

需要将它放在SMALL函数的第1个参数中，并且把A2都变成A2:A18，于是最终的数组公式为：

```
{=IFERROR(INDEX(A:A,SMALL(IF(MATCH($A$2:$A$18,A:A,0)=ROW($A$2:$A$18),ROW(
$A$2:$A$18)),ROW(1:1))),"")}
```

用相同的方法提取 B 列的非重复姓名，把公式写在 L 列。

很简单，将刚才公式中引用 A 列的位置全部换成 B 列就可以了：

```
{=IFERROR(INDEX(B:B,SMALL(IF(MATCH($B$2:$B$18,B:B,0)=ROW($B$2:$B$18),ROW(
$B$2:$B$18)),ROW(1:1))),"")}
```

1 通过数组公式计算 2019 年的母亲节和父亲节各是哪一天。

> **提示**
>
> （1）母亲节是 5 月第 2 个星期日，父亲节是 6 月第 3 个星期日。
>
> （2）DATE(2019,5,1) 代表 5 月 1 日，DATE(2019,5,ROW(1:31)) 代表 5 月的 1~31 日整月的日期。
>
> （3）星期日是 WEEKDAY 函数等于 7 的那些数据。

2 如练习图 13-1 所示，基础数据源 A1:F20 单元格区域，其中第 1 行是员工姓名，A2:F20 单元格区域是采集的员工数据，但是数据并不连续，其中有多处空白。通过函数公式计算当前数据所在的最大行号是多少。例如，现在最后一行有数据的是第 10 行。

	A	B	C	D	E	F
1	刘备	孙策	马岱	法正	荀彧	黄月英
2	58	72	63	59	70	
3	71	65		59	62	
4	76	57	68			68
5		75		80	75	78
6	68	58			61	62
7			80	75	59	71
8	62	50	62	78	77	
9	63	74	65	54	51	50
10		52		50	68	60
11						
12						
13						
14						
15						

练习图 13-1　求最大行号

CHAPTER

14

第14篇

——

自定义函数

　　严格来讲，自定义函数并不属于 Excel 函数的范畴，是通过 VBA 编写代码，在公式中完成特定的计算任务。本篇将介绍 3 个我编写的自定义函数 Context、GetChar、NotRepeat，并用它们完成常规函数很难完成甚至是无法完成的任务。

第39章 连接函数 Context

使用自定义函数需要设置 Excel 的环境，使该函数可以支持宏的运行。
本章将带大家设置好可使用宏的环境，并向大家介绍连接函数 Context。

39.1 初步接触自定义函数

1. 显示【开发工具】选项卡

现在做一些前期准备工作，懂 VBA 的读者可以直接跳过这一部分。首先调出功能区的【开发工具】选项卡（有此选项卡的读者可忽略这一步），如图 39-1 所示。

图 39-1 【开发工具】选项卡

选择左上角【文件】选项卡中的【选项】命令，打开【Excel 选项】对话框，在该对话框中选择【自定义功能区】选项卡，如图 39-2 所示，然后在右侧列表框中选中【开发工具】复选框，单击【确定】按钮，完成操作。

2. 设置宏安全性

下面设置宏的安全性。当前工作簿中的代码都是我写的安全有保障，为了本篇内容可以顺利进行，我们把安全性调整为最低。具体操作步骤为单击【开发工具】选项卡中的【宏安全性】按钮，如图 39-3 所示，在弹出的【信任中心】对话框中，显示【宏设置】页面，选中【启用所有宏】单选按钮，并单击【确定】按钮完成设置。

最后把所有的 Excel 工作簿全部关闭，注意，是所有的 Excel 工作簿。然后再重新打开本章的素材文件。

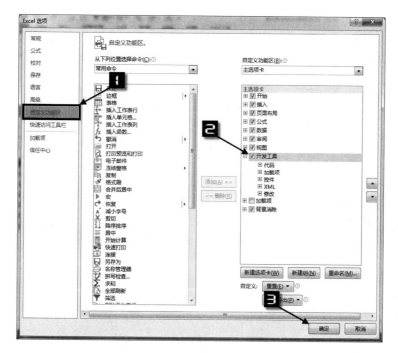

图 39-2　显示【开发工具】选项卡

图 39-3　设置宏安全性

3. 对于宏的恐惧

完成以上步骤，本章的内容就可以正常进行了。按【Alt+F11】组合键，调出 VBA 代码的编辑窗口，呈现在眼前的是一堆代码和从来没见过的窗口，如图 39-4 所示。

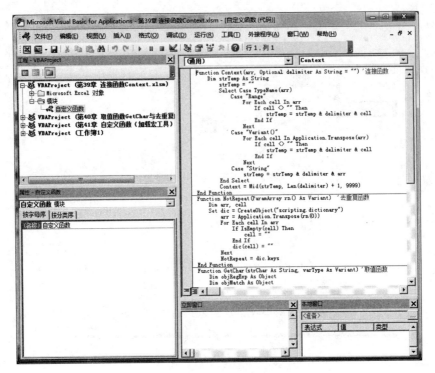

图 39-4　VBA 代码编辑窗口

很多读者都会"谈宏色变"，认为涉及 VBA 的内容都会很难。其实不必害怕，本篇不是教你怎么写 VBA 代码，而是教你学会用它，就像 VLOOKUP 函数一样，我们不知道它的底层代码是什么，但是完全不影响我们使用它。

案例：将不同的信息连接在一起

首先介绍第一个自定义函数 Context，它的作用就是连接，把所有的东西都连接到一起，语法为：

```
Context(array, [delimiter])
```

其中 array 为必需参数，是需要连接的单元格区域、数组；[delimite] 为可选参数，是将 array 中每个元素进行分隔的分隔符。

Context 的代码如图 39-5 所示，使用的就是代码中的基础连接。

在 A1:D3 单元格区域中有一些简单的基础数据，如图 39-6 所示。下面就用这部分数据进行操作。

```
Function Context(arr, Optional delimiter As String = "")
    Dim strTemp As String
    strTemp = ""
    Select Case TypeName(arr)
        Case "Range"
            For Each cell In arr
                If cell <> "" Then
                    strTemp = strTemp & delimiter & cell
                End If
            Next
        Case "Variant()"
            For Each cell In Application.Transpose(arr)
                If cell <> "" Then
                    strTemp = strTemp & delimiter & cell
                End If
            Next
        Case "String"
            strTemp = strTemp & delimiter & arr
    End Select
    Context = Mid(strTemp, Len(delimiter) + 1, 9999)
End Function
```

图 39-5　Context 的代码

1. 普通连接

将 B 列的人员姓名全部连接在一起。如果使用工作表函数，就要用"胶水"（&）将数据一个一个粘起来，而用 Context 函数可以直接在 F7 单元格中输入公式，如图 39-7 所示。

	A	B	C	D
1	序号	姓名	性别	员工部门
2	1	刘备	男	蜀国
3	2	孙权	男	吴国
4	3	黄月英	女	蜀国

图 39-6　基础数据

```
=Context(B2:B4)
```

图 39-7　连接姓名

这是对一列的连接，并且省略了第 2 个参数 [delimiter]，所以能将所有元素直接连接在一起。如果连接 B2:C3 这种多行多列的单元格区域怎么操作？如图 39-8 所示，在 F8 单元格中可以直接输入公式：

```
=Context(B2:C3)
```

图 39-8　连接二维区域

Context 对于二维区域是按照先横向再纵向的顺序连接区域内各个单元格，如果希望先纵向后横向，可以嵌套一个转置函数 TRANSPOSE，如图 39-9 所示，输入数组公式：

```
{=Context(TRANSPOSE(B2:C3))}
```

图 39-9　改变连接顺序

这就是 Context 函数最基础的应用，下面来看一下其他应用。

2. 逗号分隔连接单元格

我们需要将第一行的数据连接到一个单元格中，但是又要避免放在一起造成混乱，所以使用逗号（,）做分隔，这时候就可以用上 Context 的第 2 个参数了。如图 39-10 所示，在 F9 单元格中输入公式：

```
=Context(B2:D2,", ")
```

图 39-10　逗号分隔连接

返回结果为"刘备，男，蜀国"，将 B2:D2 单元格区域中的每一个值都用逗号分隔开。Context 函数的第 2 个参数不仅可以使用逗号，还可以使用其他任意字符，甚至使用多个字符的字符串。如公式"=Context(B2:D2,"@@@")"，返回结果为"刘备 @@@ 男 @@@ 蜀国"。

3. 逗号分隔每一个字符

刚才是对不同单元格的分隔，如果对单一单元格内的每一个字符分隔怎么操作呢？例如，将 B4 单元格的"黄月英"变成"黄，月，英"。

首先要把 B4 单元格中的每一个字符都提取出来，公式为：

```
=MID(B4,ROW(1:3),1)
```

其中 ROW(1:3) 提取第 1 到第 3 行的行号，其结果为一个数组 {1;2;3}，然后使用 MID 函数把 B4 单元格中的第 1~3 个字符分别提取出来。整个结果为 {"黄";"月";"英"}。

之后就像上一个例子中连接不同单元格那样，使用 Context 函数连接，并用逗号分隔数组中的每一个元素，如图 39-11 所示，F10 单元格的数组公式为：

```
{=Context(MID(B4,ROW(1:3),1),"，")}
```

	A	B	C	D	E	F
					目标结果	公式
6	效果					
10	逗号分隔每一个字符				黄，月，英	黄，月，英

图 39-11　逗号分隔每一个字符步骤 1

目前单元格有 3 个字符，当单元格有 2 个、4 个或 n 个字符时，会是什么效果？如图 39-12 所示。

返回的结果要么是逗号多余了，要么是提取字符数不够。原因就在于"1:3"这个参数是一个定值，无法根据单元格内容长度的变化而变化，那有没有办法让它自动变呢？我们可以使用 LEN 函数计算单元格内字符串的长度。

目标是要让 ROW(1:3) 中的"1:3"为动态，那么"1:"是固定不动的，后面的 3 用 LEN 函数代替，如图 39-13 所示，于是公式为：

数据	结果
早	早，，
张飞	张，飞，
凯撒大帝	凯，撒，大
Excel	E，x，c

图 39-12　变更数据长度 1

图 39-13　LEN 函数结果

```
="1:"&LEN(B4)
```

可以看到，得到结果为"1:3"，那就把这部分放到公式中，于是合成公式：

```
=Context(MID(B4,ROW("1:"&LEN(B4)),1),", ")
```

按下【Ctrl+Shift+Enter】组合键，出现了错误提示，如图 39-14 所示。

图 39-14　公式错误提示

问题出在哪里？ ""1:"&LEN(B4)"的结果是"1:3"吗？其实不是。当我们在公式编辑栏中按下【F9】键时，会看到它的结果是""1:3""，注意那一对英文状态的双引号，说明它只是文本字符串，并不代表表格的第 1~3 行。那如何把这对双引号去掉呢？ INDIRECT 函数具有"剥离引号"的作用，所以在它的外面套上一个 INDIRECT 函数，如图 39-15 所示，F10 单元格的公式为：

```
{=Context(MID(B4,ROW(INDIRECT("1:"&LEN(B4))),1),", ")}
```

图 39-15　逗号分隔每一个字符步骤 2

更换一些其他数据，结果是正确的。

> **注意** 我们写公式的时候，不用一步到位，先写公式主体，然后再调整细节。

数据	结果
早	早
张飞	张,飞
凯撒大帝	凯,撒,大,帝
Excel	E,x,c,e,l

图 39-16　变更数据长度 2

4. 根据条件连接

实际工作中的连接，常常并不是选择一片区域直接连接就可以的，而是带有一定的条件，例如，将数据源中男性人员的姓名连接在一起，如图 39-17 所示，那么 F11 单元格的公式为：

```
{=Context(IF(C2:C4="男",B2:B4))}
```

图 39-17　根据条件连接步骤 1

使用 IF 函数判断 C 列的性别是否为"男"，如果是，就返回 B 列相应人员的姓名，如果不是就返回逻辑值 False。此时公式的结果多了一个 False，这种情况怎么处理？我们可以使用

SUBSTITUTE 函数将它替换，那么公式就为：

```
{=SUBSTITUTE(Context(IF(C2:C4="男",B2:B4)),"False","")}
```

结果是对的，但这明显是"头疼医头脚疼医脚"的办法，只对症不除根。False 是 IF 函数部分省略了第 3 个参数得到的。第 37 章讲数组公式部分使用 IF 函数省略第 3 个参数，是为了让 SMALL 函数取不到值而返回错误值，最后使用 IFERROR 函数屏蔽。这里明显没有必要让 False 出现，所以给 IF 一个明确指令，C 列不是"男"的数据结果返回空白（""），如图 39-18 所示，于是 F11 单元格的公式为：

```
{=Context(IF(C2:C4="男",B2:B4,""))}
```

	A	B	C	D	E	F
F11			fx		{=Context(IF(C2:C4="男",B2:B4,""))}	
6	效果				目标结果	公式
11	连接男性的姓名				刘备孙权	刘备孙权

图 39-18　根据条件连接步骤 2

这个问题可以不使用 SUBSTITUTE 函数，加一对双引号就能解决问题。

下面再看一些复杂的按条件连接。上面是根据 C 列的条件，把 B 列的信息连在一起，条件和结果都只有一列内容。怎样根据 D 列的条件，把 A 列和 B 列的信息连在一起，也就是说 IF 函数的条件是 1 列，返回结果是 2 列。如图 39-19 所示，对于 D 列为"蜀国"的，连接其序号和姓名，并用逗号分隔，F12 单元格的公式为：

```
{=Context(IF(D2:D4="蜀国",A2:B4,""),", ")}
```

	A	B	C	D	E	F
F12			fx		{=Context(IF(D2:D4="蜀国",A2:B4,""),", ")}	
6	效果				目标结果	公式
12	连接蜀国的序号和姓名，逗号分隔				1，刘备，3，黄月英	1，刘备，3，黄月英

图 39-19　按条件连接两列数据步骤

其中 IF(D2:D4="蜀国",A2:B4,"") 的结果为 {1,"刘备";"","";3,"黄月英"}，D2、D4 单元格为蜀国，所以 A2:B2、A4:B4 单元格区域的值都显示出来了，而 D3 单元格不是蜀国，对应结果显示空白。结果说明数组的对应可以是 1 列对 n 列。

> 自定义函数 Context 设计时，考虑了引用区域或数组中含有空值的情况，当遇到这种情况时，它会自动忽略空值。本例中是将数组"{1,"刘备";"","";3,"黄月英"}"连接，得到结果"1，刘备，3，黄月英"，而不是把空值当作一个元素，从而得到"1，刘备，，，3，黄月英"。

在 Office 365 及 Excel 2019 版本中，新增了 TEXTJOIN 函数和 CONCAT 函数，可以完成更为强大的连接工作，不过受版本的限制，这两个函数并不通用。

取值函数 GetChar 与去重复函数 NotRepeat

本章讲解的 GetChar 函数可以提取数字、英文、汉字，目前工作表函数中尚无函数或函数组合可以完成相同的功能，而 NotRepeat 函数用来提取非重复值。与第 38 章讲解的数组公式相比，本章函数公式长度将大幅缩短，书写难度降低。

40.1 案例：提取复杂字符串中的数字、英文、汉字

工作中由于对表格的认识不足，一个单元格中常常会混合很多内容，要将这些混合的内容分别提取出来是一项很难的工作，有时甚至无法完成。为此，我专门设计了一个可以提取数字、英文、中文的函数 GetChar，语法为：

```
GetChar(text, type)
```

它的代码如图 40-1 所示，此代码使用了正则表达式，感兴趣的读者可以研究下，不感兴趣的跳过即可。

```vb
Function GetChar(strChar As String, varType As Variant) '取值函数
    Dim objRegExp As Object
    Dim objMatch As Object
    Dim strPattern As String
    Dim arr
    Set objRegExp = CreateObject("vbscript.regexp")
    varType = LCase(varType)
    Select Case varType
        Case 1, "number"
            strPattern = "-?\d+(\.\d+)?"
        Case 2, "english"
            strPattern = "[a-z]+"
        Case 3, "chinese"
            strPattern = "[\u4e00-\u9fa5]+"
    End Select
    With objRegExp
        .Global = True
        .IgnoreCase = True
        .Pattern = strPattern
        Set objMatch = .Execute(strChar)
    End With
    If objMatch.Count = 0 Then
        GetChar = ""
        Exit Function
    End If
    ReDim arr(0 To objMatch.Count - 1)
    For Each cell In objMatch
        arr(i) = objMatch(i)
        i = i + 1
    Next
    GetChar = arr
    Set objRegExp = Nothing
    Set objMatch = Nothing
End Function
```

图 40-1　GetChar 的代码

1. 普通提取

GetChar 函数用于从一个字符串中提取相应类型的字符，并形成一个一维的内存数组。GetChar 有两个参数：第 1 个参数 text 表示需要处理的字符串或单元格；第 2 个参数 type 表示需要从字符串中提取的类型，其类型主要分为以下三种。

①数字 1 或 number，代表从字符串中提取数字，包括正数、负数、小数。

②数字 2 或 english，代表从字符串中提取英文字母。

③数字 3 或 chinese，代表从字符串中提取中文汉字。

其中参数 number、english、chinese 使用的字母大小写都可以。

A1 单元格中有这么一句话："张飞，买了 10 元钱的肉，看到刘备说 Good Morning！ -3.5 加 16.8 等于多少，Bye！"

我们要将这句话中的信息分别提取出来，如图 40-2 所示，在 A2 单元格中输入以下公式，可以看到将 A1 单元格中的第一个数字"10"提取了出来。

```
=GetChar(A1,1)
```

图 40-2　提取数字步骤 1

将公式编辑栏中的公式选中，并按【F9】键，如图 40-3 所示，可以看到结果为一个数组 {"10","-3.5","16.8"}，也就是将 A1 单元格中的所有数字都分别提取出来了。

={"10","-3.5","16.8"}

图 40-3　GetChar 的数组结果

一个单元格只能显示数组的第一个元素，那么如何将数组中的所有元素都提取到单元格中呢？这时可以使用 INDEX 函数来处理，如图 40-4 所示，在 A2 单元格中输入以下公式，并向下复制到 A4 单元格。

```
=INDEX(GetChar($A$1,1),ROW(1:1))
```

图 40-4　提取数字步骤 2

我们将 GetChar 函数的第 2 个参数写为数字 2 会产生什么效果？如图 40-5 所示，在 B2 单元格中输入以下公式并向下复制到 B4 单元格。

```
=INDEX(GetChar($A$1,2),ROW(1:1))
```

图 40-5　提取英文

它是将连续的英文字母当作一个单词，所以我们提取出了 3 个英文单词 Good、Morning、Bye。

接着试一下将第 2 个参数写为数字 3，如图 40-6 所示，在 C2 单元格中输入以下公式并向下复制到 C7 单元格。

```
=INDEX(GetChar($A$1,3),ROW(1:1))
```

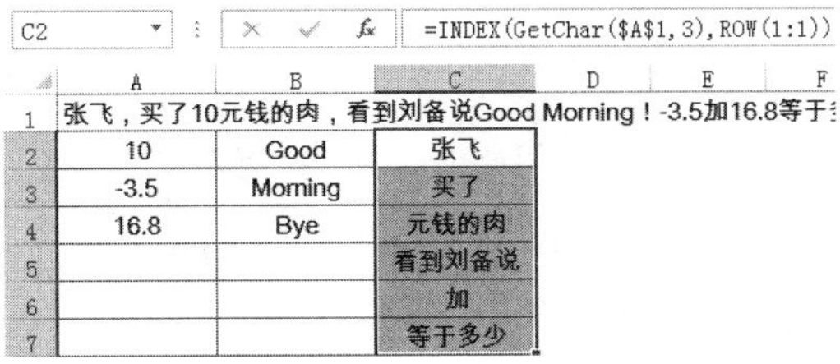

图 40-6　提取中文

将连续的中文作为一组提取，于是形成了 6 组不同的中文。想想看，如果没有 GetChar 函数，让你去提取这些不同的信息，是不是感到无从下手！

将公式的第 2 个参数换成 number、english、chinese，可以得到相同的结果。

```
=INDEX(GetChar($A$1,"number"),ROW(1:1))
=INDEX(GetChar($A$1,"enGLIsh"),ROW(1:1))
=INDEX(GetChar($A$1,"CHINESE"),ROW(1:1))
```

2. 实战

（1）提取第一组数字。

我们可以直接写公式：

```
=GetChar(A1,1)
```

结果返回为 10。为什么这里不用 INDEX 函数提取数组中的第一个值呢？因为在一个单元格中只能显示数组的第一个元素，所以就不用加 INDEX 函数了。

（2）提取第二组英文单词。

英文对应的参数是数字 2，于是公式为：

```
=INDEX(GetChar(A1,2),2)
```

结果返回为 Morning。看到这里有两个 ",2)"，里面的 2 是 GetChar 函数的参数，代表提取英文，外面的 2 是 INDEX 函数的参数，代表数组中的第 2 个元素。

（3）提取最后一组数字。

"提取""最后"，看到这两个关键词，我们首先想到的是 LOOKUP 函数。要提取的是数字，所以想到了数字的极大值 9E+307，于是输入公式：

```
=LOOKUP(9E+307,GetChar(A1,1))
```

然而公式得出的结果是 #N/A，为什么提取不出来？大家有没有注意到一个细节，我们在 GetChar 函数的第一个提取操作中，提取的结果是 {"10","-3.5","16.8"}，其中每个数字都是带有双引号的。这说明我们提取的是文本型数字，也就是文本，所以需要用提取文本的方式来搞定。于是将公式变为：

```
=LOOKUP(CHAR(41385),GetChar(A1,1))
```

公式这么写不够简洁，我们可以改为：

```
=LOOKUP("a",GetChar(A1,1))
```

我们用字母 a 替换了 CHAR(41385)，因为后面提取的都是文本型数字，当比较数据大小的时候，所有的英文字符都是大于数字的。

但是，还没完。前面都是用的 INDEX 从正面提取，这里可不可以呢？提取 GetChar 中的最后一个元素，首先要数一数 GetChar 函数中到底有多少个元素，这就要用到 COUNTA 函数，于是公式为 COUNTA(GetChar(A1,1))，结果为 3，说明 A1 单元格中有 3 组数字，把 COUNTA 函数公式作为 INDEX 的参数，公式为：

```
=INDEX(GetChar(A1,1),COUNTA(GetChar(A1,1)))
```

这个公式明显比 LOOKUP 的公式长，它有什么意义吗？我们暂且搁置此问题，接着往下看。

（4）提取倒数第二组中文汉字。

LOOKUP 的短板是只能提取最后一个，倒数第 2 组中文如何提取？公式可写为：

```
=INDEX(GetChar(A1,3),COUNTA(GetChar(A1,3))-1)
```

首先用 COUNTA(GetChar(A1,3)) 计算出 A1 单元格中有多少组中文，然后减 1 得到的结果就是倒数第二组中文是正数的第几组。

3. 提取数字并计算

如图 40-7 所示，A2:A4 单元格区域为基础数据源，现在要把 A 列中的数字提取出来，计算每个员工销售的产品数量。如果用工作表函数来做会很麻烦。我们试试用 GetChar 函数操作。先用 GetChar 函数提取数字，然后用 SUM 求和。在 B2 单元格中输入公式：

```
=SUM(GetChar(A2,1))
```

B2 =SUM(GetChar(A2,1))

	A	B
1	销售结果	产品数量
2	刘备销售5台电冰箱，1台空调，2辆自行车	0
3	关羽卖2台空调，5部手机	0
4	张飞卖出3台电扇，1台电视机	0

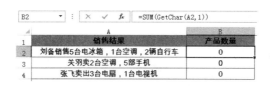

图 40-7 提取数字并求和步骤 1

结果为 0。前面讲过，GetChar 提取的数字是文本型的，所以要将文本型转化为数值型，可以“减负”，如图 40-8 所示，B2 单元格为数组公式：

```
{=SUM(--GetChar(A2,1))}
```

B2 {=SUM(--GetChar(A2,1))}

	A	B
1	销售结果	产品数量
2	刘备销售5台电冰箱，1台空调，2辆自行车	8
3	关羽卖2台空调，5部手机	7
4	张飞卖出3台电扇，1台电视机	4

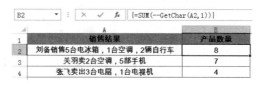

图 40-8 提取数字并求和步骤 2

下面做一个练习。如图 40-9 所示，根据台量和单价计算每个人的金额合计。提示，乘积的函数是 PRODUCT，语法和用法与 SUM 函数一样。

	A	B
8	销售结果	金额合计
9	刘备销售5台电冰箱，单价3000元	15000
10	关羽卖2台空调，每台11000元	22000
11	张飞卖出3台电扇，每一台300块钱	900

图 40-9 提取数字并乘积

公布答案：

```
{=PRODUCT(--GetChar(A9,1))}
```

有的人会认为，在 VBA 代码设计的时候，把数字直接处理成数值型会方便很多，能省去“减负”的麻烦。

我曾经想过在后台将数字处理成数值的，可是一想到身份证号、银行卡号这种超过 15 位有效数字就放弃了。

文本型数字可以处理成数值型，但是将后 3 位变成 0 的身份证号再处理成精确的 18 位，就只能是痴人说梦了。

4. 提取姓名信息

如图 40-10 所示，这是在我们课程的 QQ 群中看到的一位同学的求助，需要从 A 列的混合信息中，提取姓名，并用逗号分隔连接。

	A	B
15	人员信息	人员集合
16	刘备学号0001关羽学号0002张飞学号0003	刘备，关羽，张飞

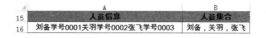

图 40-10 提取姓名信息

首先观察数据源，发现其中"学号"两个字都是多余的，只要删掉这两个字，再把中文姓名提取出来，最后使用 Context 函数将它们连在一起就可以了，于是 B16 单元格的公式为：

```
=Context(GetChar(SUBSTITUTE(A16," 学号 ",""),3),", ")
```

先用 SUBSTITUTE 函数删掉"学号"，然后用 GetChar 函数提取中文姓名得到 {" 刘备 "," 关羽 "," 张飞 "}，最后用 Context 函数将内容连接在一起并用逗号分隔。

40.2 案例：一个函数提取非重复值

提取非重复值是工作中经常用到的技能，在第 38 章讲数组公式时，讲过使用 MATCH 函数来确定是否唯一之后再提取的方法。该方法运用的公式太烦琐了。本节我们用一个简单的函数 NotRepeat 解决这种问题，语法为：

```
NotRepeat(array)
```

NotRepeat 的代码如图 40-11 所示，使用"字典"的方式去重复，同样，对此部分不感兴趣的读者跳过即可。

```
Function NotRepeat(ParamArray rn() As Variant)  '去重复函数
    Dim arr, cell
    Set dic = CreateObject("scripting.dictionary")
        arr = Application.Transpose(rn(0))
        For Each cell In arr
            If IsEmpty(cell) Then
                cell = ""
            End If
            dic(cell) = ""
        Next
        NotRepeat = dic.keys
End Function
```

图 40-11　NotRepeat 的代码

1. 普通应用

如图 40-12 所示，A1:B10 单元格区域为基础数据源，现在要提取 B 列中不重复的部门。

	A	B
1	姓名	员工部门
2	刘备	蜀国
3	法正	蜀国
4	吴国太	吴国
5	陆逊	吴国
6	吕布	群雄
7	刘备	蜀国
8	袁绍	群雄
9	刘备	蜀国
10	荀彧	魏国

图 40-12　NotRepeat 数据源

如图 40-13 所示，在 D2 单元格中输入公式：

```
=NotRepeat(B2:B10)
```

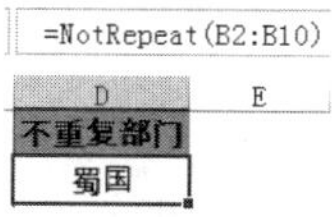

图 40-13 提取非重复值步骤 1

返回结果为"蜀国",并不是我们要的最终结果。在公式编辑栏中将整个公式用鼠标选中，然后按【F9】键，如图 40-14 所示，看到结果为一个数组"{"蜀国","吴国","群雄","魏国"}"，已经将 B 列中的不重复值提取出来了。

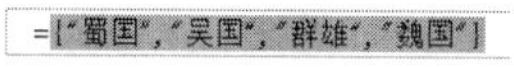

={"蜀国","吴国","群雄","魏国"}

图 40-14 NotRepeat 结果

下面就用 INDEX 函数将数组中的每一个元素放在单元格中，如图 40-15 所示，在 D2 单元格中输入以下公式，并向下复制到 D5 单元格。

```
=INDEX(NotRepeat($B$2:$B$10),ROW(1:1))
```

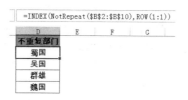

图 40-15 提取非重复值步骤 2

对比之前的数组公式看一下，此时的公式是不是简洁多了？

```
{=INDEX(B:B,SMALL(IF(MATCH($B$2:$B$10,B:B,0)=ROW($B$2:$B$10),ROW($B$2:$B$10)),ROW(1:1)))}
```

2. 综合使用

如图 40-16 所示，提取 A2 单元格的非重复姓名，并用空格分隔开。

图 40-16 综合使用

B2 单元格的公式为：

```
=Context(NotRepeat(GetChar(A2,3))," ")
```

先用 GetChar 函数提取中文字符，然后用 NotRepeat 函数提取其中的非重复值，最后用 Context 函数连接在一起，并且用空格作为分隔。

自定义函数不仅是单独存在的，而且可以相互嵌套使用。上述提取要求，如果只使用 Excel 现有的工作表函数，可以说几乎是无法完成的工作。

第 **41** 章 制作加载宏

本篇所讲的自定义函数，都有一个缺点，它们只能在当前工作簿中使用，若将它们放在另一个工作簿中就没办法用了。有没有办法让这些函数在自己的计算机中随时都可以应用呢？有，制作加载宏。图 41-1 所示的是素材文件，其中有一个"自定义函数（加载宏工具）"。

名称

第39章 连接函数Context.xlsm
第40章 取值函数GetChar与去重复函数NotRepeat.xlsm
第41章 自定义函数（加载宏工具）.xlsm
课后作业-第14篇.xlsm

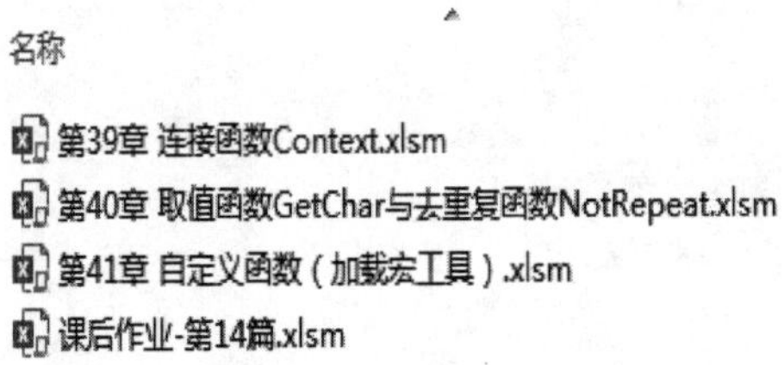

图 41-1　加载宏工具

如果打开此工作簿，会发现该工作簿中什么都没有，但是我已将相应的自定义函数的代码放在其中。

41.1 案例：通过制作加载宏扩展 Excel 的函数功能

下面我们来制作加载宏了。

步骤① 打开本章的素材文件"自定义函数（加载宏工具）"，按【F12】键调出【另存为】对话框，如图 41-2 所示。也可以在【文件】选项卡中选择【另存为】选项，打开【另存为】对话框。

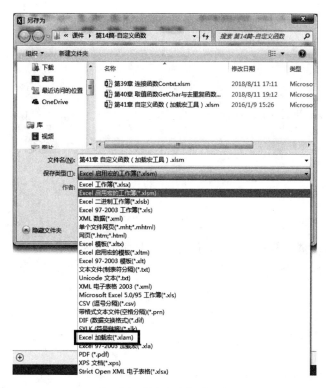

图 41-2 【另存为】对话框

步骤② 在【保存类型】下拉列表中选择【Excel 加载宏 (*.xlam)】选项，如果计算机中不显示后缀名，那就找到"Excel 加载宏"即可。如图 41-3 所示，这时候保存的链接目录自动切换为默认的"C:\Users\< 用户名 >\AppData\Roaming\Microsoft\AddIns"，路径不需要修改，直接单击【保存】按钮即可。

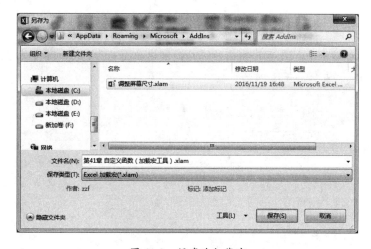

图 41-3 保存为加载宏

步骤③ 单击【开发工具】选项卡下的【加载项】按钮，如图 41-4 所示。

图 41-4 【加载项】按钮

在 Excel 2016 中，单击【Excel 加载项】按钮，如图 41-5 所示，其图标是两个齿轮。

图 41-5 2016 版的加载宏选项

步骤④ 在弹出的【加载宏】对话框中，选中【第 41 章自定义函数（加载宏工具）】复选框，如图 41-6 所示，并单击【确定】按钮。

图 41-6 【加载宏】对话框

> **注意**
> 如果在此对话框中，看不到相应的工具，可以单击其中的【浏览】按钮，然后在【浏览】对话框中选择相应的工具即可，如图 41-7 所示。

图 41-7【浏览】对话框

至此，加载宏制作完成，可以打开任意一个 Excel 工作簿或新建一个工作簿，看看是不是可以使用这 3 个自定义函数。

 41.2 自定义函数应用时的注意事项

需要注意，制作加载宏后只能在自己的计算机中可以随意使用这 3 个自定义函数，别人的计算机中没有这些函数。如果你将用这些自定义函数做好的文件发给别人，别人一打开，可能就会是满屏的"#NAME?"。这种情况要怎么处理呢？在把文件发送给他人的时候，将涉及这些函数的单元格全部粘贴成值就可以了。

1️⃣ A2 单元格为随机数字"31415926535"，利用自定义函数提取 A2 单元格中不重复的数字，数字顺序按照 A2 单元格中各数字的先后顺序排列，模拟答案为"3145926"。

2️⃣ 如练习图 14-1 所示，A~D 列是某公司运动会 4 个不同项目的报名人员，其中有的员工报名多个项目。

	A	B	C	D
1	姓名	姓名	姓名	姓名
2	刘备	孙策	马岱	孙策
3	法正	荀彧	黄月英	孙尚香
4	吴国太	张辽	黄忠	黄盖
5	孙策	孙尚香	黄盖	
6	孙权		孙乾	
7	荀彧			
8	司马懿			
9	张辽			
10	曹操			
11	孙尚香			
12	小乔			
13	刘备			
14	孙权			

练习图 14-1 基础人员列表

（1）根据报名人员，将此次参加运动会的不重复人员姓名提取出来，按照先横向后纵向的顺序提取，使用自定义函数在 F2 单元格编写公式，并复制到 F2:F20 单元格区域，模拟效果参考 H2:H20 单元格区域，如练习图 14-2 所示。

	F	G	H
1	答题区1		模拟答案1
2			刘备
3			孙策
4			马岱
5			法正
6			荀彧
7			黄月英
8			孙尚香
9			吴国太
10			张辽
11			黄忠
12			黄盖
13			孙权
14			孙乾
15			司马懿
16			曹操
17			小乔
18			
19			
20			

练习图 14-2　先横向后纵向提取

（2）根据报名人员，将此次参加运动会的不重复人员姓名提取出来，按照先纵向后横向的顺序提取，使用自定义函数在 J2 单元格编写公式，并复制到 J2:J20 单元格区域，模拟效果参考 L2:L20 单元格区域，如练习图 14-3 所示。

> **提示**　Context 函数的连接顺序是先横向再纵向，加上 TRANSPOSE 函数可以完成对区域的转置效果。

	J	K	L
1	答题区2		模拟答案2
2			刘备
3			法正
4			吴国太
5			孙策
6			孙权
7			荀彧
8			司马懿
9			张辽
10			曹操
11			孙尚香
12			小乔
13			马岱
14			黄月英
15			黄忠
16			黄盖
17			孙乾
18			
19			
20			

练习图 14-3　先纵向后横向提取

CHAPTER

15

第 15 篇

———

基础知识

　　本篇讲的是函数编写过程中常用的知识结构。这部分内容是人们平常会忽视的细节。本篇内容并不要求大家背下来，可以打印出来，以便日后查阅。在以后使用 Excel 的过程中，如遇到瓶颈，可以回过头来看看这些即将要讲的知识。

第42章 知识储备

本章将从函数的认知、单元格的认知、填充的使用、快捷键等方面，介绍一些必要的公式编辑基础知识。

42.1 函数和公式的定义

函数：具有特殊计算功能的特殊字母组合，如 SUM 函数、VLOOKUP 函数、SUMIFS 函数等。

公式：以等号"="为引导进行数据运算处理的等式，最终得到一个或多个值。

42.2 认识【公式】选项卡

图 42-1 所示的是 Excel 中的【公式】选项卡，下面着重介绍几个常用的按钮。

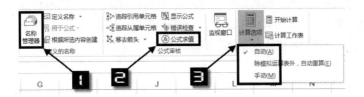

图 42-1 【公式】选项卡

（1）名称管理器：我们通常说的定义名称都会在这里看到，它可以将常用的一些参数或比较长的公式放在这里，以增加工作表中编写公式的可读性；另外制作"动态区域""动态透视表""动态图表"时，也常常会用到。调出【名称管理器】可以使用【Ctrl+F3】组合键。

（2）公式求值：这个按钮通常是在编写的公式得不到想要的结果时，被用来检验公式的计算步骤，以修改公式中的错误。

（3）计算选项：这个是函数初学者经常踩的一个"坑"。写完公式并向下复制几十行后，发现所有结果都是一样的，这时就可以检查计算选项是否为"自动"。如果表格包含了大量的计算，如写了 1 000 个 VLOOKUP、2 000 个 SUMIFS 等，这时每修改一个单元格的数值，可能就要默默地等表格运行 3 分钟。那么，这种情况就可以先设置为"手动"，待表格中的所有数据都修改完，再调整为"自动"，这时稍等片刻就可以了。

42.3 单元格及区域的表达方式

在 Excel 中对于单元格的表达有 A1 样式和 R1C1 样式。R1C1 样式我们平常基本接触不到，这里暂且不讲。A1 样式的表达方式如表 42-1 所示。

表 42-1　单元格及区域的表达方式

表达式	意义
A1	单个单元格
C3:H9	单元格区域
3:9	第 3 到第 9 行整行
D:H	D 到 H 整列

其中前两项是常见的，我们着重讲一下后两项。以后会经常遇到如 "3:9" 这种 "数字 + 冒号 + 数字" 的形式，3:9 在 Excel 中表示表格中的第 3 到第 9 行整行区域，如图 42-2 所示。

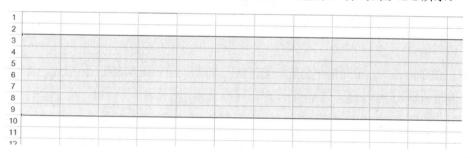

图 42-2　整行区域

同样，D:H 表示 D 列到 H 列这 5 列的整列区域，如图 42-3 所示。

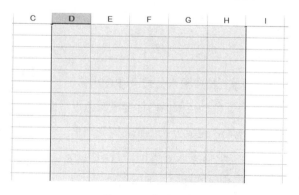

图 42-3　整列区域

42.4 单元格的格式

单元格的样式主要分为四大类：数字、文本、逻辑值、错误值。如表 42-2 所示。

表 42-2　单元格的格式

类型	备注
数字	日期和时间从实质上讲就是数字
文本	公式中所有的文本都以英文双引号 "" 引起来
逻辑值	TRUE 和 FALSE
错误值	#N/A、#DIV/0!、#VALUE! 等

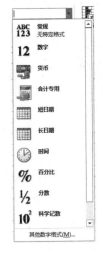

先讲一下逻辑值和错误值。

逻辑值：只有 TRUE 和 FALSE 两个，表明逻辑真和逻辑假。

错误值：都是以 # 开头的，非正常的计算结果。

数字：除了文本格式，各种数字、日期等，都可以归类为数字格式，如图 42-4 所示，从"数字格式"中切换成任意一个，它就会变成另一番模样。

图 42-4　数字格式

文本：简单地说，在单元格中的值，无论从"数字格式"中选择哪一种格式，文本都保持本来面目。在文本格式中还包含一个特殊的类型 —— 文本型数字。

> **提示** 这 4 类格式，在单元格默认的情况下，数字右对齐，文本左对齐，逻辑错误站中间。

42.5 公式填充

（1）左键拖曳填充柄：在 A1 单元格中输入公式"=ROW()"，然后将鼠标指针放在 A1 单元格右下角，当鼠标指针变成黑色十字箭头时，按住鼠标左键并向下拖动，完成公式填充。拖动结束后，要注意右下角的部分，有一个被很多人忽视的"自动填充选项"按钮，单击此按钮可以调出相应的选项，如图 42-5 所示。

右键拖曳填充柄：很多只知道鼠标左键可以拖曳填充柄，其实鼠标右键也可以操作，如图 42-6 所示，按住鼠标右键拖曳之后，填充选项直接显示出来，可以根据填充的内容做相

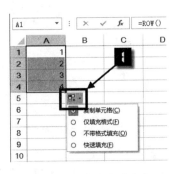

图 42-5　左键拖曳填充柄

应的选择。

（2）双击填充柄：与拖曳填充柄效果相同，不过当需要填充的行数过多的时候，如1 000行，如果一直按住左键向下拖动，是很麻烦的，这时双击填充柄即可完成操作。

> **提示** 在2010版及以上版本，双击填充柄是到左右两侧连续区域的最后一行。
>
> 在2007版中，双击填充柄是到左侧相邻列的最后一行，如果左侧列空白，则到右侧相邻列的最后一行。

图 42-6 右键拖曳填充柄

（3）复制粘贴：此方式是很常用的，不再细讲。

（4）其他填充方式：Ctrl+D、Ctrl+R。这里面的D缩写于单词Down，即向下填充，如图42-7所示，在A1单元格中输入"Excel"，然后选中A2单元格，按【Ctrl+D】组合键，A2单元格即填充了A1的内容"Excel"。或者在B1单元格中输入"函数"，然后选中B1:B10单元格区域，按【Ctrl+D】组合键，B1:B10单元格区域全部填充了B1单元格的"函数"。

R缩写于单词Right，即向右填充，与向下填充的使用方式相近，效果如图42-8所示。

图 42-7 向下填充

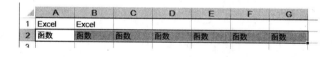

图 42-8 向右填充

42.6 常用快捷键

1. Excel 中的字典

【F1】：万能的帮助。

按【F1】键可以调出Excel自带的帮助信息，它就像我们读书时候的字典，遇到生僻字之类后拿出来翻一翻即可。从Excel 2010版本开始，微软将此功能调整为

图 42-9 帮助下拉列表

从网络获取信息，所以打开帮助信息，默认是从网络搜寻，而我们往往只是想知道某个函数的意义、基础语法，这时候要获取计算机自带的帮助信息，如图42-9所示，打开帮助下拉列表，选择【来自您计算机的Excel帮助】选项即可。

2. 编辑公式的快捷键

【F2】：双重作用。

用来切换"输入"与"编辑"模式。

在 B2 单元格中输入一个等号"="，然后看 Excel 的左下角，会发现"输入"二字，如图 42-10 所示，这表明现在是输入状态。

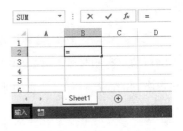

图 42-10　输入模式

然后按【↑】【↓】【←】【→】键，会切换引用不同的单元格，如图 42-11 所示。

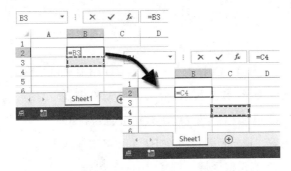

图 42-11　切换引用单元格

此时按下【F2】键，便切换到"编辑"模式，如图 42-12 左下角所示。

再按【↑】【↓】【←】【→】键，会发现光标在单元格中的不同位置间移动，如图 42-13 所示，这时如果需要修改单元格的公式，就可以用键盘来调整到相应的位置，摆脱鼠标的束缚。

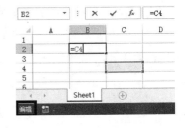

图 42-12　编辑模式

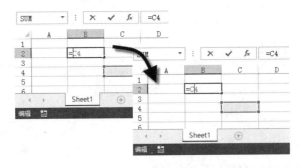

图 42-13　光标移动

提示　　反复按【F2】键，会在输入与编辑模式间切换，有时用鼠标选择单元格中某字符位置的时候，也能从输入模式切换到编辑模式。但在条件格式、定义名称、数据验证等对话框编辑公式的时候，它们默认是"输入"模式，此时需要对公式微调，通常认为只能使用鼠标在很小的细节处点选，使用方向键就会引用不同的单元格。其实，这时候按下【F2】键，就可以在这些对话框中切换到"编辑"模式，然后就可以用键盘上的方向键来做调整。

【F4】：四平八稳。

在公式编辑阶段，切换单元格区域的绝对、相对引用方式。按【F4】键引用方式发生的变化如图 42-14 所示。

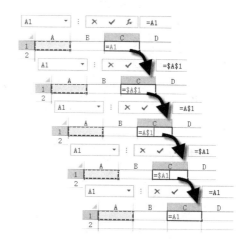

图 42-14　切换引用方式

非公式编辑阶段，重复上一步操作或命令，例如：

（1）对 A1 单元格填充颜色为黄色，然后选中其他任意单元格或单元格区域，如 H10 单元格，按【F4】键，这时候 H10 单元格也填充为黄色；

（2）对 A1 单元格执行字体加粗，然后选中 B5:C9 单元格区域，按【F4】键，B5:C9 单元格区域的字体也变成加粗；

（3）选中表格的第 3 行，然后删除该行，之后选中表格的第 10~12 行，按【F4】键，第 10~12 行也被删除。

绝大部分的基础操作都适用，如设置字体、填充、边框、隐藏行列、删除 / 插入行列等，并且【F4】键在 Excel、Word、PPT 中均有重复上一步操作或命令的功能。

【F9】：独孤九剑。

【F9】键是查错及分步理解公式的利器。选中公式中的一部分，按【F9】键，然后这一部分执行计算。撤销这一步的计算可以使用【Ctrl+Z】组合键，注意只能撤销一步，不能撤销多步。多次执行【F9】键后，可以按【Esc】键退出公式编辑，公式恢复原样。

不在公式编辑阶段，按【F9】键，可以重新计算所有打开工作簿中自上次计算后进行了更改的公式及依赖于这些公式的公式，这个功能主要应用于工作簿设置为"手动"计算模式，或者更新随机值、当前时间等信息，如公式"=RAND()"或"=NOW()"等。如果工作簿设置为自动重新计算，一般情况下不必按【F9】键。

3. 公式编辑中的不同【Enter】键

【Enter】：常用普通公式结束按键。

【Ctrl+Shift+Enter】：数组公式结束按键（俗称"三键"）。

> 提示　什么时候需要按"三键"，什么时候直接按【Enter】键结束公式呢？简单来记，当公式编写没有错误，然而按【Enter】键结束公式后却得不到正确的结果，这时试试用"三键"结束公式。

【Alt+Enter】：软回车，在单元格内换行。需要在一个单元格中输入多行内容时使用，有的人会用空格和单元格宽度来进行调整，当内容稍加变化或调整列宽，这种方法将会带来不必要的麻烦。其实这种情况，只需按【Alt+Enter】组合键，就能在单元格中就自如地换行了，如图 42-15

图 42-15　软回车

所示，而且不用担心列宽的调整。

> **提示** 在公式编辑阶段，有效地利用软回车，可以大大增加公式的可读性，我们在第18章讲解 IF 函数的时候介绍过。

【Ctrl+Enter】：批量填充公式（常用在批量填充空值的问题上）。在第 3 章讲解多种方式求和时使用过。

4. 常用的万能快捷键

Ctrl+C：复制。

Ctrl+V：粘贴。

Ctrl+Z：撤销。

这 3 个快捷键基本上各软件都通用。

 42.7 运算符

在 Excel 中有各种运算符，如表 42-3 所示，这里着重提一下"大于等于""小于等于""不等于" 3 个运算符。与我们在数学课上学到的符号表示方式不同，这里的运算符每个都是由两个符号连接而成，如">=""<="<>"。

"&"有的人可能不太熟悉，它是一个连接符，我把它称为"胶水"，它的功能是把不同的部分粘在一起。例如，在单元格中输入公式"="a"&"b"&1"，那么结果就是"ab1"。

表 42-3　运算符

运算符类型	符号	用途	公式	公式结果
算术运算符	–	负号	=8*-5	-40
	%	百分号	=60*5%	3
	^	乘幂	=3^2	9
	*,/	乘和除	=1*2/3	0.666666667
	+,–	加和减	=1+2-2	1
比较运算符	=,<>	等于 / 不等于	=H2=I2	FALSE
	>,<	大于 / 小于	=2>3	FALSE
	>=,<=	大于等于 / 小于等于	=9>=1	TRUE
文本运算符	&	连接文本	="EXCEL"&"HOME"	EXCELHOME

续表

运算符类型	符号	用途	公式	公式结果
引用运算符	:	表示区域	=SUM(H2:J6)	190
	,	各参数间的分隔	=SUM(H2:H4,J2:J5)	96
	（空格）	返回一个交叉区域（此法不常用）	=SUM(H2:I6 I2:J3),实际上等效于 SUM(I2:I3)	21

 注意 "引用运算符"类型中的数据来源于图 42-16。

单独讲解一下最后一个，使用空格连接两个区域，表示两个区域的交叉部分，这个功能在实际工作中基本上用不到，如图 42-16 所示，"=SUM(H2:I6 I2:J3)"这个公式表示图中 H2:I6 和 I2:J3 两个单元格区域的交叉部分，即 I2:I3 单元格区域，所以求和结果为 21。

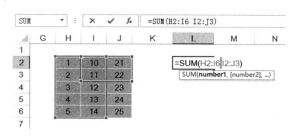

图 42-16　交叉区域

最后讲一下运算符的优先级，如表 42-4 所示，从上到下依次是它的计算顺序：先算乘方后算乘除，先算乘除后算加减。

表 42-4　运算符优先级

运算符	用途
−	负号
%	百分比
^	求幂
*,/	乘和除
+,−	加和减
&	文本连接
=,<,>,<=,>=,<>	比较

其他的运算符如果不确定先算哪一部分，那就加上括号"()"。这里有一个"放之四海而皆准"的法则：先算括号里面的，后算括号外面的。

附 录

案例 目录

函数 目录

高效办公必备工具——Excel 易用宝

尽管 Excel 的功能无比强大，但是在很多常见的数据处理和分析工作中，需要灵活地组合使用包含函数、VBA 等高级功能才能完成任务，这对于很多人而言是个艰难的学习和使用过程。

因此，Excel Home 为广大 Excel 用户量身定做了一款 Excel 功能扩展工具软件，中文名为"Excel 易用宝"，以提升 Excel 的操作效率。针对 Excel 用户在数据处理与分析过程中的多项常用需求，Excel 易用宝集成了数十个功能模块，从而让烦琐或难以实现的操作变得简单可行，甚至能够一键完成。

Excel 易用宝永久免费，适用于 Windows 各平台。经典版（V1.1）支持 32 位的 Excel 2003/2007/2010，最新版（V2018）支持 32 位及 64 位的 Excel 2007/2010/2013/2016 和 Office 365。

经过简单的安装操作后，Excel 易用宝会显示在 Excel 功能区独立的选项卡上，如附图 1 所示。

附图 1 【易用宝】选项卡

例如，在浏览超出屏幕范围的大数据表时，如何准确无误地查看对应的行表头和列表头，一直是许多 Excel 用户烦恼的事情。这时只要单击 Excel 易用宝【聚光灯】按钮，就可以用自己喜欢的颜色高亮显示选中单元格 / 区域所在的行和列，效果如附图 2 所示。

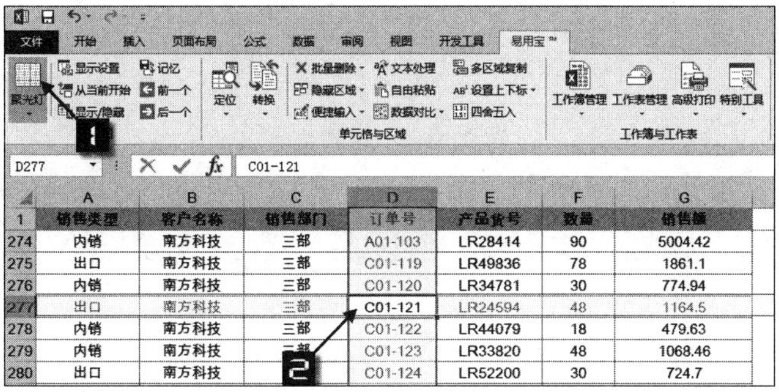

附图 2 【聚光灯】按钮

又如，工作表合并也是日常工作中常用的操作，但如果自己不懂编程，这就是一项"不可能完成"的任务。Excel 易学宝可以让这项工作变得轻而易举，它能批量合并某个文件夹中任意多个文件中的数据，如附图 3 所示。

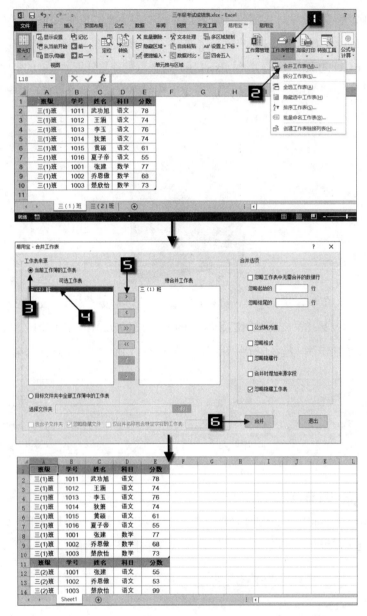

附图 3　工作表合并

更多实用功能，欢迎读者亲身体验。详情了解，请登录：http://yyb.excelhome.net/。

如果读者有非常好的功能需求，也可以通过软件内置的联系方式提交给我们，可能很快就能在新版本中看到了！